KB261670

과학

기술

민주주의

카이로스총서24

과학, 기술, 민주주의 Science, Technology, and Democracy

엮은이 대니얼 리 클라인맨
지은이 스티븐 엡스틴 · 리처드 스클로브 외
옮긴이 김명진 · 김병윤 · 오은정

펴낸이 조정환
책임운영 신은주
편집부 김정연 · 오정민
프리뷰어 박상규 · 이인

펴낸곳 도서출판 갈무리 등록일 1994. 3. 3. 등록번호 제17-0161호
초판인쇄 2012년 11월 11일 초판발행 2012년 11월 22일
종이 화인페이퍼 인쇄 중앙피앤엘 제본 일진제책

주소 서울 마포구 서교동 375-13호 성지빌딩 101호
전화 02-325-1485 팩스 02-325-1407
website http://galmuri.co.kr e-mail galmuri@galmuri.co.kr

ISBN 978-89-6195-059-6 04300 / 978-89-86114-063-8 (세트)
도서분류 1. 과학사회학 2. 과학철학 3. 사회학 4. 정치학 5. 사회운동 6. 자연과학

값 18,000원

이 도서의 국립중앙도서관 출판시도서목록(CIP)은 e-CIP홈페이지(http://www.nl.go.kr/ecip)와 국가자료공동목록시스템
(http://www.nl.go.kr/kolisnet)에서 이용하실 수 있습니다.(CIP제어번호 : CIP2012005201)

과학 기술 민주주의

Science, Technology, and Democracy

과학기술에서 전문가주의를 넘어서는 시민참여의 도전

대니얼 리 클라인맨 엮음

네바 해서네인
대니얼 리 클라인맨
대니얼 새러위츠
루이스 캐플란
리처드 스클로브
샌드라 하딩
스티븐 슈나이더
스티븐 엡스틴
지음

김명진 · 김병윤 · 오은정
옮김

일러두기

1. 이 책은 Daniel Lee Kleinman (ed.), *Science, Technology, and Democracy*, State University of New York Press, 2000을 완역한 것이다.
2. 지은이 주석과 옮긴이 주석은 같은 일련번호를 가지며, 옮긴이 주석에는 [옮긴이]라고 표시하였다.
3. 단행본, 전집, 정기간행물에는 겹낫표(『 』)를, 논문, 논설, 기고문 등에는 홑낫표(「 」)를, 단체명, 행사명, 영상, 전시, 공연물, 법률, 조약 및 협약에는 가랑이표(〈 〉)를 사용하였다.

한국어판 서문

10여 년 전에, 흔히 "과학전쟁"으로 불렸던 사건 — 과학에 대해 어떻게 사고해야 하는가를 놓고 소수의 과학자들과 과학기술학자들이 맞붙은 일련의 논쟁 — 이 미국의 뉴스 매체와 학술 간행물들에서 터져 나왔다. 『과학, 기술, 민주주의』는 바로 그 "과학전쟁"에 대한 응답으로 기획된 책이었다. 당시 나는 그러한 논쟁 아래에 또 다른 의견불일치가 깔려 있다고 말한 바 있다. 비과학자들이 고도로 기술적인 사안들에 관한 논쟁에서 언제, 어떻게 참여할 수 있고 또 참여가 허용되어야 하는지에 관한 의견불일치가 그것이었다. 나는 과학전쟁에서 문제가 되고 있는 것이 바로 민주주의와 전문성의 관계라고 주장했다. 이후 "과학전쟁"은 사람들의 기억 속에서 흐미해졌지만, 민주주의 사회에서 기술적인 사안들을 놓고 전문가 의사결정과 일반인 의사결정 사이에서 균형을 잡는 문제는 오늘날 그 어느 때보다도 중요해졌다.

이 책은 과학기술과 민주주의의 관계에 대해 몇 가지 고전적인 입장들을 제시하고 있다. 내가 집필한 이 책의 8장에서 지적했듯이, 참여에는 일반인 과학 생산에서 과학기술 규제에 대한 시민참여에 이르기까지 다양한 스펙트럼이 있다. 이러한 스펙트럼 위에 걸쳐 있는 사례 각각은 시민들로부터 서로 다른 종류의 지식을 요구하고, 일반인과 전문가 사이에 서로 다른 유형의 협력을 요구하며, 민주주의에 대한 서로 다른 접근법, 서로 다른 정도의 민주주의를 요구한다. 에이즈 치료 운동은 우리가 아는 한 비전문가의 지식생산 참여를 가장 끝까지 밀어붙인 사례 중 하나이다. 에이즈 치료 활동가들은 생의학과 임상시험이 수행되는 방식을 변화시켰고, 이 과정에서 우리가 보기에 비과학자가 과학에 미칠 수 있는 가능한 영향의 깊이를 바꿔놓았다. 이 책에 실린 스티븐 엡스틴의 글(1장)은 에이즈 치료 활동가들이 어떻게, 그리고 왜 이런 일을 해낼 수 있었는지를 포착하고 있다. 실제 지식생산에서의 일반인 참여와 그러한 참여에 수반되는 쟁점들에 관심이 있는 독자는 이제 이 주제를 다룬 폭넓은 학술 연구들을 참조할 수 있다. 농장 노동자들의 농약 비산pesticide drift 측정 활동을 다룬 질 해리슨의 연구(Harrison 2011)나 미국 양봉업자들의 벌집 군집 붕괴Colony Collapse Disorder 연구 활동을 다룬 사이나스 수르야나라야난과 나 자신의 공동 연구가 그런 사례들이다(Suryanarayanan and Kleinman 근간).

과학기술 정책결정에서의 구조화된 시민참여에 관해서는, 리처드 스클로브가 덴마크의 합의회의 개념을 우리에게 소개한 이래로 많은 일이 일어났다. 이 책의 2장에서 스클로브는 시민들이 한자리에 모여 적절한 과학기술정책에 관해 고민하는 이러한 숙의적 포럼의 기본 모델을 개관하고 있다. 이 책의 영문판이 출간되었던 2000년에는 시민참여에서 이러한 접근을 실험해 본 국가가 거의 없었다. 하지만 10여년이 지난 지금은 합의회의가 유럽 전역과 아시아 ― 한국을 포함해서 ― 에서 이미 실험이 이뤄졌고, 분석가들은 합의회의의 이점과 한계를 탐색하는 작업을 시작했다(예를 들어 Kleinman, Delborne, and Anderson 2011을 보라).

이 책에 실린 여러 장들은 참여의 스펙트럼을 이루는 이러한 양극단 ― 에이즈 치료 운동과 합의회의 ― 사이에서 몇 가지 다른 매혹적인 사례들을 그려낸다. 몇몇 저자들은 이를 넘어 기술과학과 민주주의의 접점이라는 문제를 개념적으로 탐구하고 있다. 무지의 사회적 생산과 인지적 다양성의 가치에 대한 샌드라 하딩의 개념화(7장)는 이 책이 처음 출간되었던 때 못지않게 현재 시점에도 시의성을 가지고 있다. 불확실성과 복잡성에 대처할 필요를 주장한 대니얼 새러위츠의 글(5장)은 기후변화와 그것에 대한 대응 방안을 놓고 정책 논쟁이 전개되고 있는 현 시점에서 돌이켜보면 거의 앞날을 내다보고 쓴 것처럼 보인다.

전체적으로 볼 때 나는 이 책이 세월의 시험을 잘 견뎌 왔다고 생각하며, 독자들이 이 책에 수록된 여덟 편의 설득력 있는 논문들에서 많은 가치 있는 통찰들을 찾아낼 수 있을 것으로 믿는다.

2012년 11월, 미국 위스콘신 주 매디슨에서
대니얼 리 클라인맨

차례

부모님께,

그리고

다시 한번

플로라와 수잔에게

감사의 글

나는 민주주의와 전문성expertise의 관계에 대해 오랫동안 관심을 가져왔지만, 이 책을 준비하게 된 계기는 최근에 벌어졌던 사건 때문이다. 이른바 과학전쟁science wars에서 표출된 불만들이 이 주제에 관해 글을 쓰려는 욕망에 불을 지폈다. 과학전쟁에 대한 몇몇 사람들과의 토론은 그러한 글쓰기를 더욱 자극했고 결국 이 프로젝트로 이어졌다. 1995년 봄에 크리스틴 개리슨과 나는 애틀란타와 위스콘신 주 매디슨 사이를 16시간 넘게 차를 몰고 가면서 전문성의 정치에 관해 수다를 떨었고, 이어 몇 달 뒤 그녀가 전화를 걸어온 것을 계기로 나는 『고등교육연보』*The Chronicle of Higher Education*에 글을 쓰게 되었다. 어느 해 가을에 워싱턴 D. C.를 거닐면서 질 돌란과 나눴던 토론은 내 생각을 좀더 분명하게 하는 데 도움을 주었고 내 결심은 더욱 굳어졌다. 과학전쟁이 일어난 후 여러 해 동안 앨런 헌터,

스콧 프리켈, 잭 클로펜버그, 조앤 소콜로브스키, 스티븐 발라스와 했던 토론은 내게 소중한 자양분이 되었다. 이들 모두에게 감사를 표한다.

이 책은 1997년 시애틀에서 열린 〈미국과학진흥협회〉American Association for the Advancement of Science, AAAS 연차 총회에서 내가 조직한 분과 모임의 산물이다(나는 『고등교육연보』에 쓴 글에서 그런 모임을 조직하겠다고 약속한 바 있었다). 그 모임의 참석자 중 한 명이었던 스티브 슈나이더는 거기서 발표된 글들을 모아 책으로 묶도록 나를 독려했다. 모임에 참석했던 몇몇 사람들의 글이 이 책에 실려 있다. 그러나 패널로 참석했던 마사 크라우치와 러스텀 로이는 다른 일 때문에 바빠서 이 책에 실을 글을 쓰지 못했다. 시애틀에서 그들의 발표는 시사하는 바가 많았기에, 그들의 아이디어가 여기에 실리지 못하게 된 것은 아쉽게 느껴진다. 하지만 여러 필자들이 이 책에 수록된 글을 기고해 준 것은 기쁜 일이며, 그토록 인상적이고 영민한 일군의 저자들과 내 이름이 함께 나가게 된다는 점이 자랑스럽다.

물론 출판사 없이 책이 나올 수는 없다. 뉴욕주립대학 출판부에서 이 시리즈[1]의 편집 책임을 맡고 있는 살 레스티보와 제니퍼 크로아상, 기획편집자 제임스 펠츠와 데일 코튼이 이 책에 보여 준 관심에 대해 감사를 보낸다. 제임스, 데일, 캐서린 콜린스는 출판 과정에 필수적인 지침을 제공해 주었고, 그들 모두에게 감사를 표하고 싶

---

1. [옮긴이] 뉴욕주립대학(SUNY) 출판부가 발간하고 있는 '과학기술과 사회' 시리즈를 말한다.

다. 이 책을 읽고 지지 의사와 함께 특정한 논문들에 대해 유용한 논평을 해 준 뉴욕주립대학 출판부의 세 명의 심사위원에게도 의당 감사의 뜻을 전해야 할 것이다. 조지아공과대학에 있을 때는 데니스 마샬, 루디 파라첵, 캔디 스나입스가 물자와 행정 측면에서 제공해 준 탁월한 지원에 항상 의지했다. 이들 세 명 모두에게 고마움을 표하고 싶다. 1998년 (케임브리지대학의) 클레어 홀에 방문 연구원으로 있는 동안 이 책의 출간 계약을 맺었고 2000년에 다시 방문했을 때 원고를 마지막으로 손볼 수 있었다. 클레어 홀은 연구하기에 매우 좋은 장소였고, 그 곳의 다른 연구원들과 직원들에게 감사의 뜻을 전한다.

마지막으로 가장 중요한 사람들이 남아 있다. 나의 부모님인 바버라 클라인맨과 제랄드 클라인맨은 내가 일찍이 민주주의에 대한 열정을 키울 수 있는 환경을 제공해 주었다. 내 딸 플로라 버클레인은 학술 연구가 레고 모형 만들기, 그림 그리기, 모래성 짓기, 수영하기 등과 균형을 이룰 때 얼마나 즐거운 것인지를 내게 계속 알려주었다. 마지막으로 오랜 시간 동안 내게 자극을 주는 토론의 원천이었고 내 요리를 평가해 준 소비자였던 수잔 번스틴을 빠뜨릴 수 없다. 이 책을 그들 모두에게 바친다.

서론

대니얼 리 클라인맨

내가 이 책에 대한 아이디어를 뉴욕주립대학 출판부에 처음 제출했을 때, 원래 내가 제안했던 제목은 『과학전쟁을 넘어 : 과학기술과 민주주의』*Beyond Science Wars : Science, Technology, and Democracy* 였다. 시리즈 편집자들은 제목의 앞부분을 빼 버리자고 제안했다. 짐작컨대, 편집자들은 이 책의 유통기한을 고려하는 것 같았다. 시간이 지나면서 — 그것이 앞으로 2년이 될지 10년이 될지는 모르지만 — 이른바 과학전쟁의 역사와 심지어 과학전쟁이라는 용어 그 자체마저 사람들의 기억에서 희미해진다 해도 이 책에 실린 논문들은 여전히 가치 있을 것이고, 단지 제목 때문에 잠재적 독자들이 이 책을 그냥 지나쳐 버린다면 유감스러운 일이 될 테니 말이다. 그럼에도 불구하고 이 책의 아이디어를 떠올린 시점이 과학전쟁과 시기적으로 겹치는 것은 결코 우연이 아니다. 이 책은 소규모의 과학자 집단과 이른바 과학 비판자들 — 사회과학과 인문학에 몸담고 있는 넓은 범위에 걸친 활동가와 학자들 — 사이에서 벌어진 종종 심난할 정도로 과장된 논쟁과 연결 지어 이해되어야 한다. 나는 "과학전쟁"을 계기로 이 책을 편집하게 되었고, 이 산만한 논쟁이 여전히 불러일으키는 반향과 그와 연관해 우리가 처한 사회적 조건 때문에 이 책에 실린 논문들이 지금 특히 중요성을 갖는다고 믿는다. 이를 감안해, 과학전쟁에 대한 나 자신의 평가를 이 책 전체를 위한 얼개로 제시해 두고자 한다.

논평가들은 "과학전쟁"의 기원을 폴 그로스와 노먼 레빗이 1994년에 출간한 『고등미신 : 학계 좌파와 과학의 반목』*Higher Superstition : The Academic Left and Its Quarrels with Science*에서 찾을 수 있다는 데 의견을 같이한다. 이 책은 많은 과학자 서평가들로부터 찬사를 받음과 동시에 인문학과 사회과학 분야의 수많은 학자들로부터 신랄한 비판을 받았다. 생명과학자 그로스와 수학자 레빗은 거의 300쪽에 달하는 분량을 공공연하게 논쟁적인 방식으로 활용하면서(Gross and Levitt, 1994, p. 14), 자신들이 사회과학과 인문학의 저작들에서 널리 찾을 수 있다고 본 "과학에 대한 왜곡과 과장의 확산"(1994, p. 7)을 검토했다. 그로스와 레빗은 이러한 연구가 오늘날의 대학을 "나쁜 풍조로 물들일" 위험이 있다고 우려를 표하면서(1994, p. 7), 그 속에서 찾을 수 있는 태도들이 학계 바깥에도 — 특히 환경운동에서 — 존재한다고 주장했다(1994, p. 12).

이 책의 성공에 뒤이어 그로스와 레빗은 다른 사람들과 힘을 합쳐 1995년 여름에 "과학과 이성으로부터의 도피"The Flight from Science and Reason라는 제목의 학술회의를 개최했다. 뉴욕과학아카데미New York Academy of Sciences의 후원으로 열린 이 학술회의의 참석자들은 비판의 대상을 『고등미신』보다 훨씬 더 폭넓게 설정했다. 이는 모임에서 발표된 글들을 묶어서 출간한 책의 내용에서 대략 짐작할 수 있다(Gross, Levitt, & Lewis, 1996). 과학사회학자와 환경운동가들이 도매금으로 공격을 받았고, 대체의료 옹호자, 건강관리기관[1], 정통적 사고에 도전하는 문학평론가, 젠더와 교육을 연구하는 학자 등도 마찬가지였다. 이 모든 사람들은 분별력을 상실하고 "과학과 이성으로부터 도피"하는 범죄를 저지른 혐의로 유죄 판결을 받았다.

이후 몇 달 동안 정기간행물의 기사, 인터넷상의 토론, 토크쇼의 농담 등에서 부산한 논의가 이어졌다. 그러나 이때까지도 "과학전쟁" 논의를 접해 본 대중의 수는 극히 제한적이었다. 그러다가 1996년 5월 18일에 — 필시 별다른 뉴스거리가 없는 날이었음이 분명하다 — "포스트모던 중력이 슬그머니 해체되다"Postmodern Gravity Deconstructed, Slyly라는 헤드라인이 『뉴욕 타임스』New York Times 1면 하단에 실렸고(Scott, 1996), 당시까지 학계의 제한된 영역 외부로는 상대적으로 알려져 있지 않았던 『소셜 텍스트』Social Text라는 문화연구 학술지의 사진이 헤드라인 아래에 소개되었다. 이 기사에서 『뉴욕 타임스』는 뉴욕대학의 물리학자인 앨런 소칼이 저지른 "날조" 사건을 알렸다.

---

1. [옮긴이] health maintenance organization, HMO : 정해진 보험료를 내고 미리 계약한 조건 안에서 진료를 받는 미국의 대표적인 민간 건강보험 방식으로, 회원(가입자)은 원칙적으로 HMO가 지정하는 의사와 기관에서만, 그리고 일정한 진료체계를 거쳐서만 진료를 받을 수 있다.

소칼은 "포스트모던 철학"과 물리학 이론을 횡설수설 뒤버무린 논문을 써서 『소셜 텍스트』에 투고했고 『소셜 텍스트』는 이 논문을 싣기로 결정했다(Sokal, 1996a). 소칼은 자신의 "실험"이 과학을 연구하는 인문학자와 사회과학자들의 최근 연구가 파산했음을 폭로했다고 주장했다. 그는 이러한 학자들이 스스로 의지하거나 분석의 대상으로 삼는 과학을 이해하고 있지 못하다고 힘주어 주장했다(Sokal, 1996b; Sokal & Bricmont, 1998).[2]

뒤이어 여러 날, 여러 주에 걸쳐 일명 소칼 사건에 대한 분석과 답변들이 『뉴욕 타임스』(Fish, 1996)와 『빌리지 보이스』*Village Voice*(Willis, 1996)처럼 일반 독자들을 상대로 하는 신문과 잡지에 실렸다. 토크쇼 진행자들은 소칼의 평가를 되풀이했고, 비전문가 청중들은 대학이 무식하고 위험한 학자들로 가득 차 있다고 생각하게 되었다.[3]

과학전쟁은 소칼 사건 이후에도 계속되었다. 1997년에는 "과학과 이성으로부터의 도피" 학술회의에서 발표된 글을 바탕으로 한 42편의 논문이 실린 책이 출간되었다. 소칼은 자신이 공저한 책 『지적 사기』*Intellectual Impostures*가 1997년에 프랑스에서 출간되고, 1998년 여름에는 영국에서 영어판 출간과 홍보 여행이 이어지면서 계속해서 주목을 끌었다.[4] 이 책에서 소칼과 공저자인 장 브리크몽은

---

2. 『링구아 프랑카』(*Lingua Franca*) 1996년 7/8월호에 실린 소칼에 대한 답변들을 보라.
3. 소칼의 "실험"에 대한 통찰력 있는 분석과 그것이 왜 소칼이 주장하는 바를 보여 주지 못하는지에 대해서는 Hilgartner(1997)을 보라.
4. 나는 2000년 1월에 영국 케임브리지의 워터스톤 서점에 들렀다가 『지적 사기』가 "베스트셀러" 목록에 끼여 있는 것을 보고 깜짝 놀랐다.

"[포스트모더니즘에서] 상대적으로 잘 알려지지 않았던 측면, 즉 수학 및 물리학에서 나온 개념과 용어들의 거듭된 오용에 주목"하고자 했다(Sokal & Bricmont, 1998, p. 4).[5]

그러나 공격 대상이 된 많은 연구들이 속한 과학학 science studies 이라는 학문분야가 진정 대학에 오명을 뒤집어씌우고, 좀더 폭넓은 공공의 장으로 확산되어 시민들을 오도하고 과학 활동에 관한 여론을 악화시킬 우려가 있다면, 과학전쟁이 1990년대 중반에 뒤늦게 시작된 이유는 무엇인가? 과학 분석가들로 하여금 과학의 실천이 실제로 작동하는 방식에 관한 자신들의 견해들을 재고해 보도록 한 선구적 작업 — 지식을 사회적 구성물로 탐구하는 연구들 — 이 나온 것은 1970년대 중반에서 1980년대 초반의 일이었다(cf. Barnes, 1974; Bloor, 1976; Latour & Woolgar, 1979; Knorr-Cetina, 1981). 뿐만 아니라 도로시 넬킨이 지적한 것처럼, 과학과 과학자들은 이전에도 비판의 표적이 된 적이 있지만 그들의 집단적 대응이 지금처럼 강력하지는 않았다. 1970년대에 과학자들이 "과학적 창조론" 운동을 추방하려 했을 때도 집단적 조직화에는 성공을 거두지 못했다. 1980년대에 과학자들은 동물실험에 반대하는 동물권 활동가들과 맞서 싸우는 일을 그로부터 직접 영향을 받는 동료 과학자들에게 맡겨 두었고, 현재 진행 중인 태아연구를 지원하는 데에도 과학자들이 눈에 띄게 움직이는 것 같지는 않다(Nelkin, 1996a, p. 94).

---

5. 과학 전사(戰士)들의 저작이 과학학에 제기하는 비판은 공평하지도 않고 치명적이지도 못하다는 것이 내 생각이다. Kleinman(1995b)과 Kleinman(1999)을 보라. 아울러 Lewenstein(1996)과 Guston(1995)도 참고하라.

　　나는 과학학자들을 비롯해 과학의 권위를 무비판적으로 받아들이지 않는 사람들에 대해 반발이 커진 것이 우리가 사는 세계에서 일어난 결정적인 변화 때문이라고 믿고 있다. 미국에서는 2차 세계대전부터 1950년까지 전후의 연구정책을 어떻게 만들어야 하는가를 놓고 격렬한 논쟁이 있었다. 한편에는 뉴딜적 사고방식을 가진 웨스트버지니아 주 상원의원 할리 킬고어 Harley Kilgore가 이끄는 일군의 인민주의자들이 있었다. 킬고어와 그 동맹 세력들은 정부의 과학 지원을 조율하는 데 관여하면서 조직의 의사결정에 다양한 사회적 이해세력의 대표자들을 포괄하는 중앙 기구의 설립을 주장했다. 반면 버니버 부시를 필두로 한 과학 엘리트들은 과학자들에 의해 통제되고 이른바 기초연구의 지원에 일차적으로 집중하는 좀더 협소하게 정의된 기구를 옹호했다. 과학 연구를 지원하는 자금에 대해 자율성과 통제권을 누리는 대가로, 과학자들은 과학이 국가의 사회경제적 복지에서 혁신적 증진을 이뤄낼 거라고 약속했다. 결국 이 논쟁에서 부시와 그 동맹 세력이 승리를 거두었고(Kleinman, 1995a; Kleinman & Solovey, 1995), 최근까지도 이러한 합의 ─ 종종 과학에 대한 사회계약이라고 불리는 ─ 는 미국의 과학자 공동체와 과학-시민 관계를 근본적으로 정의해 왔다. 냉전 기간 내내 엄청난 돈이 대학의 실험실로 쏟아져 들어와 연구와 훈련 활동을 지원했다. 적국인 소련의 전체주의적 세계와 대조를 이루는 역동적인 민주주의의 상을 촉진하기 위해서였다. 이러한 자원의 이용에 관련된 의사결정은 대체로 공인된 과학자들의 손에 맡겨졌고, 좀더 일반적인 차원에서 "기술적 사안들"은 공인된 전문가들만의 영역으로 생각되었다.

그러나 이제 냉전은 끝났고, 소련은 존재하지 않는다. 미국의 재정 위기는 끝난 듯하지만, 정치인들은 좌우를 막론하고 연방 정부의 예산을 축소하는 데 골몰하고 있는 것 같다. 여기에 전세계 여러 국가들과의 경제적 경쟁이 2차 세계대전 이후의 흥분된 시절에 예견되었던 것보다 훨씬 격렬하게 전개되면서 새로운 연방 정부의 우선순위가 논쟁의 대상이 되었다. 이러한 상황에서 전후의 과학 질서는 더 이상 안정적이지 않았고, 과학에 대한 연방 정부의 지원이 앞으로 어떤 방향을 취할지도 불확실해졌다(Kleinman, 1995b; Nelkin, 1996a, 1996b).[6] 일각에서는 연방 과학 기구들에 주어지는 예산이 최근 들어 다소 증액되었음에도 점점 자본집약적으로 변해 가고 있는 과학 활동을 지원하기에는 역부족이라고 보고 있다. 이러한 맥락에서 초전도 거대 입자가속기[7] 같은 대형 프로젝트가 도마 위에 올랐다. 몇 년 전에는 정치인들이 과학의 우선순위를 정하는 것을 막아 보려는 희망을 품고 몇몇 과학자 그룹들이 자체적으로 우선순위를 정하는 활동을 벌이기도 했다(Kleinman, 1995a, p.

---

6. 과학기술과 관련된 최근의 연방 예산 논쟁의 흐름을 알고 싶은 독자들은 『사이언스』(*Science*)의 과월호를 참고하기 바란다.

7. [옮긴이] 초전도 거대 입자가속기(Superconducting Supercollider)는 1980년대에 미국 물리학계가 종래 입자가속기의 한계를 뛰어넘기 의해 건설을 추진한 둘레 87km의 초거대 입자가속기이다. 1987년 미국 정부가 계획을 승인했을 당시에는 총 44억 달러의 예산이 소요될 것으로 예상되었으나 건설 과정에서 예산이 눈덩이처럼 불어나 110억 달러 이상이 들 것으로 평가되자 1993년 미국 의회가 계획을 백지화했다. 냉전 종식과 함께 물리학 중심의 거대과학 지원에 제동이 걸렸음을 보여주는 대표적인 사례로 손꼽힌다.

191). 1991년에는 〈미국과학진흥협회〉의 회장이 고민 끝에 자신이 수행한 비공식 설문조사의 결과를 담은 연구를 발표했다. 레온 레더만은 동료 과학자들의 사기가 전반적으로 저하되어 있음을 알게 되었고, 불만의 근원이 학문적 과학 연구에 대한 불충분한 지원에 있다는 결론을 내렸다(Lederman, 1991).

대학 과학에 대한 연방 정부의 충분한 자금 지원이 점차 의문스러워지면서, 학자들은 산업체의 지원에 의지하게 되었고, 한 분석가에 따르면 "특허나 연구비를 따내기 위한 경쟁이 격화되는 환경 속에서 과학사기, 과학 증거의 변조, 부정행위 사건들이 점점 늘어가고 있다"(Nelkin, 1996b, p. A52). 그러한 사건들이 지난 10, 20년 사이에 실제로 증가했는지에 대해서는 아직 결론이 내려지지 않았지만, 그러한 사례들이 사회적으로 주목을 받게 되면(cf. Kevles, 1998) 과학자 공동체에 대한 규제의 증가로 이어질 것이 분명하다. 이는 과학자들이 편안함을 느끼지도 않고, 익숙지도 않은 종류의 개입이다.[8]

정책 수준뿐만 아니라 사회 전반적으로도 변화가 있었다. 2차 세계대전 이후 과학자 공동체는 여러 약속을 해 왔을 뿐 아니라 그것을 지켜 왔다. 과학자들은 냉전기에 우리를 안전하게 지켜준 무기 체계를 만들었고, "화학을 통한 더 나은 생활"을 이루어 왔으며, 치명적인 질병들에 대한 치료법을 찾아냈다. 미래에 대한 낙관이

---

8. 과학에서의 (부정)행위에 관한 논의에 의회가 관여한 사례는 『사이언스』 과월호에서 찾을 수 있다.

지배적이던 시기에 급속도로 성장하는 경제에서 과학자들은 아메리칸 드림을 널리 실현하는 데 결정적으로 중요한 존재로 여겨졌다.

그러나 환경은 서서히 변화를 겪었다. 많은 사람들은 수많은 성공 사례들에도 불구하고 전후戰後 시기에 나타난 과학의 산물들이 한결같이 이롭기만 한 것은 아님을 깨달았고, 이러한 인식은 세간의 이목을 끌었던 러브커낼[9]과 쓰리마일 섬[10]의 재난을 거치며 한층 심화되었다. 지역적, 전국적 차원의 다양한 정치운동들은 대중적 검토를 거치지 않고 연구를 할 수 있는 과학자들의 권리에 대해 문제를 제기했다. 정치적 주변부에 위치한 사람들뿐만 아니라 주류 미국인들까지도 가령 독성폐기물 처분장이나 핵발전소로 인해 생길 수 있는 환경과 건강에 대한 위해를 비판했고, 농업 기술로 인해 비용이 증가하거나 다른 방식으로 토지의 합병이 초래되어 가족 농장이 위협에 처하는 현실에 대해서도 문제를 제기했다.[11]

나는 과학전쟁이 터진 시점과 아마도 그것이 취한 형태까지도 이러한 환경의 변화로 설명할 수 있다고 생각한다. 실제로 과학자

---

9. [옮긴이] Love Canal, 미국의 나이아가라폭포 인근 지역에 위치한 버려진 운하로 1950년대 초까지 수십 년 동안 2만 톤이 넘는 독성폐기물이 매립된 후 부지가 매각되어 그 위에 학교와 주택이 지어졌다. 그러다 1970년대에 인근 주민들 사이에서 다양한 질병, 출산 기형, 유산 등이 발견되면서 언론과 관계 당국이 조사에 나섰고, 독성폐기물이 그 원인인 것으로 판명되자 비상사태를 선포하고 주민들을 이주시켰다. 독성폐기물 유출에 따른 대표적인 환경 재앙 중 하나로 손꼽힌다.

10. [옮긴이] Three Mile Island, 미국 펜실베이니아 주에 위치한 핵발전소로, 1979년 3월 28일 이곳의 원전 2호기에서 노심이 과열돼 핵연료봉이 녹아내리는 대형사고가 일어났다. 이는 지금까지 미국의 상업용 원전에서 일어난 최악의 사고였고, 이후 핵발전소에 대한 미국인들의 신뢰에 큰 타격을 입히고 핵산업의 쇠락을 가져왔다.

11. 이 문단과 앞 문단의 일부는 Kleinman(1995b)에서 가져온 것이다.

공동체에 속하는 일부 사람들은 그들이 "과학과 이성으로부터의 도피"라고 보는 현상과 과학정책 환경의 변화 사이에 분명한 연결고리가 있다고 가정하는 듯 보인다. 1998년 루이스 브랜스콤은 〈미국 과학진흥협회〉 이사회의 신임 이사 선출을 위한 후보 연설에서 이렇게 말했다.

> 모든 과학이 "사회적으로 구성되었다"고 주장하며 과학에 근거한 공공적 결정의 합리성을 부인하는 운동이 있습니다. 의회는 지금 연구기관들이 의회가 승인한 연구투자에서 얻어진 유익한 성과들을 정량화하도록 요구하고 있습니다. 우리는 어떻게 해야 할까요? (Branscomb, 1998, p. 4)

첫 번째 문장에서 브랜스콤은 과학학의 최근 연구를 희화화함으로써 기각해 버렸다. 두 번째 문장에서는 그는 과학에 대한 전후의 사회계약이 붕괴한 것 — 이는 곧 정부의 감독이 커졌음을 의미한다 — 에 대해 탄식하고 있다. 그가 명시적으로 이 둘을 연결 짓고 있지는 않지만, 어떤 관계를 가정하고 있는 것은 분명해 보인다.

어떤 수준 내지 어떤 사례에서는 그로스, 레빗, 소칼, 그 외 다른 사람들의 우려가 정당성을 가질 수도 있다. 그러나 이러한 논란이 허물어져 가는 경계를 다시금 강화하려는 노력을 보여 준다는 데는 의심의 여지가 없다. 바로 과학자와 일반 시민을 가르는 벽, 전문적 사안들에 관한 과학자들의 자율성을 정당화하고 시민의 침묵을 강제했던 장애물 말이다.[12] 이러한 맥락에서 보면, 과학과 과학자에 대해 압도적인 대중의 지지를 보여 주는 설문조사 결과조차도 전문가와 일반인 사이의 견고하고 손쉬운 경계를 그대로 유지하고자 하는 이들에게는 그리 위안이 되지 못할 것이다. 동일한 설문조사에서 미국 인구의 상당수가 전통적인 기준에서 볼 때 "과학적 소양이 없음"scientifically illiterate을 보여 주었기 때문이다(Lawler, 1996; 아울러 Freudenburg, 1996도 보라). 전통적 의미의 과학 소양science literacy은 획기적 연구 성과에 대한 매혹을 불러일으킬 수 있을 뿐 아니라, 오직 과학자들만이 "자연세계"의 복잡성을 다룰 능력을 갖추고 있다는 인식을 낳을 수 있다(Kleinman & Kloppenburg, 1991). 반면 이처럼 "소양이 없는" 대중이 과학의 근본적인 사회적 성격을 지적한 — 그럼으로써 전문가와 시민 사이의 경계를 희미하게 만들 수 있는 — 학자들의 연구를 접하게 된다면, 그들은 자신도 과학 영역에서 역할을 할 수 있고 개입할 자격이 있다고 믿게 될 수 있다. 과학자와 다른 시민들 사이의 완고한 전통적 구분에 익숙한 과학자들은 이런 전망에 대해 우려를 나타낼 가능성이 높다.

　사실 누구도 귀를 기울이지 않는 괴짜들 집단을 공격하는 데 왜 정력을 낭비하는가 하는 질문에 대해 노먼 레빗은 분명한 입장을 취한다. "좋은 일인지 나쁜 일인지 모르겠지만, 어떤 해에 강당에서 반향을 일으킨 구호가 다음 해에 가면 집회 현장에서 들리는 경향이 있다"(Levitt, 1996, p. 30). 만약 학자들이 과학자들의 권위에 도

---

12. 토마스 기어린은 최근 출간한 책(Gieryn, 1998)의 후기에서, 경계를 만들고 방어하고 확장하는 데 관여하는 것은 과학전쟁에서의 과학자들뿐만이 아니라고 지적했다. 과학학에 몸담은 많은 사람들도 동일한 실천에 관여하고 있다.

전할 만한 용기를 갖고 있다면, 머지않아 평균적인 시민들이 똑같은 일을 할 수 있을 정도로 대담해질 거라는 식의 추론이다. 이러한 논리의 이면도 마찬가지로 참이다. 그로스, 레빗, 소칼은 대학의 연구자들에게 초점을 맞추어, 인문학자들과 사회과학자들은 스스로 이해하지 못하는 것을 비판해서는 안 된다고 단언해 왔다. 소칼과 브리크몽의 말을 빌리면 "분별 있는 결론은 …… 과학사회학자들이 사실에 대한 독립적 평가를 할 능력이 없는 과학 논쟁을 연구해서는 안 된다는 것이다"(Sokal & Bricmont, 1998, p. 90).[13] 이런 주장에서 출발하여, 비전문가들은 과학의 영역에 개입할 권리가 없다는 주장으로 넘어가는 것은 어렵지 않은 일이다. 실제로 그로스와 레빗은 『고등교육연보』에 기고한 글에서 상당히 노골적으로 그러한 주장을 펼치고 있다. 그로스와 레빗에 따르면, "과학적 결정은 국민투표에 부칠 수 있는 것이 아니다. 그건 어리석은 생각이다. 예컨대 과학교육에 적용해 본다면, 무엇을 가르쳐야 할지에 관해 사람들에게 투표를 하게 하면 수많은 학교들에서 진화생물학 대신 '창조과학'이 교육되는 상황이 빚어질 수도 있다"(Levitt & Gross, 1994b, p. B2). 여기서 전달되는 이미지는 충분한 지식을 갖추지 못한 다수의 대중이 관련된 정보도 없이 그리고 문제가 되는 쟁점들을 이해하려는 의지도 없이 사안을 놓고 투표를 하는 모습이다.

---

13. 문제는 무엇을 능력으로 간주할지를 누가 결정하느냐에 있다. 추측컨대 레빗, 그로스, 소칼, 브리크몽은 오직 공인된 과학자들만이 비과학자들의 능력을 평가할 자격이 있다고 주장할 것이다. 그렇다면 과학에 대한 어떠한 비판도 과학자들의 용어를 써서만 가능할 것이다.

그러나 과학기술과 민주주의에 관해 내가 살펴본 숱한 문헌들 중에서 이처럼 불합리한 상황을 옹호하는 경우는 하나도 찾지 못했다. 최근의 연구는 "평상시에 과학적 쟁점들에 대한 최신의 이해를 갖추고 있지 못하던 사람들도 [필요할 경우에는] 그것의 중요한 측면들에 대해 재빨리 배울 수 있다"는 사실을 보여 주었고(Doble & Richardson, 1992, p. 52), 이 책에 소개된 여러 사례들도 이를 뒷받침하고 있다. 아울러 전세계의 시민들이 일상생활에 미치는 과학기술의 영향을 느끼고 있는 지금 시점에서, 민주주의의 원칙에 따라 과학 영역 내에서 시민참여를 증가시키는 것이 가능할지 적어도 고민은 해 보아야 할 것이다. 내가 일군의 저명한 활동가, 과학자, 과학학 연구자들의 작업을 한데 모아 책으로 엮게 된 것은 바로 그러한 이유 때문이었다(또한 이제 과학전쟁을 지배해 온 과장된 언사들을 넘어설 때가 되었다는 개인적인 믿음도 작용했다). 나는 필자들이 민주주의나 과학에서의 시민참여에 대해 특정한 정의를 받아들이도록 요구하지 않았고, 대신 시민들이 어떤 식으로든 과학기술과 관련된 의사결정에 참여할 수 있다는 것을 이 책의 전제로 삼았다.

이 책의 개관

이 책은 상대적으로 분명하게 구분되는 1부와 2부가 거의 비슷한 분량을 차지하고 있다. 1부에서 필자들은 과학기술 사안에서 민주적 참여의 구체적인 실제 사례를 묘사하고 평가한다. 2부에 실린 논문들은 다른 각도에서 논의에 개입하면서 좀더 폭넓은 문제들을 숙고한다. 가령 필자들은 전문성을 구성하는 요소가 무엇인지, 과학기술의 민주화를 위한 다양한 노력들을 어떻게 구분할 수 있는지를 고민하면서, 과학기술 사안에서 시민참여를 증진하거나 향상시키는 방향으로 가기 위해 어떤 종류의 정책과 제도가 도움을 줄 수 있는지를 숙고하고 있다.

1장에서 스티븐 엡스틴은 미국의 에이즈 치료 운동의 사례를 통해 풀뿌리 활동가들이 전통적인 전문가 사회조직에 도전할 수 있는 조건을 탐구한다. 활동가들은 생의학 공동체에 침투해 결국에는 "논의 테이블에서 한자리"를 차지하게 되었고, 가령 임상시험의 프로토콜[14]을 개발하는 데 중요한 역할을 하기도 했다. 그러나 그들의 사연이 연구와 관련된 의사결정에 대한 접근권을 얻는 데 관심이 있는 다른 활동가들에게 간단한 지침을 제공해 주는 것은 아니다. 엡스틴은 초기의 게이 활동가들이 만들어 놓은 운동의 하부구조와 에이즈 치료 활동가들의 독특한 인구학적 특성(주로 교육수준이 높은 백인 남성) 덕분에 치료 활동가들이 생의학의 세계에 진입할 수 있는 기반이 마련되었음을 분명하게 보여 주고 있다. 엡스틴은 지위가 낮은 사회 집단들의 경우 생의학 관련 사안에 대해 발언권을 얻기가 쉽지 않을 것이라고 전망한다. 여기에 더해 그는 생의학 연

---

14. [옮긴이] protocol은 임상시험에 사용되는 방법을 가리키는 용어로, 임상시험에 참여할 수 있는 사람, 시험 일정과 절차, 시험에 쓰이는 치료법과 용량, 연구 기간 등을 상세하게 규정해, 정해진 연구 문제에 답하는 동시에 참가자의 건강을 보호할 수 있도록 설계한다.

구 및 실천과 관련된 의사결정에 영향력을 행사하려는 운동이 처할 수 있는 의도하지 않은 결과에 대해 지적한다. 가령 그러한 운동이 좀더 넓은 과학 영역에서 무너뜨리고자 하는 전문가-일반인 구분을 조직 내에서 재생산할 가능성이 있고, 식견을 갖춘 임상시험 참여자들이 시험의 규칙을 지키지 않아 연구 결과를 불분명하게 만들 수도 있다는 것이다.

2장에서 리처드 스클로브는 매우 다른 종류의 시민참여를 탐구한다. 에이즈 치료 운동이 제도 바깥에서 시작되어 연구 실행 과정에서 일반인들의 긴밀한 참여를 촉진하고자 한다면, 스클로브가 묘사하는 합의회의는 좀더 폭넓은 과학기술정책 사안들에 시민들이 영향을 미치기 위한 방편이다. 스클로브는 덴마크에서 시작돼 다른 유럽 국가들과 최근 미국에까지 확산된 합의회의의 역사를 추적하고 있다. 그는 이러한 조직 형태의 실행 기법들을 상세하게 설명하면서, 이러한 환경에서 일반인들이 고도의 기술적 사안들에 대해 지적으로 논의할 수 있고 합의회의에서 만들어진 보고서가 기업의 의사결정에도 영향을 미칠 수 있다는 증거를 제시한다. 글의 마지막 부분에서 스클로브는 자신이 긴밀하게 관여한 미국 최초의 합의회의를 돌이켜 본다. 그는 유사한 시도로서는 처음이었다고 할 만한 이번 노력이 성공을 거둔 것을 보면서, 이러한 의사결정 모델을 정기적으로 활용하는 것도 실현가능하며 또 효과를 거둘 수 있을 것이라는 낙관적 태도를 보여 준다.

기존에 나와 있는 엡스틴과 스클로브의 저술들이 과학기술과 민주주의의 문제에 관심 있는 독자들에게 이미 중요한 자원이 되고 있다면, 3장과 4장은 새로운 목소리를 담고 있다. 3장에서 네바 해서네인은 지식과 민주주의에 관한 논의에서 잘 다루어지지 않던 영역을 소개하고 있다. 해서네인은 위스콘신 주에서 2년 동안 수집한 자료에 의거해 두 개의 농민 네트워크에 대해 논의하고 분석한다. 이 둘은 제 나름의 독특한 방식으로 "국지적 지식"local knowledge과 그러한 지식을 공유하는 것의 중요성을 보여 준다. 해서네인은 권력을 가진 사회조직이 어떻게 농업과학을 형성하고 농업과학의 의제와 연구에 대한 농민들의 의견 제시를 제약해 왔는지를 보여 주면서 글을 시작한다. 이어 그녀는 연구 대상으로 삼은 두 개의 네트워크를 살펴본다. 그 중 하나는 순환방목rotational grazing으로 불리는 지속가능한 농업 실천과 관련된 지식을 발전시키고 널리 퍼뜨리는 일을 하는 네트워크이고, 다른 하나는 지속가능한 농업에 관심이 있는 여성 농민들의 네트워크로 농업의 사회적 관계에 관한 지식을 민주화하는 노력을 하고 있다. 해서네인은 이러한 네트워크들의 성공이 "지배적인 농업지식 생산 및 분배 체계에 특유한 불공평한 권력관계"에 중요한 도전을 나타낸다고 말한다.

1부의 마지막 장에서 루이스 캐플란은 핵발전, 핵무기, 핵폐기물 처리와 관련된 문제에 관한 의사결정에서 시민참여의 역사를 제시한다. 캐플란은 워싱턴 주에 있던 핸퍼드 핵시설 인근에 거주하는 시민들이 "서서히" 변화해 간 과정을 추적한다. 시민들은 핸퍼드 부지의 안전성과 관련해 전문가들이 직업적 자격을 갖추었음을 인정하고 그들의 안전 보장을 받아들여 온 수동적 구경꾼에서, 핸퍼드 시설의 규제에 관한 논의를 통해 유능함을 보여 준, 충분한 정보

를 갖춘 성난 참여자로 변모해 왔다. 캐플란의 연구는 과학자를 중
립적 전문가로 보는 관념이 가진 힘과 함께 전문가들의 시각이 두
드러지게 드러나는 일련의 편향을 반영하는 현실을 지적하고 있다.
여기에 더해 캐플란의 글은 1부의 다른 장들과 마찬가지로, 일반인
들이 고도의 기술적인 사안에 관해 논의할 수 있는 지적 능력이 없
다고 단언하는 사람들의 생각을 반박한다.

　2부는 대니얼 새러위츠의 글로 시작된다. 새러위츠는 계몽사조
기의 과학관觀이 자연의 궁극적 속성인 통제불가능성뿐 아니라 이
와 흡사한 민주주의의 특성인 ― 민주주의에 생명력을 부여하는 ― 예
측불가능성 및 통제불가능성과 긴장관계에 놓이는 이유를 탐구한
다. 새러위츠는 먼저 냉전이 미국의 과학 실천 및 정책에 심대한 영
향을 미쳤음을 보여 준 후 그가 "계몽주의 프로그램"Enlightenment
Program이라고 부른 것에 대해 논의한다. 이 글의 핵심은 우리가 현
재 직면해 있는 과학과 관련된 여덟 가지 문제를 개략적으로 제시
하는 데 있다. 새러위츠는 이러한 문제들이 냉전 시기 미국에서 과
학을 이끌었던 특정한 형태의 계몽주의 관점에 의해 형성된 과학
실천과 긴밀하게 연결되어 있다고 주장한다. 그는 "오늘날 [과학] 활
동의 조직 구조와 지식 산물이 …… [이러한 문제들에] 생산적으로 대
처하기에는 적합하지 않은 경우가 많다"고 결론지으면서, 인간의
필요와 복지를 추구하는 데 있어 현행 체계보다 더 나은, 연방 과학
정책 및 실천에 대한 새로운 접근을 요청한다.

　6장에서 스티븐 슈나이더는 일반인들이 복잡한 과학 논증과 과
학자들 간에 벌어지는 논쟁의 성격을 이해할 수 있다는 ― 1부의 여

러 논문들이 뒷받침한 — 관점에 의문을 제기하지는 않는다. 그러나 그는 이러한 수준의 이해를 달성하려면 일종의 헌신이 필요한데, 일반 시민들 중 이렇게 헌신할 가능성이 있는 사람은 드물다는 사실을 지적한다. 이에 따라 슈나이더는 시민들과 선출된 대표자들이 과학적 신뢰성을 평가하는 데 도움을 줄 "메타-기구"의 설립을 제안한다. 시민들은 이 조직의 의사진행 과정을 볼 수 있지만, 이 기구의 구성원은 과학 학회들이 지명한 사람들이 주를 이룰 것이다. 그러한 기구가 없을 경우, "혼란스러운 기술적 소동"으로 인해 의욕이 꺾인 시민들이 "가치의존적인" 정책 선택 과정에서 자신의 역할을 전문가들에게 맡겨 버릴 우려가 있다는 것이 슈나이더의 생각이다. 슈나이더가 이 책의 여러 다른 필자들이 의문을 제기하는 어떤 것을 가정하고 있다는 점은 지적해 둘 만하다. 기술적 사안에서 가치 요소와 사실factual 요소를 분리할 수 있다는 가정이 그것이다. 슈나이더는 일반 시민들이 기술적 사안의 가치 측면에서 역할을 할 수 있다고 생각한다. 반면 이 책의 다른 필자들은 각기 상이한 방식으로 사실과 가치의 분리가 불가능함을 지적하면서, 슈나이더가 과학의 기술적/사실적 핵심으로 간주할 영역에서 일반 시민의 역할을 제안한다.

대니얼 새러위츠처럼 샌드라 하딩도 과학에 대한 계몽주의 모델에 머물러서는 안 된다고 주장한다. 하딩의 비판은 통제의 문제가 아니라, 사회적·정치적 중립성이 과학의 내적·인지적·기술적 핵심의 특징이 될 수 있고 또 되어야 한다는 미심쩍은 주장에 초점을 맞추고 있다. 그녀는 "사회적, 정치적 우려와 욕망이 일견 순수하게 기술적, 인지적인 것으로 보이는 과학 프로젝트의 핵심에 어떻게 코드화되는가"에 주목할 필요가 있다고 주장한다. 특히 하딩은 오늘날의 많은 과학에 내재된 보편성의 이상을 검토하면서, 이처럼 숨은 원칙이 인지적 다양성을 평가절하하고, 경우에 따라서는 더 강력한 주장 대신 증거의 뒷받침을 받지 못하는 주장을 받아들이는 것을 정당화해 주며, 특정한 과학 논쟁에서 가장 설득력 있는 몇몇 비판들에 눈을 감는 결과를 초래한다고 주장한다. 그러나 하딩이 보편성 이상의 완전한 포기를 원하는 것은 아니다. 대신 우리가 중요한 민주적 이상을 실현할 수 있도록 보편성 이상의 가치 있는 요소들을 그대로 남겨두고 다른 요소들을 재개념화하기를 바라고 있다.

이 책의 마지막 장에서 나는 기술과학 영역에서의 시민참여에 관한 논쟁에 기여하고자 한다. 내가 보기에 과학기술에 대한 민주적 참여 논의는 종종 명료성의 결핍과 그에 따른 오해로 인해 어려움을 겪고 있다. 이러한 의견 교환을 좀더 명료하게 만들기 위해, 이 글에서는 민주화된 과학의 사례들을 서로 구분할 수 있게 하는 몇 가지 차원들을 개관할 것이다. 이 책과 그 외 다른 곳에서 제시된 사례들에 근거해, 나는 일반인들이 과학의 미묘한 내용, 난해한 개념, 방법론적 복잡성을 이해할 수 있으며, 따라서 이는 과학의 민주화 노력을 선험적으로 거부하는 타당한 근거가 될 수 없음을 주장하고자 한다. 내가 보기에 과학의 민주화를 가로막고 있는 진짜 장애물은 널리 퍼진 사회경제적 불평등과 전문가의 권위에 대한 검증되지 않은 믿음에서 그 뿌리를 찾을 수 있다. 이 글은 이러한 장애물들을 극복하기 위한 몇 가지 초보적 제안을 하면서 끝을 맺는다.

앨런 소칼의 날조가 공표된 후, 과학전쟁에서 문제가 된 쟁점들에 관한 논의 — 그 중 일부는 상당히 유용했다 — 는 날조 이전에 비해 훨씬 빨리, 또 맹렬하게 전개되었다. 문화연구 분야의 저명한 학자에서 익명의 대학원생에 이르는 논쟁 참가자들은 인터넷에서 편집인에게 보낸 편지까지를 포괄하는 다양한 장소를 빌려 자신들의 관점을 표현했다. 러트거스대학의 조지 레바인은 『링구아 프랑카』의 편집인에게 보낸 편지에서 이 책을 이끄는 전제로 유용하게 쓰일 수 있을 법한 논평을 했다. 레바인에 따르면, "핵심은 …… 대중이 과학과 책임 있는 관계, 그리고 지적인 관계를 가져야만 한다는 것이다"(Levine, 1996, p. 64). 나는 이 책이 그러한 관계에 기여할 수 있기를 희망한다. 그렇게 되기 위해서는 이 책이 과학전쟁에 관한, 혹은 시민권과 과학기술의 관계에 관한 최종적인 결론이 되어서는 안 될 것이다. 이어지는 논문들이 생산적인 대화를 촉발하는 데 기여할 수 있기를 바란다.

1부

시민참여의 사례들

JUSTICE
CHANGE
TAX RICH
PHARMA
TREAT AIDS = STOP VIRUS
PEOPLE OVER PHARMA
NO MORE DRUG WAR
TREAT
NO MORE DRUG WAR

1장

민주주의, 전문성, 에이즈 치료 운동

스티븐 엡스틴

1987년에 미국 전역에 있는 수천 명의 에이즈 활동가들은 사람들의 시선을 잡아끄는 분노에 찬 도발적 시위를 통해 의사, 생의학 연구자, 연방 보건 관리들에 정면으로 맞서기 시작했다. 공격의 대상은 다양했지만, 이러한 에이즈 운동의 새로운 물결은 대체로 에이즈 치료 연구의 조직과 속도에 초점을 맞추고 있었다. 그들이 전하고자 했던 메시지는 분명했다. 한번은 과학 포럼에서 저명한 연구자 한 사람이 연단으로 다가가자 활동가들이 쿨에이드[1]가 든 컵을 사람들에게 나눠주었다. 그의 연구 방법이 에이즈 환자들에게 미치는 영향을 가이아나의 존스타운에서 사이비 종교 지도자 짐 존

---

1. [옮긴이] 쿨에이드(Kool-Aid)는 크래프트 푸즈 사(社)가 판매하는 과일맛 음료의 상표로, 보통 분말 형태로 판매되며 물을 타서 마신다.

스가 추종자들에게 미친 영향에 빗댄 것이다(Crowley, 1991, p. 40).[2] 1987년에 보스턴에서 열린 공개 포럼에서 식품의약청Food and Drug Administration, FDA (이하 FDA로 표기)장이 연단에 올랐을 때는 청중석에 있던 활동가들이 손목시계를 높이 들어올렸다("FDA Allows," 1988). 에이즈에 걸린 사람들에게는 시간이 없음을 말해 주는 암시였다. 그 해 10월에는 1천 명이 넘는 시위대가 메릴랜드 주 로크빌에 있는 FDA 본부 앞에 모여 그들이 "연방사망청"Federal Death Administration이라는 딱지를 붙인 기구를 "장악"하려는 시도를 하기도 했다(Bull, 1988).

이제 시계를 미래로 돌려 1992년의 상황을 보자. 바로 그 활동가들 중 일부는 이제 연방 정부가 지원하는 모든 에이즈 임상 연구를 감독하기 위해 국립보건원National Institutes of Health, NIH(이하 NIH로 표기)이 설립한 에이즈 임상시험그룹AIDS Clinical Trials Group, ACTG의 여러 위원회들에서 의결권을 가진 정규 위원이 되었다. 활동가들은 미국에서 가장 저명한 에이즈 연구자들(앞서 짐 존스에 비유된 연구자도 포함돼 있었다)과 위원회에서 어깨를 나란히 했고, 이제 과학자들과 함께 가장 유망한 연구 방향을 결정하고, 연구 방법론에 대해 토론하고, 연구비를 할당하는 일을 했다. 또한 활동가들은 미국 곳곳에서 연구를 수행하는 병원의 기관심사위원회institutional

---

2. [옮긴이] 짐 존스 목사가 이끄는 종교 집단 〈피플즈 팀플〉(Peoples Temple)이 남미의 가이아나 공화국에 건설한 종교 공동체인 존스타운어서 1978년 11월 18일에 909명의 신도들이 집단 자살한 사건을 가리킨다. 존스는 신도들에게 청산가리가 섞인 쿨에이드를 주어 자살하게 했다.

review board에 참석해서 에이즈 치료제에 대한 임상시험의 방법과 윤리성을 평가했다. 과거에 학술회의 자리에서는 활동가들이 회의장 뒤에서 고함을 지르곤 했지만, 이제는 분과회의의 좌장을 맡기도 한다. 그리고 그들이 샌프란시스코에서 발간하는 『에이즈 치료 소식』*AIDS Treatment News* 같은 간행물들은 전세계의 많은 의사들에게 에이즈 치료법에 관한 정기 소식통이 되었다. 바이러스가 복제되는 단계들, HIV[3]의 면역병인론, 무작위 임상시험의 방법론 같은 문제들을 이해하는 에이즈 치료 활동가들의 재능은 저명한 전문가들로부터 폭넓게 인정을 받았다. 에이즈 임상시험그룹 집행위원회의 의장을 역임한 존 페어 박사는 1994년에 이렇게 논평했다. "이 제한된 영역만 놓고 보면 그들은 수많은 의사들 — 에이즈 치료법을 연구하는 의사들을 포함해서 — 과 비교해서도 결코 떨어지지 않는다고 생각합니다. 그들은 대단히 정교한 이해를 갖추고 있습니다"(Phair, 1994).

　내가 방금 스케치한 — 생의학의 문을 쾅쾅 두들기던 1987년과 논의 테이블에 앉은 1991년의 대조에서 나타나는 — 보기 드문 사회운동의 궤적은 여러 가지 이유에서 흥미롭다. 이 글에서 나는 **지식과 전문성의 정치**에 초점을 맞추려 한다. 풀뿌리 운동은 어떻게 소수의 핵심적인 활동가-전문가들을 만들어 내었는가? 좀더 일반적인 차원에서, 일반인들은 어떤 조건 하에서 전문성의 위계에 도전하고 과학지식 생산 과정에 효과적으로 참여할 — 혹은 그 과정을 변형시킬 — 수 있

---

3. [옮긴이] 에이즈의 원인 병원체인 인간면역결핍바이러스(human immunodeficiency virus)의 약어.

는가? 그들은 어떻게 이러한 특권적 영역에 진입할 수 있는가? 또 이러한 종류의 침입이 야기하는 의도하거나 의도하지 않은 결과에 는 어떤 것이 있는가?[4]

　이 글에서 내가 주장하고자 하는 것은 활동가 운동이 다른 형태의 신용credibility을 축적함으로써 특정한 조건 하에서 과학의 인식론적 실천 — 우리가 자연 세계를 인식하는 방법 — 에 변화를 일으킬 수 있다는 것이다. 그러한 변화가 지식의 진보나 질병 치료에 유익할 거라는 보장이 있는 것은 아니지만, 이 사례에서는 일반인의 과학 참여가 다소의 위험에도 불구하고 몇 가지 실질적인 이득을 가져다 주었음을 지적하고 싶다. 이는 놀라운 발견이며, 과학은 높은 진입 장벽으로 둘러싸인 상대적으로 자율적인 영역이라는 대중의 관념과 배치되는 것이기도 하다. 또한 이는 많은 사람들이 흔히 가지고 있는 견해, 즉 지식의 왜곡을 막으려면 과학은 외부의 압력으로부터 보호되어야 한다는 생각에도 도전장을 내민다.[5]

---

4. 에이즈 치료 활동가들에 대한 이러한 분석은 에이즈 유행을 연구하는 과학 활동과 생의학 지식 생산 실천의 변화에서 일반인들 — 특히 활동가들 — 이 했던 역할에 관한 포괄적인 연구 프로젝트에서 끌어 낸 것이다(특히 Epstein, 1996을 보라). 이 글의 내용 중 많은 부분은 이전에 발표되었던 것이다(Epstein, 1995, 1996, 1997a, 1997b를 보라). 이 글에서 제시하는 설명은 에이즈 활동가, 에이즈 연구자, NIH와 FDA에 있는 정부 보건 관리들과의 인터뷰에 기반하고 있으며, 아울러 과학 및 의학 학술지, 대중매체, 게이-레즈비언 언론, 활동가 간행물, 활동가 문서, 정부 문서 등에 제시된 설명, 주장 제시, 쟁점 이해방식을 분석한 결과에도 의지하고 있다.
5. 과학과 의학에서 대중참여의 정치에 관해서는 가령 Balogh(1991); Blume, Bunders, Leydesdorff & Whitley(1987); Brown(1992); Cozzens & Woodhouse(1995); Di Chiro(1992); Indyk & Rier(1993); Irwin & Wynne(1996); Kleinman(1995); Martin(1980); Moore(1996); Nelkin(1975); Petersen(1984); Rycorft(1991); White (1993); Wynne(1992)를 보라.

여기서 과학적 "신용"은 어떤 주장을 제기한 사람이 자신의 주장을 따르는 지지자들을 끌어들이고, 자신을 과학적 진리를 말할 수 있는 부류의 사람으로 내세울 수 있는 능력을 가리킨다.[6] 나는 신용을 권력, 정당화, 신뢰, 설득의 측면들을 결합한 권위의 한 형태로 이해한다(Weber, 1978, pp. 212~254). 그러나 이 글에서 제시하는 사례는 과학 논쟁에서 신용을 얻으려 애쓰는 등장인물들이 다양하며 신용이 표출되는 경로가 가지각색이라는 점에서 과학적 신용에 관한 다른 사회학적 연구와는 차이가 있다. 과학에서 흔히 신용을 나타내는 증거는 학위, 연구 경력, 소속된 기관 등과 같은 식별가능한 표식이다. 반면 일반인과 활동가 운동의 개입이 있었던 에이즈 연구의 사례에서는 신용을 성공적으로 확립할 수 있는 경로들이 증가하고, 신용을 얻은 사람이 공식적인 자격을 갖춘 사람들을 넘어 다양해지며, 따라서 논쟁을 해소하고 믿음을 쌓아 올리는 길도 좀더 복잡해지는 것을 볼 수 있다.

또한 이 연구는 과학과 의학에 대한 대중의 태도가 매우 양극화된 — 미국에서 특히 그러했던 것 같다 — 특정한 역사적 시기를 대상으로 하고 있다. 이 시기에 대중이 지닌 뿌리 깊은 신념은 회의적 태도 및 환멸과 나란히 존재했다. 전염병 같은 대수롭지 않은 위험들은 이미 극복했다고 생각하는 경향이 있는 사회에서, 새로운 전염

---

6. 내가 사용하는 신용이라는 개념은 과학학 분야의 학술 연구에서 빌려온 것이다. Barnes(1985); Barnes & Edge(1982); Cozzens(1990); Latour & Woolgar(1986); Shapin(1994); Shapin & Schaffer(1985); Star(1989); Williams & Law(1980) 등을 참조하라.

병의 출현은 이와 같은 양면적 태도를 증폭하는 효과를 낳았다. 전문가들이 에이즈 문제를 해결할 능력이 없는 것처럼 보이면서, 그에 따른 실망감이 통상의 경우와는 다른 목소리가 개입할 수 있는 여지를 만들었다. 따라서 에이즈 연구에서 신용에 관한 연구는 생의학을 둘러싼 "신용의 위기credibility crisis"를 놓고 벌어진 대중적 협상에 관한 연구가 되어야 하며, 바로 그러한 시기에 과학의 제도를 둘러싼 경계가 어떻게 더 투과성이 커지고 외부인들의 개입에 더 개방적으로 변모했는가에 관한 연구가 되어야 한다. 특히 과학적 신용이 위기에 처했을 때 과학은 광범위한 신용 투쟁의 장이 될 수 있다. 그리고 특히 미국 사회에서는 외부인들의 개입이 완전히 발달한 사회 운동의 형태로서 조직화될 수 있다.

에이즈 치료 활동가 운동의 기원

미국의 에이즈 치료 활동가 운동은 그보다 규모가 더 크지만 그만큼 더 다양하기도 한 "에이즈 운동"의 일부로 볼 수 있다. "에이즈 운동"의 기원은 질병의 유행 초기로 거슬러 올라갈 수 있고, 대단히 다양한 풀뿌리 활동가, 로비 단체, 의료 서비스 제공자, 공동체기반 조직 등을 포괄하며, 오늘날 다양한 인종, 민족, 성별, 성적 취향, HIV "위험 행동"을 보이는 사람들의 상이한 이해관계를 대변한다. 에이즈 운동은 국가, 교회, 대중매체, 보건의료 부문을 포함한 다양한 사회 제도들을 상대로 여러 갈래의 프로젝트를 수행해 왔다

(Altman, 1994; Cohen, 1993; Corea, 1992; Crimp & Rolston, 1990; Elbaz, 1992; Emke, 1993; Geltmaker, 1992; Indyk & Rier, 1993; Patton, 1990; Quimby & Friedman, 1989; Treichler, 1991; Wachter, 1991). 때로는 제도적 변화를 달성하는 것보다 문화적 규범에 대한 전반적 도전을 제기하는 데 더 관심을 보이긴 했지만 말이다(Gamson, 1989).

에이즈 운동은 그 등장과 동원 과정에서 다른 운동들의 토대 위에 세워졌고 그들의 특정한 강점과 성향들을 차용했다는 점에서 "사회운동의 여파"social movement spillover로부터 도움을 얻었다(Meyer & Whittier, 1994). 가장 큰 영향을 미친 것은 1970년대와 1980년대 초반의 레즈비언 운동·게이 운동과의 연결이었다(Adam, 1987; Altman, 1982, 1986). 동성애를 질병으로 분류해야 하는가를 둘러싼 1970년대의 격렬한 논쟁을 겪은 후(Bayer, 1981) 게이 남성과 레즈비언들은 의학의 권위자들에 대해 종종 비판적 내지 회의적인 경향을 보이게 되었다(Bayer, 1985). 좀더 일반적인 차원에서는 게이 공동체가 새로운 위협에 대처하면서 동원할 수 있는 기존 조직을 갖고 있었다는 점이 중요했다. 아울러 이러한 공동체 조직과 기구들은 대면접촉에 근거한 "미시동원의 맥락"micro-mobilization context을 제공해 주었고, 이는 개인들을 운동으로 끌어들이는 데에 특히 유용했다(Lo, 1992). 또한 이러한 공동체들에 ― 억압받는 집단에게서 좀처럼 찾아보기 어려운 ― 정치적 영향력과 모금 능력을 어느 정도 갖춘 백인 중산층 남성들이 포함돼 있었(고 사실상 실질적으로 이 공동체들을 지배하고 있었)다는 점 역시 중요하게 작용했다. 그리고 게이 공동체가 상대적으로 높은 수준의 "문화자본"(지식과 문화를 전유할 수 있는 세련된 성향)을 보유하고 있었다는 점이 결정적으로 중요했다(Bourdieu, 1990). 이러한 공동체 내에는 의사, 과학자, 교육자, 간호사, 전문직 종사자, 그 외 다른 종류의 지식인들이 다수 포함돼 있었다. 한편으로 이는 주류 전문가들과 전문적인 영역에서 논쟁할 수 있는 보기 드문 능력을 에이즈 운동에 부여해 주었고, 다른 한편으로 "전문가"와 "대중" 사이의 매개와 의사소통을 위한 중요한 자원을 제공해 주었다. 치료 활동가들 자신은 과학에서 초보인 경우가 많았지만, 그럼에도 유독 의사표현이 분명하고 자기 확신에 차 있으며 교육 수준이 높았다. 원래 미술 쪽을 공부했던 뉴욕 시의 치료 활동가 짐 에이고의 말을 빌리면, 그들은 "다른 분야에서 넘어 온 지식인"이었다(Antiviral Drugs Advisory Committee, 1991, p. 50).

에이즈 운동에 적극적으로 참여했던 많은 레즈비언들(과 이성애 여성들)이 1970년대의 페미니스트 보건 운동의 신조(Corea, 1992; Winnow, 1992) — 의학계의 주장에 대해 회의적인 태도를 보이면서 환자 자신의 의사결정의 자율성을 중시하는(Boston Women's Health Book Collective, 1973; Fee, 1982; Ruzek, 1978) — 에 따른 교육을 받았다는 사실 또한 운동의 정체성과 전략에 있어 중요한 함의를 지니고 있었다. 다른 남녀 활동가들은 이전에 평화운동 같은 사회운동에 직접 참여한 경험을 가지고 있었다(Elbaz, 1992, p. 72).

에이즈 운동의 초기 목표에서는 무력함 내지 "희생자"로서의 지위를 거부하고 스스로를 대변하는 것을 중시했다. "우리는 패배를 의미하는 '희생자'라는 딱지를 우리에게 붙이려는 시도를 거부한다.

우리가 항상 수동성, 무력함, 다른 사람들에 대한 의존을 의미하는 '환자'로만 살아가는 것은 아니다. 우리는 '에이즈에 걸린 사람'people with AIDS이다." 뉴욕에 기반을 둔 〈PWA〉['people with AIDS'의 약어] 연합에서 널리 배포한 선언문의 내용이다(PWA Coalition, 1988). 인딕과 리어는 "극단적 자조"self-help with a vengeance라는 표현으로 운동의 성격을 잘 포착하고 있다(Indyk & Rier, 1993, p. 6). 의료적 온정주의에 대한 노골적인 거부와 기성 의료체제도, 정부도, 그 외 다른 어떤 의심스런 권위도 에이즈에 걸린 사람이나 HIV 보균자를 대신해 발언할 수 없다는 주장이 그것이었다.

1980년대 후반에 에이즈 운동은 새롭고 좀더 급진적인 국면으로 접어들었다. 질병의 유행에 대한 연방 정부의 부적절한 대응, 에이즈에 걸린 사람이나 HIV 보균자에 대한 낙인찍기, 에이즈나 그와 관련된 기회감염7 및 암에 대한 효과적인 치료법의 부재로 인해 우려가 커졌기 때문이었다. 이에 따라 1987년에 뉴욕 시에서, 뒤이어 미국 전역의 다른 장소들에서 새로운 조직이 탄생했다. 〈권력 행사를 위한 에이즈 연합〉 AIDS Coalition to Unleash Power, 혹은 의도적으로 선동적인 느낌을 주도록 만들어진 약칭인 〈ACT UP〉으로 더 잘 알려진 조직이 그것이었다(Anonymous, 1991). 1980년대 후반에 급진적인 젊은 게이 남녀들을 끌어들인 〈ACT UP〉은 "평상시와 결코 같지 않은"no business as usual 대담한 정치를 실천에 옮겼다. 〈ACT UP〉

---

7. [옮긴이] opportunistic infection, 정상적인 면역 기능 하에서는 발생하지 않는 감염 질환들이 면역 기능이 떨어지면서 생기는 것을 가리킨다.

은 무정부주의, 평화 운동, 펑크 하위문화, 1970년대의 게이 해방 '잽'8처럼 다양한 원천들로부터 정치적·문화적 실천 양식을 받아들였고, 상상력 넘치는 거리 공연, 방송 카메라의 시선을 잡아끄는 기술, 절박감의 효과적 전달로 유명해졌다. 〈ACT UP〉 단체들은 흔히 공식적인 지도자가 없었고, 많은 도시들에서 회합은 합의 과정에 따라 운영되었다.

〈ACT UP〉은 1980년대 중·후반에 미국 내에서 에이즈의 의학적 치료와 연구의 문제에 관심을 갖게 된 다양한 집단들 ― 에이즈 치료 활동가 운동이라고 부를 수 있는 일군의 즈직들 ― 중에서 가장 눈에 띄는 사례일 뿐이었다. 법의 주변부에 위치한 일명 '구매자 클럽'buyers club은 승인되지 않은 실험 단계의 치료약들을 다른 나라에서 밀수입하거나 지하 실험실에서 제조해 환자들에게 공급했다. 샌프란시스코에 기반을 둔 〈정보공유 프로젝트〉Project Inform는 〈ACT UP〉에 비해 좀더 전통적인 구조를 갖춘 조직이었다. 이 단체는 그러한 실험적 치료법의 사용을 옹호했고, 자체적인 로비 활동, 출판, 교육 프로젝트를 통해 다면적인 활동을 펼치는 환자 권익옹호 조직으로 발전해 나갔다. 그리고 독자들에게 과학 정보, 정치적 논평, 환자들의 보고에서 수집한 치료 사례의 일화 등을 뒤섞어 풍부하게 제공하는 풀뿌리 치료 간행물도 여럿 등장했다(Arno & Feiden, 1992; Kwitny, 1992). 이러한 대안적 간행물 중에서 가장 잘 알려진 『에이

---

8. [옮긴이] zap, 1970년대 미국에서 쓰이기 시작한 직접 정치행동의 한 형태로 유명인사를 욕보이는 식의 요란한 거리 시위를 특징으로 한다.

즈 치료 소식』은 신약 연구 및 규제 문제에 더 많은 관심을 쏟아야 한다는 주장을 한동안 펼쳤다. 1986년 5월에 전직 컴퓨터 프로그래 머이자 소식지 편집인인 존 제임스는 행동에 나설 것을 촉구하면서 이렇게 썼다. "지금까지 공동체기반 에이즈 조직들은 치료법의 문 제에는 관여하지 않았고 연구의 진행 상황을 따라잡으려 애쓴 적도 거의 없었다."

독자적인 정보와 분석을 갖춘다면 우리는 실험적 치료법들이 적절 하게 처리되도록 구체적인 압력을 가할 수 있다. 지금까지는 그러한 압력이 거의 없었다. 우리에게 연구의 진행 상황을 해석해 주는 일을 전문가에게 의지해 왔기 때문이다. 그들은 평지풍파를 일으키지 않 을 내용만을 우리에게 얘기해 준다. 수익을 원하는 회사들, 자기 영 역을 지키려 드는 관리들, 소란을 피하고 싶어 하는 의사들이 지금껏 일을 좌지우지해 왔다. 자신의 생명을 구하고 싶다면 에이즈에 걸린 사람들도 그곳에 참여해야 한다.

이어 제임스는 "정보를 얻기 위해 공식 기구들에만 의지하는 것은 집단 자살의 한 형태"일 뿐이라고 단언했다(James, 1986).

신용의 획득

앞서 기술한 것처럼 에이즈 치료 활동가들이 고도로 대립적인 직접행동 양식을 빌어 운동을 시작하긴 했지만, 그들은 에이즈에 대한 효과적인 해법이 일반적으로 의사와 과학자들로부터 나와야 한다는 가정을 항상 가지고 있었다. 따라서 그들은 기성 과학 체제가 절대적인 의미에서 "적"이라는 관념 — 가령 동물권 운동에서 찾아볼 수 있는(Jasper & Nelkin, 1992) — 에 저항했다. 〈ACT UP〉 뉴욕지부의 치료 및 자료 위원회Treatment & Data Committee를 이끌었던 인물 중 하나인 마크 해링턴은 당시를 회고하며 이렇게 말했다(Harrington, 1994). "우리가 얼마나 공손한 태도를 보였는지를 과장하고 싶지는 않군요."

> 하지만 동시에 이렇게 말하고 싶네요. 마기 대처가 고르바초프를 만났을 때 했던 말처럼, "우리는 비즈니스를 할 수 있다"는 생각이 처음부터 분명하게 자리 잡고 있었다고 말입니다. 우리는 도덕적 논점들을 지적하고 싶었지만, 그렇다고 해서 희생자나 무력한 사람이나 억압받는 집단이나 항상 옳은 편에 서는 데 탐닉하기는 싫었어요. 우리는 참여하고 싶었고, 공통의 기반이 있는지 알아내고 싶었습니다.

이러한 화해는 얼마나 진전되었는가? 결과적으로 활동가들(적어도 그들 중 일부)은 정체성 전환을 이뤄냈다. 그들은 자신을 새로운 종류의 전문가로 재구성했다. 과학 연구 공동체와의 대화에서 과학에 대해 신용할 만한 발언을 할 수 있는 일반인으로서 말이다. 여기서 활동가들이 과학적 신용을 쌓아 올리기 위해 활용한 구체적 전술들을 상세히 다루지는 않겠지만(Epstein, 1995를 보라), 네 가지 전술이 가장 중요했다는 점은 지적해 두고자 한다. 첫째, 활동가들은 의학의 언어와 문화를 습득함으로써 문화적 유능성을 획득했다. 대단히 다양한 방법들 — 과학 학술회의에 참석하고, 연구 프로토콜을 세밀하게 검토하며, 운동 안팎에서 대의에 공감하는 전문가들로부터 배우는 등— 을 통해 핵심적인 치료 활동가들은 의학의 어휘를 실제로 구사할 수 있는 지식을 얻었다. 둘째, 활동가들은 스스로를 에이즈에 걸린 사람이나 HIV 보균자들(좀더 분명하게 말하자면, 임상시험의 피험자 집단으로 현재 참여하고 있거나 앞으로 참여할 가능성이 있는 사람들)을 대변하는 정당하고 조직화된 목소리로 내세울 수 있었다. 활동가들이 "환자들이 원하는 바"를 말할 수 있는 능력을 독점하게 되자, 연구자들은 자신들의 임상시험에 연구 피험자들이 충분한 수만큼 등록하고 연구 프로토콜을 준수하도록 하기 위해 활동가들과 협상을 벌여야 하는 처지가 되었다.9 셋째, 활동가들은 방법론적(내지 인식론적) 주장과 도덕적(내지 정치적) 주장을 한데 결합시켜 자신들이 가진 신용의 "화폐"를 늘릴 수 있었다. 예를 들어 활동가들은 여성과 유색인종을 임상시험에 포함시키는 것이 도덕적으로 필요할 뿐 아니라(잠재적으로 유망한 치료법에 공평한 접근권을 보장하기 위해서) 과학적으로도 바람직하다(서로 다른 인구집단에서 신약의 안전성과 효능에 관한 좀더 완전하게 일반화 가능한

---

9. 브뤼노 라투르의 용어를 빌리자면(Latour, 1987, p. 132), 활동가들은 스스로를 연구자들과 그들이 수행하고자 하는 임상시험 사이에 놓인 "필수통과점"(obligatory passage point)으로 구성했다. 물론 활동가들 역시 임상시험을 수행할 연구자들을 필요로 했기 때문에, 이 관계는 공생관계로 보는 것이 가장 합당해 보인다. Crowley(1991)도 참고하라.

데이터를 얻어 내기 위해서)는 주장을 펼쳤다. 마지막으로 활동가들은 기성 과학 체제 내에 이미 존재하는 균열을 이용해 전략적 동맹을 형성했다. 예를 들어 활동가들은 적절한 임상시험 방법론을 놓고 전염병 연구자들과 논쟁을 벌이던 생물통계학자와 동맹을 맺었다.

많은 에이즈 연구자들이 활동가들이 내건 의제에 대해 깊은 의구심을 품고 있던 시점에서, 활동가들은 저명한 면역학자이자 에이즈 연구자이며 NIH의 에이즈연구국Office of AIDS Research을 이끌던 앤서니 파우치 박사의 지지를 얻어 내는 중대한 승리를 거두었다. 파우치는 1989년에 기자와의 인터뷰에서 이렇게 말했다. "어떤 일이 일어나고 있었습니다. 사람들은 서로 대화를 나누기 시작했지요. …… 나는 [활동가들이] 무엇을 말하고 있는지를 듣고 읽기 시작했습니다. 그들이 이치에 닿는 얘기를 하고 있다는 사실이 내게 분명해 보였습니다"(Garrison, 1989, p. A-1). 물론 파우치를 포함한 연구자들이 활동가들을 연구 과정에 포함시키는 것을 전략적으로 사고했을 수도 있다. 나중에 파우치는 당시 이런 생각을 하고 있었다고 말했다(Fauci, 1994). "실용적 차원에서 볼 때 그것은 우리의 프로그램 중 일부에 도움이 될 수 있었습니다. 우리는 이런 활동이 실제로 주류 사회에 영향을 미칠 수 있을 지에 대해 감을 잡아야 했거든요." 학계의 저명한 연구자들도 핵심 활동가들이 점차 과학적 유능성을 획득하고 있음을 인정했다. 주요 에이즈 연구자 중 한 사람인 캘리포니아대학 샌디에이고 캠퍼스의 더글러스 리치먼은 〈ACT UP〉 뉴욕지부의 해링턴이 초기에 연구자들과 만난 회의 자리에서 "일어나

CMV[10]에 관해 일장 연설을 했던" 일을 떠올렸다. "의과대학 학생이 었다면 내가 혼을 내주었을 겁니다. 내용의 정확성이나 다른 모든 측면에서요. 지금은 전체 연구 과정에서 아주 세련되고 중요한 기여자가 되었지요."(Richman, 1994).

이처럼 서로 다른 사회 세계간의 만남이 전개되면서 활동가들은 NIH의 의사결정 기구에 대한 좀더 실질적인 수준의 참여를 얻어내기 위해 압박을 가했다. 임상시험에 관한 중요한 결정들 — 누구에게 자금을 지원할 것인가뿐 아니라 임상시험을 어떻게 수행하고, 데이터를 어떻게 분석하며, 어떤 환자들에게 참여 자격을 주어야 하는지에 관한 구체적 세부사항까지 — 은 에이즈 임상시험그룹의 자문위원회들을 구성하는 학계의 연구자들이 내리고 있었다. 활동가들은 이러한 위원회들에 대표를 보낼 수 있는 권한을 요구해 연구자들을 당황하게 만들었다. 파우치가 시간을 끌자 활동가들은 "NIH로 돌격"을 감행했다. 메릴랜드 주 베데스다의 NIH 청사 앞에서 1990년 5월 21일에 있었던 이 시위는 2년 전의 FDA 시위처럼 언론매체를 위해 화려한 장관을 다시 한 번 연출했다(Hilts, 1990). 그로부터 얼마 후에 활동가들은 대다수의 에이즈 임상시험그룹 회의들이 대중에게 개방되며, 에이즈 임상시험그룹 위원회마다 완전한 표결권을 가진 환자 공동체의 대표가 임명될 거라는 소식을 전해 들었다. 여기에 더해 1990년대 초부터는 활동가들이 신약 평가 책임을 맡은 FDA 자문위원회의 비공식 대표, 제약회사에서 만든 "공동체 자문위원회"의 임

---

10. [옮긴이] CMV는 거대세포바이러스(cytomegalovirus)의 약어이다.

용 위원, 미국 전역의 병원과 대학 연구소어서 임상 연구를 감독하는 "기관심사위원회"의 정규 위원 등으로 활동하게 되었다. 활동가들은 연구를 어떻게 수행하고, 어떤 환자들을 연구에 참여시키며, 연구 결과를 어떻게 평가하고, 어떤 연구 방향에 대해 자금을 지원해야 하는가 등에 대해 중요한 발언권을 갖기 시작했다(Epstein, 1996; Arno & Feiden, 1992; Kwitny, 1992; Jonsen & Stryker, 1993).

결과

1990년 11월에 스탠포드대학의 에이즈 연구자 토머스 메리건이 『뉴잉글랜드 의학지』*New England Journal of Medicine*에 발표한 「늙은 개에게 새로운 재주를 가르칠 수 있다 : 에이즈 임상시험은 새로운 전략을 어떻게 개척하고 있는가」라는 논문은 하나의 결정적 전기를 이루었다. 메리건은 "환자, 그들의 대변자, 임상 연구자들 간의 [새로운] 협력관계"를 상찬하면서, 활동가들이 추구해 온 바로 그 방법론적 입장들을 옹호했다. 예를 들어 그는 "[임상시험의] 모든 갈래들[11]

---

11. [옮긴이] 환자들에게 진짜 약을 주느냐 위약(플래시보)을 주느냐와 관련된 실험군과 대조군을 가리킨다. 임상시험을 이렇게 구성하는 이유는 임상시험의 대상이 되는 신약이 환자들에게 아무런 효과가 없는데도 심리적 이유 때문에 마치 효과가 나타나는 것처럼 느끼게 되는 일명 '플래시보 효과'를 배제하기 위함이다. 이 때 대조군에 속한 환자들은 임상적으로 효과가 없는 위약을 받게 되며, 따라서 사실상 치료받을 수 있는 기회를 박탈당하는 윤리적 문제가 발생할 수 있다.

은 환자들에게 가능한 최선의 임상 의료에 못지않은 동등한 잠재적 이득을 제공해야 하고", 임상시험에 참여한 그 어떤 사람도 기회감염에 대한 치료를 거부당해서는 안 되며, "임상시험 외부에서 나온 데이터를 통해 환자들이 다른 유형의 관리를 받으면 상태가 더 호전될 수 있음을 알게 되는 경우" 임상시험을 "애초 설계한 대로 계속 밀어붙여"서는 안 되고, "임상시험의 진입 기준은 그 결과가 임상 실천에서 유용할 수 있도록 과학적으로 최대한 확대해야 한다"고 주장했다(Merigan, 1990, p. 1341).

활동가들은 연구 피험자들이 받아들일 수 있게 설계된 유효한 임상시험을 개발하도록 연구자들에게 압박을 가함으로써, 필요한 수의 피험자들이 재빨리 등록할 수 있게 하고 불응_{noncompliance}의 가능성을 줄이는 데 도움을 주었다. 그리고 연구자들의 절차적 관심과 환자 공동체의 윤리적 요구를 모두 만족시키는 방법론적 해법을 고안해 냄으로써, 에이즈 활동가들은 적어도 특정한 사례들에서는 심지어 연구자들도 인정하는 방식으로 과학적 사실을 생산하는 도구를 향상시켰다. 이러한 의미에서 에이즈 활동가들의 노력은 과학이 "외부의" 압력으로부터 차단되었을 때만 안정되고 믿을 만한 지식의 생산을 보장할 수 있다는 통념을 정면으로 반박하고 있다.

일반인들이 과학에 참여하는 데 비판적인 사람들은 에이즈 활동가들이 신약을 승인받기 위해 서두르면서 지식이라는 물이 흐려졌다고 주장했다. 이는 어느 정도 일리가 있다. 그러나 그러한 평가는 좀더 큰 그림을 염두에 두어야 한다. 활동가들이 없었다면 어떠한 종류의 지식 전략이 추구되었겠는가? 그리 중요하지 않은 문제들을 다루는 참신한 연구? 방법론적으로 나무랄 데 없지만 환자들을 모집하고 계속 참여시키는 데는 실패한 임상시험? 물론 기존의 질서를 교란시키는 것에는 필연적으로 위험이 내재한다. 그러나 이러한 위험은 그에 따르는 다른 모든 위험들과 견주어 평가해야 한다. 역병이 맹위를 떨치는 동안 정상과학이 제 갈 길을 가도록 내버려 두었을 때 나타날 수 있는 위험을 포함해서 말이다.

이 사례가 매우 중요한 이유 중 하나는 에이즈 연구 분야에서의 이러한 변화가 미국 내의 생의학에 앞으로 계속 영향을 미칠 수 있기 때문이다.[12] 지난 몇 년 동안 독특한 유형의 보건관련 운동이 두드러지게 성장했다. 특정한 질병 범주를 중심으로 정체성을 형성하면서 이러한 새로운 정체성을 기반으로 정치적·과학적 주장을 펼치는 단체들이 생겨난 것이다. 에이즈 운동이 그보다 앞선 다른 운동들의 경험에 의존했던 것과 마찬가지로, 이제 에이즈 운동의 전술과 이해는 일련의 새로운 운동들에 모델을 제공하기 시작했다.

가장 두드러진 것은 유방암 환자들이지만, 그 외에도 만성피로chronic fatigue, 환경성 질환, 전립선암, 정신질환, 라임병Lyme disease, 루게릭병, 기타 다른 증상들로 고통 받던 사람들이 새롭게 투쟁에 나서면서 자신들의 증상이 개념화되고 다뤄지고 연구되는 방식에 대해 발언권을 요구하기 시작했다(Barinaga, 1992; Kingston, 1991; Kroll-Smith & Floyd, 1997). 이러한 집단들은 자신들이 받고 있는

---

12. 여기서 내가 말하려는 바는 에이즈가 의사-환자 관계의 개념을 영영 바꿔 놓았다는 요즘 흔히 들을 수 있는 주장을 넘어서는 것이다. 그 말은 사실일 수도 있다. 비록 전능한 의사와 의존적인 환자라는 낡은 모델은 이미 사라지는 중이었던 것 같지만 말이다.

치료의 질뿐만 아니라 임상연구의 윤리성("플래시보 대조군은 수용 가능한가?")과 연구 방향에 대한 통제권("학술회의 프로그램에 어떤 발표를 포함시킬지 누가 결정하는가?")에 대해서도 비판의 목소리를 냈다. 그러한 모든 단체들이 에이즈 운동에 직접 빚진 것은 아니지만, 〈ACT UP〉 같은 조직들이 구사한 전술과 정치적 용어들은 적어도 "영향을 미치고" 있는 것처럼 보인다. 에이즈 활동가들이 "희생자"로 취급받는 것을 거부하기 전이었다면 근이영양증 muscular dystrophy 환자들이 제리 루이스의 모금 방송13을 "수치스러운 연례행사"라며 비난하고, 방송 카메라 앞에서 "동정이 아닌 힘을"이라는 구호를 외치는 것을 그 누가 상상할 수 있었겠는가("MD Telethon," 1991). 현재까지는 이러한 환자단체들 중에서 그 어떤 곳도 활동의 깊이나 범위에서 에이즈 치료 활동가들이 임상시험의 방법론을 비판한 것에 근접하는 인식론적 개입을 이뤄내지 못하고 있다. 그러나 1992년에 당시 NIH 원장인 버내딘 힐리는 기자에게 이렇게 말했을 때 상황을 잘 이해하고 있었다. "에이즈 활동가들이 선도적인 역할을 했다. …… [그들은] 치료법을 원하는 모든 활동가 집단을 위한 모범을 창출한 것이다"(Gladwell, 1992).

유방암 운동은 이러한 새로운 물결을 보여 주는 흥미로운 사례이다. 이 운동과 에이즈 운동과의 연관성은 너무나 명백하고 또 당사자들도 이를 선선히 인정했기 때문이다. 1991년에 180개가 넘는 미

---

13. [옮긴이] 제리 루이스는 미국의 코미디언으로 1950년대 초반부터 2011년까지 〈근이영양증환자연합〉의 전국 의장을 역임하면서 1966년부터 2010년까지 근이영양증 모금 방송을 매년 개최했다.

국의 권익옹호 단체들이 한데 모여 〈전미유방암연합〉National Breast Cancer Coalition을 조직했다. 『뉴욕타임스 일요판』에 실린 탁월한 기사에서 이렇게 썼다. "그들은 이 질병이 통제되고 있음을 보여 주는 연구, 통계치, 치료법들을 가지고 그들을 '어린아이 다루듯 달래려 하는' 정치인, 의사, 과학자들에게 진저리가 난다고 말하고 있다"(Ferraro, 1993, p. 26). 〈전미유방암연합〉은 활동 첫 해에 의회를 설득해 유방암 연구비를 거의 50퍼센트 인상된 4,300만 달러로 증액하는 데 성공했다. "이듬해에는 그들이 후원한 세미나에서 얻은 자료를 무기로 삼아 요구하고 꼬드기고 협상을 벌여 3억 달러라는 엄청난 금액을 더 얻어냈다"(Ferraro, 1993, p. 27). 에이즈 운동에 진 빚은 활동가들과 논평가들 모두가 널리 언급했다. 샌프란시스코만 지역의 유방암 환자이자 조직가 중 한 사람은 이렇게 말했다. "그들은 우리에게 정부와 소통하는 법을 가르쳐 주었습니다. 우리가 조용히 죽어가고 있는 동안 그들은 케케묵은 체계에 도전해 그것을 바꿔 놓았지요." 또 다른 활동가는 『에이즈 치료 소식』의 실무자들과 만나 신약 개발과 규제 체계의 속사정을 배운 얘기를 털어놓았다(Gross, 1991).

물론 에이즈 운동 덕분에 이런 종류의 보건 운동들이 과학자나 의사들에게 저절로 받아들여지게 되었다거나 앞으로 나올 활동가들은 그냥 창구로 가서 자기 몫을 요구하기만 하면 된다고 생각하는 것은 경솔한 일일 터이다. 좀더 가능성이 높은 시나리오는 에이즈 운동이 생의학과 보건의료에서 새로운 민주화 투쟁의 물결을 일으킬 것이며, 이러한 투쟁은 지난 십 년의 투쟁만큼이나 험난할 수 있다는 것이다. 이러한 종류의 활동을 지탱하는 것이 얼마나 어려운지도 기억해 둘 필요가 있다. 사회 운동을 조직하는 것은 여유 시간에 종양학에 관해 공부하는 일을 하지 않더라도 이미 충분히 힘든 일이니 말이다.

함의

이 사례에 붙은 다른 단서조항도 눈여겨볼 필요가 있다. 확실한 것은, 그러한 운동이 아무리 폭넓게 확산된다 해도 우리가 살고 있는 사회의 구조를 이루는 지식기반 위계에 전면적인 변화를 야기할 가능성은 낮다는 사실이다. 실제로 내가 분석한 바에 따르면, 전문성을 민주화하려는 에이즈 치료 활동가들 자신의 프로젝트에는 심대한 긴장이 내포돼 있었다. 한편으로 활동가들은 에이즈에 관한 정보를 유포하는 교육 전략을 추구함으로써 기층 수준에서 폭넓은 기반을 갖춘 지식-권한강화의 발전을 촉진했다. 그러나 다른 한편으로 치료 활동가 지도자들이 준準전문가가 되자 그들은 운동 그 자체의 내부에서 전문가/일반인 분할을 재연하는 경향을 보였다. 소수의 핵심 활동가들은 "그들의 사정을 알고 있는" 내부자가 된 반면, 다른 사람들은 바깥에 남아서 바리케이드를 지키는 역할을 맡았다. 뿐만 아니라 수많은 치료 활동가들이 "내부로" 들어가 논의 테이블에 자리를 차지하고 생의학 연구의 논리에 민감해지면서, 그들이 과학적 방법에 대해 지닌 개념은 때로 좀더 관습적인 방향으로 변모했다.

　예전에 〈ACT UP〉 샌프란시스코 지부에서 활동했던 미셸 롤런드는 이렇게 주장한다(Roland, 1993). "나는 수많은 치료 활동가들이 권력과 지식의 유혹에 넘어가서 결국에는 매우 보수적인 주장을 펼치는 광경을 많이 봐 왔습니다. 그들은 방법론을 …… 이해하며, 지적인 주장을 펼칠 수 있어요. 그걸 들으면 이런 느낌이 들어요. '잠깐만 …… 좋아, 당신 똑똑하군. 그건 알겠어. 그런데 당신이 하는 역할은 뭐야?'" 역설적인 것은, 활동가들이 환자가 아닌 과학자와 같은 방식으로 생각하기 시작하면서, 임상시험의 과학에 대한 그들의 독특한 기여의 기반이 허물어질 위험에 처했다는 사실이다. 연구자 존 페어는 활동가들이 "특정한 연구의 실현가능성에 대해 우리에게 엄청난 통찰을 주었다"고 말하면서도, "활동가들 중 일부는 너무나 정교한 이해를 갖춘 나머지 그런 아이디어가 [환자 공동체에] 먹히지 않을 수도 있다는 사실을 망각했다"고 덧붙였다(Phair, 1994).

　한 사람이 동시에 활동가도 되고 과학자도 될 수 있을까? "일반인 전문가"lay expert라는 관념에는 모순이 내포돼 있는가? 이러한 질문에 대해 어떤 간단한 답이 있을 것 같지는 않다. 그러나 핵심적인 치료 활동가들이 어떤 의미에서 연구자들의 세계관에 좀더 가까워지지 않았다면 — 그리고 다른 일을 하는 동료 활동가들로부터 다소 거리를 두지 않았다면 — 임상시험의 권위자가 되고 에이즈 임상시험그룹 위원회에 참석하는 것은 거의 불가능했을 것이다. 뿐만 아니라 활동가 계층 내에 생겨난 새로운 전문성 위계는 활동가들 사이의 인종, 성별, 계급 차이를 포함하는 다른 차원의 사회적 불평등과 겹쳐졌고, 이는 어느 정도 예상할 수 있는 바와 같다. 이로 인해 몇몇 활동가 조직들은 날카로운 긴장을 겪었고 조직이 완전히 와해되기도 했다(Epstein, 1996, pp. 290~294; Epstein, 1997b; Vollmer, 1990; DeRanleau, 1990).

지식에 따른 권한강화를 특징으로 하는 사회운동에서 정체성과 전략에 관한 이러한 질문들은 좀더 다뤄볼 만한 가치가 있다. 여기에서는 나의 분석이 갖는 두 가지 함의에 대해서 지적하는 정도로 그치겠다. 첫째, 생의학의 지식 생산 실천을 재구성하려는 에이즈 활동가들의 프로젝트는 잠정적이고 부분적이면서 동시에 일종의 강한 모순들로 가득 찬 방식으로 실행되었다. 둘째, 에이즈 활동가들이 생의학 연구 수행에 어떤 영향을 미쳤는지 묻는 것만으로는 충분치 않음이 입증되었다. 여기에 더해 우리는 역으로 질문을 던져야 한다. 과학과의 만남은 사회운동에 어떤 영향을 미쳤는가? 활동의 "전문가화" 내지 "과학화"는 사회운동의 목표와 전술, 그리고 그것의 집합적 정체성에 어떻게 영향을 미쳤는가(Epstein, 1997b)? 에이즈 활동가나 에이즈 연구자들 사이의 상호관계가 쌍방 모두에게 똑같이 변화를 야기했다는 점에는 의문의 여지가 없다.

이제 과학의 민주화에 관한 마지막 우려에 관해 생각해 보도록 하자. 일반인의 참여가 훌륭한 과학 수행을 방해하고, 모두가 달성되기를 바라는 목표를 실제로 지연시킬 명백한 위험이 바로 그것이다. 어떻게 하면 진짜 위해가 가해지는 것을 막을 수 있을까? 이 점에 있어 생의학에 활동가들이 개입하는 과정에 다소 골치 아픈 역설이 숨어 있음을 지적할 필요가 있다. 한편으로 이러한 활동은 편의성과 긴박한 요구라는 명령 — "죽어가고 있으니 지금 당장 내게 약을 달라!" — 에 의해 강하게 추동되고 있는 것으로 보인다. 그러나 다른 한편으로 핵심적인 치료 활동가들은 점차 과학의 신봉자(이 표현을 어떻게 이해하건 간에)로 변모하면서, 임상시험을 통해 의료 실천에 지침이 되는 유용한 지식을 얻을 수 있기를 간절히 바라고 있다. 〈치료행동그룹〉Treatment Action Group(〈ACT UP〉 뉴욕지부에서 분리해 나온 조직)의 데이비드 바가 했던 말을 빌리면, "의사들과 나는 내가 입에 털어 넣는 모든 약들에 대해 아무것도 알지 못하는 상태에서 결정을 내린다"(Cotton, 1991, p. 1362). 이런 식으로 살아가는 것은 쉬운 일이 아니다.

활동가들은 임상시험의 성공을 원하는 만큼, 자신들의 개입이 빚어 낼 결과와도 씨름해야 한다. 그러한 개입은 그들이 원하는 방향으로 임상 연구를 밀고 나가는 활동가들의 역량을 강화시킬 것인가? 아니면 활동가나 연구자 모두가 그들이 했던 행동으로부터 뜻하지 않게 영향을 받아 어느 누구도 그 궤적을 진정으로 통제하지 못하는 진화하는 시스템 속에 갇히게 될 것인가? 아래 제시하는 것은 항바이러스 약물에 대한 믿음을 빚어내는 데 공동체기반 개입이 악순환을 통해 야기할 수 있는 일종의 최악의 시나리오다. 물론 이는 풍자적인 개요지만, 1980년대 말에서 1990년대 초의 수많은 사례들로부터 뽑은 요소들을 뒤섞어 만든 것이기도 하다. 신약 X가 예비 연구에서 뛰어난 효능을 보이고, NIH 관리 중 한 사람이 X가 유망한 신약이라고 말한 사실이 언론에 보도된다. 풀뿌리 치료 간행물에도 X가 유망한 신약이라는 기사가 실린다. 얼마 안 있어 공동체 내의 모든 사람들이 X를 구하고 싶어 하고, 활동가들은 연구를 위해 대규모의 조속한 임상시험을 요구한다. 모든 사람들은 X가 자신들을 도와줄 거라고 믿고 임상시험에 참여하고 싶어 한다. 그러나 연구자들은 X가 과연 효능이 있는지 확인하기 위한 임상시험 수행을 원한다. 임상시험에 참여하지 못한 사람들은 신약에 대한 접근권의 확대를 요구하고, 다른 사람들은 X를 외국에서 수입하거나 비밀 실험실에서 이를 제조하기 시작한다. X가 점점 널리 퍼져 사실상의 치료 표준으로 부상하면서 의사들은 환자들이 어떻게든 구할 수만 있다면 이 약을 손에 넣는다고 주장하기 시작한다. 한편 X의 임상시험 참여자들은 자신들이 플래시보(위약)를 받고 있을지 모른다고 우려해 다른 참여자들과 약을 뒤섞어 먹는다. 임상시험을 주관한 연구자들이 잠재적 치료 효과를 보고하자 활동가들은 X의 승인이 앞당겨지도록 압력을 가하고, 그 결과 X의 효능에 대한 최종 판단은 시판 후 연구로 넘어간다. 그러나 그 때쯤 되면 누가 그런 연구에 지원을 하겠는가? FDA가 승인하고 모든 의사들이 이를 처방할 수 있게 되어 이제 모든 사람들이 약의 효능을 믿고 있고 있는 시점에서 말이다.

이는 무서운 시나리오지만, 최근 들어 활동가들 스스로가 이처럼 심란한 악순환을 제어하고, 그들이 "과장광고의 순환"hype cycle이라는 적절한 이름을 붙인 것으로부터 벗어나려는 노력을 하고 있다는 사실은 지적해 두어야겠다. 1993년 말에 마크 해링턴은 이렇게 썼다(Harrington, 1993, p. 7). "에이즈 위기가 야기한 절박함 때문에 빚어진 심란하면서도 불가피한 결과 중 하나는 연구자들과 공동체 구성원들 모두가 예비 임상시험에 그것이 감당할 수 없는 정도로 지나친 의미를 부여하는 경향을 보였다는 것이다." 연구에서 너무 많은 것을 기대하는 이러한 현상을 활동가들이 비판할 수 있게 되고, 임상시험의 **상대적 불확실성**에 관해 HIV에 감염된 사람들에게 좀더 폭넓게 전달할 수 있게 된다면, 답을 가장 필요로 하는 사람들의 이해관계를 좀더 충분히 반영하는 임상 연구 과정을 상상하는 것도 가능해질 것이다.[14]

---

14. 이러한 관점에 따르면 활동가들은 과학지식사회학자들과 제휴 관계에 놓이게 된다. 과학지식사회학자들은 대중이 과학에 내재된 높은 수준의 불확실성을 좀더 잘 이해하게 될 때 대중의 과학이해가 향상될 수 있다고 주장하기 때문이다(Collins & Pinch, 1993을 보라).

2장

기술에 관한 마을회의

민주적 참여 방안으로서 합의회의

리처드 스클로브

민주주의 사회에서 모든 시민들에게 영향을 미치는 정책 결정이 민주적으로 이루어져야 한다는 점은 보통 당연하게 받아들여진다. 그러나 과학기술정책은 이러한 원칙에서 중대한 예외로 보인다. 과학기술정책은 분명 모든 시민들에게 심대한 영향을 미친다. 세상은 수많은 과학기술 — 원격통신, 컴퓨터, 재료과학, 군사무기, 생명공학, 가전제품, 에너지 생산, 항공 및 육상 교통, 환경적·의학적 이해 — 의 발전과 함께 계속해서 재형성되고 있다. 그럼에도 불구하고 과학기술정책은 관례적으로 기업, 군대, 대학이라는 단 세 개 집단의 대표에 의해서 그 틀이 정해지고 있다(Sclove, 1998; Dickson, 1984/1988). 이들은 의회 청문회에서 증언 요청을 받고, 정부 자문 패널에서 활동하고, 영향력 있는 정책 보고서를 준비하는 집단들이다.

일반적인 통념에 따르면, 이와 같은 상황이 빚어진 이유는 비전문가들이 복잡한 기술적 사안들에 관해 논평할 수 있는 능력을 갖추지 못했다는 데 있다. VCR의 예약녹화도 못하는 시민들이 복잡한 과학적·산업적 쟁점들에 대해 건설적인 기여를 할 수 있으리라고는 상상할 수도 없는 것처럼 보인다. 그러나 새롭게 등장한 폭넓은 사회적 혁신들은 전통적인 태도를 단호하게 반박하고 있다. 그러한 사회적 혁신 중 하나가 합의회의consensus conference이다.1 합의회의의 조직 형태는 1980년대 말에 덴마크 의회 산하기구로 기술영향평가 임무를 맡고 있는 덴마크 기술위원회Danish Board of Technology에 의해 개척되었고, 덴마크에서 성공적으로 활용되면서 유럽의 다른 나라들과 일본 등에서 최근 이러한 방식의 실험이 이어졌다. 미국에서는 1997년에 내가 책임을 맡고 있는 비영리기구인 〈로카연구소〉Loka Institute에서 시범적인 합의회의를 발의하고 공동으로 조직했다.

합의회의는 기술 관련 쟁점들에 관한 폭넓고 지적인 사회적 논의를 촉진하기 위한 것이다. 합의회의에서 일반인들은 가장 주목을 받는 위치로 격상되며, 주의 깊게 계획된 독서와 토론 프로그램 — 일반에 공개된 포럼에서 절정에 달하는 — 을 통해 의견을 내놓기 전에 충분한 지식을 갖추게 된다.

덴마크에서 공개 포럼과 뒤이어 공식 보고서로 작성된 의견은

---

1. 과학기술 의사결정에서 나타난 최근의 다른 참여지향적 혁신들에 대해서는 가령 Sclove(1995); Renn et al.(1995); Scolve, Scammell & Holland(1998)을 참고하라. [국내에서도 유전자조작식품(1998), 생명복제기술(1999), 전력정책(2004) 등을 주제로 해서 여러 차례의 합의회의가 개최된 바 있다. 국내에서 개최된 합의회의의 진행과정과 의의에 관해서는 이영희, 「과학기술 민주화 기획으로서의 합의회의」, 『과학기술과 민주주의』(문학과지성사, 2011)를 참고하라. ─ 옮긴이]

국가적 관심의 대상이 된다. 이는 문제의 쟁점에 대해 의회에서의 논의가 예정되어 있는 경우에 대체로 그렇다. 합의회의는 공공정책에 명령을 내리려는 의도를 가진 것이 아니지만 ─ 실제로 합의회의에서 제시된 의견은 구속력이 없다 ─ 국회의원들에게 그들을 뽑은 시민들이 중요한 질문들에 관해 어떤 입장을 가지고 있는지 어느 정도 감을 잡을 수 있게 해 준다. 또한 합의회의는 산업체들이 대중적 반대 움직임을 일으킬 가능성이 높은 새로운 제품이나 공정을 회피할 수 있도록 도움을 준다.

1987년 이래로 덴마크 기술위원회는 유전공학을 비롯하여 교육 보조기술, 방사선조사照射 식품, 대기오염, 인간의 불임, 지속가능한 농업, 재택근무, 그리고 자가용 자동차의 미래 등의 주제들에 관해 20여 차례의 합의회의를 개최했다.[2] 역설적인 것은, 합의회의의 인기가 높아지고 국제적으로 확산되어 가던 시점인 1995년에 미국 의회가 산하에 있는 기술영향평가국 Office of Technology Assessment, OTA(이하 OTA로 표기)을 폐쇄했다는 사실이다(Bimber & Guston. 1997). 1972년 OTA의 설립은 유럽의 여러 국가들로 하여금 자체적인 기술영향평가 기구를 설립하도록 동기를 부여해 주었다. 그러나 OTA가 폐쇄될 위기에 직면했을 때, 이를 막기 위해서 모여든 사람들은 소수의 직업적 정책분석가들이나 OTA의 연구에 참여한 적이 있는 다른 전문가들뿐이었다. 다양한 계층에 걸친 다수의 미국 대중은 거

---

2. 덴마크 기술위원회가 조직한 합의회의 목록은 http://www.tekno.dk/eng/에서 찾아 볼 수 있다.

의 찾아볼 수 없었다. 반면 대단히 다양한 계층의 사람들을 참여시키는 합의회의 형식은 기술영향평가에 대해 잘 알고 이를 옹호하는 좀더 폭넓은 지지층을 만들 수 있는 잠재력을 갖고 있다. 그러한 지지층이 형성되고 합의회의 같은 과정이 널리 시행되면 폭넓은 사회적 고려 없이 기술을 도입할 때 발생할 수 있는 부정적이고 종종 의도하지 않은 결과를 막는 데 중요한 역할을 할 것이다. 더 나아가 합의회의는 시민 생활에서 시민참여를 확대함으로써 미국에서 냉소주의와 맞서 싸우고 역동적인 민주주의 문화를 다시 건설하는 데 일정한 역할을 할 수 있다.[3]

쟁점을 틀 짓는 방식

합의회의를 조직하기 위해서 덴마크 기술위원회는 먼저 중요하게 부각되는 주제를 선정한다. 합의회의 주제는 사회적 관심의 대상이 되고, 앞으로 의회에서 진행될 논의와 관련이 있으며, 윤리, 논쟁적인 과학적 주장, 정부 정책과 같은 다양한 사안들에 대한 판단을 요하는 복잡한 주제로 선정한다. 또한 합의회의 형식에는 중간 정도 범위의 주제가 적합하다. 가령 단일 화학물질의 독성을 평가하는 것보다는 넓어야 하지만, 포괄적인 국가 환경 전략을 수립하

---

3. 나는 민주적 공동체의 중요성과 그것이 기술과 맺는 관계에 관해서 Sclove(1995)에서 논의한 바 있다. 아울러 Putnam(1996)도 참고하라.

는 것보다는 좁아야 한다. 이어 기술위원회는 회의의 조직을 감독할 잘 균형 잡힌 조정위원회steering committee를 구성한다. 조정위원회에는 보통 대학 과학자, 산업체 연구자, 노조 활동가, 공익단체 대표, 그리고 기술위원회의 자체 전문 인력 중에서 뽑은 프로젝트 책임자가 들어간다.

주제가 선정되고 조정위원회가 구성되면, 기술위원회는 덴마크 전역의 지역 신문에 시민 자원 참가자를 모집하는 광고를 싣는다. 지원자들은 자신들의 배경과 참여를 원하는 이유를 적은 1장짜리 편지를 보내야만 한다. 기술위원회는 1~2백 통의 답신 중에서 15명 내외의 패널을 선발한다. 이들은 덴마크 인구의 인구통계학적 다양성을 어느 정도 대표하며, 해당 주제에 대해서 중요한 사전 지식이나 구체적인 물질적 이해관계를 갖고 있지 않은 사람들이다. 패널에는 대학 교육을 받은 전문직 종사자뿐 아니라, 가정주부, 사무노동자와 공장노동자, 청소부도 포함된다. 그러나 이들을 통해 덴마크 인구에서 무작위로 뽑은 과학적 표본을 만들려고 하는 것은 아니다. 어쨌든 패널 개개인들은 글을 읽고 쓸 줄 알고, 신문 광고를 보고 답신을 쓸 만큼 동기부여가 되어 있는 사람들이니 말이다.

시민패널은 첫 번째 예비 주말모임에서, 숙달된 토론 진행자faciliator의 도움을 얻어 전문적인 내용을 담고 있는 배경문서에 대해 토론한다. 이 문서는 기술위원회의 의뢰에 따라 작성된 것으로 해당 주제를 둘러싼 정치 지형을 반영하도록 조정위원회에서 걸러낸 것이다. 다음으로 시민패널은 공개 포럼에서 다루게 될 질문들을 작성하기 시작한다. 시민패널이 뽑은 질문들에 근거해 기술위원회는 전문가패널을 구성하는 작업에 나선다. 전문가패널에는 자격을 갖춘 과학기술 전문가뿐만 아니라 윤리학 내지 사회과학 전문가, 그리고 노동조합, 산업체, 환경단체 같은 이해당사자 집단에서 해당 주제에 정통한 대표들도 포함된다.

이어 시민패널은 두 번째 예비 주말모임에서 만나 다시 한번 토론 진행자의 도움을 얻어 조정위원회가 제공한 배경 자료에 대해 좀더 토론하고 자신들이 작성한 질문을 가다듬으며, 필요에 따라 전문가패널을 추가하거나 제외할 것을 건의한다. 그 후 기술위원회는 전문가패널의 선정을 최종적으로 마무리 짓고, 그들에게 시민패널의 질문에 대해 일반인들이 이해할 수 있는 언어로 표현된 간략한 구두 및 서면 답변을 준비해 줄 것을 요청한다.

행사 전체를 마무리하는 공개 포럼은 일반적으로 4일간 진행되며 예비 주말모임을 주관했던 토론 진행자가 사회를 맡는다. 공개 포럼에는 시민패널과 전문가패널이 모두 참석하며, 언론매체, 국회의원, 관심 있는 덴마크 시민들이 자리를 같이 한다. 첫째 날, 전문가들은 각각 2~30분 동안 발표를 한 후 시간이 허락할 경우 시민패널과 방청석에서 나온 후속 질문에 답변한다. 이후 시민패널은 발표 내용에 대해서 토론하기 위해서 따로 모이게 된다. 둘째 날, 시민패널은 간극을 좁히고 의견 차이가 나타나는 영역을 좀더 탐구하기 위해 공개적으로 전문가패널에 대한 반대심문을 한다.

반대심문이 끝나고 나면 전문가패널과 이해당사자 대표들은 행사장을 떠나게 된다. 둘째 날의 나머지 시간과 셋째 날 내내 시민패널은 자체 보고서를 준비한다. 보고서에는 시민패널이 합의에 도달한 쟁점들을 요약하고 의견 차이를 좁히지 못한 지점들을 명시한다. 기술위원회는 서기 업무와 편집 업무에 대해 지원을 제공하지만, 보고서의 내용에 대해서는 시민패널이 전적인 권한을 갖고 있다. 마지막 날인 넷째 날, 전문가패널은 보고서에서 자신들의 발표 내용이 명백하게 잘못 기술된 것을 바로잡을 수 있는 기회가 있지만, 그것을 제외하면 보고서의 내용에 대해 논평할 수 없다. 그 직후에 시민패널은 전국적인 기자회견을 통해서 자체 보고서를 발표한다.[4]

시민패널의 보고서는 대체로 15~30쪽 정도의 분량이며, 명료한 추론과 더불어 미묘한 측면들까지 고려하고 내린 판단을 담고 있다. 유전자조작 동물에 관한 1992년 덴마크 합의회의의 보고서는 이를 잘 보여 준다. 이 보고서는 어떤 일반적인 의미에서 친기술적이거나 반기술적인 관점을 보이지 않았다. 시민패널은 동물에 대한 특허 출원이 동물을 순전히 대상으로만 취급할 위험을 심화시킬 수 있다는 우려를 표시했다. 시민패널은 또한 동물의 대상화가 인간의 대상화로 향하는 미끄러운 경사길에서 한 발 더 내딛는 것이 될 수 있다고 우려했다. 유전자변형된 동물을 야생에 풀어놓을 때 나타날 수 있는 생태학적 결과에 관해, 시민패널은 그러한 동물들이 야생종에 대해 우위를 점하거나 경쟁에서 이길 수도 있고, 바람직하지 못한 특성을 야생종에 전이시킬 수도 있음을 지적했다. 그러나 시민패널은 유전자조작 암소나 그 외 몸집이 큰 다른 가축들을 울타리로 둘러싸인 야외에 내놓는 것은 별다른 생태적 위해가 있을 거

라고 보지 않았으며, 생물다양성 보존에 도움을 주는 동물의 정자
와 난자에 대한 동결 보존에 대해서는 찬성하는 입장을 보였다
(Consensus Conference, 1992).

시민패널 보고서에서 어떤 부분은 날카로우면서도 열정적인 모
습을 보일 수 있다. 이는 전문가 정책 분석에서 흔히 볼 수 있는 신
중함과 건조한 문체와 비교해 보면 특히 그렇다. 1988년에 OTA가
내놓은 인간 유전체 연구에 관한 보고서는 "한때 터무니없이 보였
던 유전적 정상성의 관념이 완전한 유전자 지도의 발전과 함께 점
차 현실로 다가오고 있다"고 지적한 후, "두엇이 정상인가 하는 개념
은 항상 문화적 변동에 의해서 영향을 받을 것"이라는 무미건조한
결론을 내렸다(OTA, 1988, p. 85).[5] 반면 같은 주제를 가지고 1989
년에 열린 덴마크 합의회의에서 시민패널은 1930년대의 "무시무시
한" 우생학 프로그램을 떠올리면서 " '유전적 결함'을 찾기 위해 임
신 중인 태아를 점점 더 빠른 시기에 진단할 수 있게 되면 인간에 대
해 용인할 수 없는 인식 — 우리가 완벽해지기를 열망한다는 인식 — 을
낳을 위험이 있다"며 우려를 표했다(Consensus Conference, 1989,
p. 6, 14, 17). 이어 시민패널은 정상성의 개념에 관해 더 많은 대중
적 논의가 필요함을 호소했다. 아울러 15명의 시민패널 중 14명은
앞으로 언젠가 부모들이 가령 태아가 색맹이거나 왼손잡이라는 사
실을 알고 낙태를 시도할지 모른다고 우려하여, 그러한 증상들에

---

5. OTA(1988, p. 85). 이를 포함한 OTA의 간행물들은 http://www.wws.princeton.
   edu/~ota/에서 볼 수 있다.

대한 태아 검사를 대부분의 경우 불법으로 규정하는 법률을 통과시키도록 요구했다(Consensus Conference, 1989, pp. 17~18, 26).

전문가의 증언이 시민들의 일상적 관점과 통합되면 이처럼 사회적 쟁점들을 주된 관심사로 삼을 가능성이 높아진다. 예를 들어 인간 유전체 연구에 대한 OTA 보고서의 요약문은 어떻게 연구 자원을 배분해야 유전체 연구와 다른 종류의 생의학 및 생물학 연구의 균형을 맞출 수 있는지가 "핵심 쟁점"이라고 진술했다(OTA, 1988, p. 10). 반면 대학과 국립연구소에서 연구비 지원을 둘러싸고 벌어지는 극적 사건들에 긴밀하게 얽혀 있지 않은 사람들이 작성한 덴마크 합의회의 보고서는 사회적 우려, 윤리적 판단 및 정치적 권고에 대한 간결한 진술로 시작한다. 그리고 이러한 관점이 사실상 보고서의 모든 페이지에 녹아들어 있는 반면, OTA의 보고서는 윤리 문제를 이 주제에 관한 하나의 독립된 장에서만 다루고 있을 뿐이다. 덴마크 합의회의 보고서는 "생물학, 종교, 철학, 사회과학과 같은 주제"에서 학교 교육을 강화하고, 유전학에 관해 "즉각 이해할 수 있는" 정보를 대중들에게 더 잘 전파하며, "기술적·윤리적 쟁점들"에 대해 최대한 폭넓은 대중 토론을 촉진하기 위해 정부가 활발한 노력을 기울이라는 요청으로 끝을 맺는다(Consensus Conference, 1989, pp. 28, 29). 같은 주제를 다룬 OTA의 보고서는 그러한 아이디어를 고려조차 하지 않고 있다.

덴마크의 시민패널은 연구 자원의 배분 문제를 고려할 때도 OTA의 연구자들과는 상당한 차이를 보였다. 덴마크의 시민패널은 서로 다른 종류의 생의학과 생물학 연구들 사이에서 균형을 잡는 문제에만 전적으로 초점을 맞추지 않았다. 그들은 유전학의 기초 연구를 지지했지만, 아울러 환경적 요인과 유전적 요인 사이의 상호작용에 관해 더 많은 연구를 요청했고 과학이 미치는 사회적 결과에 관해서도 더 많은 연구가 필요하다고 보았다. 그들은 질병과 사회 문제에 대해서 생소한 기술적 해결책을 찾으려는 노력을 비판하면서, 건강을 보호하고 사회적 조건과 작업 환경을 향상시킬 수 있는 많은 검증된 수단들이 활용조차 되고 있지 못하다는 점을 지적했다. 마지막으로 그들은 연구의 파급효과에 관한 건설적인 의견 교환을 촉진하고 "사람들이 이를 따라잡을 수 있도록" 하는, 좀더 "인도적이고 학제적인" 국가 연구 프로그램을 권고했다(Consensus Conference, 1989, pp. 7, 17~25).

물론 합의회의가 OTA식의 접근보다 모든 면에서 더 낫다는 것은 아니다. 전통적인 OTA의 보고서는 비록 문체에서 접근성이 떨어지고 사회적 고려에 대한 고려도 불충분하지만, 기술적인 세부사항과 깊이 있는 분석은 더 많이 제공한다. 그러나 OTA식의 분석은 원칙적으로 합의회의 과정에 기여할 수 있다. 예를 들어 동물 생명공학을 주제로 1993년에 열린 네덜란드 합의회의는 좀더 참여적인 자체 조사를 위한 출발점으로 이전에 나온 OTA 보고서를 활용했다.[6]

---

6. 네덜란드 헤이그에 있는 라테나우 연구소의 리디아 스테렌베르그와 역시 헤이그에 있는 소비자연구소의 아네케 함스트라와 진행한 인터뷰(1994년 10월 11일). 유전자변형 동물에 대한 네덜란드 합의회의의 시민패널 보고서는 Public Debate(1993)에서 볼 수 있다.

일단 시민패널이 결론을 발표하면, 덴마크 기술위원회는 이를 지역 토론, 유인물, 비디오 등을 통해 널리 알려 충분한 정보에 근거한 토론을 촉진하는 데 전력을 다한다. 생명공학의 경우, 기술위원회는 6백 회가 넘는 지역 토론모임에 보조금을 지원했다. 아울러 기술위원회는 합의회의 이후에 이뤄지는 이러한 활동에 관해 사람들이 미리 알 수 있도록 노력을 기울인다. 예를 들어 행사를 마무리 짓는 4일간의 공개 포럼은 국회의사당 건물에서 진행해서 국회의원들과 언론이 쉽게 접근할 수 있게 한다.

시민패널이 보고서를 발표했을 때, 합의회의에서 다루어진 주제가 종종 의회의 관심사가 되는 것 역시 우연이 아니다. 기술위원회가 공고가 나간 시점에서 6개월 이내에 합의회의를 조직하는 능력을 개발해 온 것도 대체로 이러한 목표를 달성하기 위해서이다. 이러한 시의성은 미국에서 기술영향평가가 다뤄지는 방식과 비교해 또 하나의 이점을 제공해 준다. OTA는 전문가와 이해집단에 의한 장기간의 분석과 검토에 주로 의지하기 때문에, 의회에서 요청한 주제에 관해 인쇄된 보고서를 만들어 내는 데 평균 2년의 시간이 소요된다. 사실 OTA를 없애자고 주장한 공화당 의원들이 제기한 불만 중에는 OTA의 평가 과정과 의회의 입법 일정이 시간상 맞지 않는다는 것도 있었다. 합의회의와 그것의 상대적으로 빠른 진행 속도에 대해 전해들은 공화당의 로버트 워커 하원의원 — 당시 하원 과학위원회 의장이었다 — 은 1995년 3월에 열린 공개 포럼에서 그와 같은 과정이 "소요 시간을 절약하고 우리에게 유용한 정보를 줄 수 있다면, 그것이야말로 우리가 크게 관심을 가질 만한 것"이라고 발언하기도 했다(Walker, 1995).

덴마크 기술위원회의 노력은 과학기술 쟁점들에 관한 대중의 인지도를 향상시킨 것으로 보인다. 1991년 유럽집행위원회의 연구에 따르면, 덴마크 시민들은 합의회의에서 여러 차례 다루었던 주제인 생명공학에 대해 다른 유럽 국가의 시민들보다 좀더 잘 이해하고 있었고, 자국의 생명공학 정책에 대해서도 상대적으로 높은 수용도를 보였다(INRA, 1991). 1995년에 수행된 여론조사는 10년 동안 계속해서 합의회의를 조직한 결과가 누적되어 덴마크 대중의 35퍼센트가 합의회의 과정에 대해서 익숙해졌음을 보여 주었다(Joss, 2000). 아울러 중요한 것은 런던에 있는 〈민주주의연구센터〉의 사이먼 조스 박사가 합의회의에 관해 덴마크 국회의원들을 인터뷰한 결과이다. 그는 의원들이 대체로 합의회의 과정에 대해 감사하는 뜻을 가지고 있음을 밝혀냈다. 여러 의원들은 합의회의 보고서를 사무실의 서가에서 손이 닿기 쉬운 곳에 두었을 정도로 열의를 보였다.7

합의회의는 공공정책에 **직접** 영향을 미치려는 의도를 가진 것이 아니지만, 일부 사례들에서는 실제로 그런 영향을 미쳤다. 예를 들어 1980년대 후반에 개최된 합의회의들은 덴마크 의회가 고용이나 보험 결정에서 유전자검사의 이용을 제한하는 법률을 통과시키고,

---

7. 사이먼 조스와의 전화 인터뷰(1995년 7월 14일). 아울러 Joss(2000)도 참조하라.

정부가 애초 내놓은 생명공학 연구개발 프로그램에서 유전자변형 동물을 제외시키고, 건조 향신료를 제외한 모든 식품에 대해 방사선조사를 금지하는 데 영향을 미쳤다(Klüver, 1995, p. 44). 제조업체들도 합의회의에서 나온 보고서에 주의를 기울이고 있다. 덴마크 기술대학의 타리아 크론베르그 박사의 보고서에 따르면, 덴마크 산업체들은 애초에 덴마크 기술위원회를 설립하는 안에 대해서도 부정적이었으나 이후 생각이 변했다(Cronberg, n.d.). 그 이유는 흥미로운 점을 시사해 주고 있다.

통상적인 기술 정치에서는 대중이 기술혁신에 대해 반응할 수 있는 첫 번째 기회가 혁신이 취할 형태에 관한 중요한 결정이 이미 내려지고 나서 몇 년, 심지어 몇 십 년이 지난 다음에야 주어진다. 그러한 상황에서 가능한 선택지는 기술을 계속 밀어붙이거나 모든 것을 중단시키는 둘 중 하나밖에 없다. 이렇게 될 경우 누구도 진정한 승리자가 될 수 없다. 기술을 계속 밀어붙이는 경우 반대자들에게 쓰라린 환멸을 안겨줄 위험이 있으며, 반면 모든 것을 중단시키는 경우 일자리의 상실과 함께 개발에 투자된 엄청난 돈, 시간, 재능을 무위로 돌리는 결과를 초래할 수 있다. 핵발전의 확산을 막는 데 기여한 1970년대와 1980년대의 대중운동은 이러한 현상을 분명하게 보여 주는 사례이다.

이와는 반대로, 초기에 이루어지는 대중참여와 정보 확산 — 합의회의가 제공하는 것과 같은 — 은 과정 전반에 걸쳐 좀더 유연하고 사회적으로 책임 있는 연구 및 설계 변경을 용이하게 한다. 이는 좀더 공평하고, 덜 대립적이며, 좀더 경제적인 기술 진화의 경로를 열어 줄 잠재력을 갖고 있다(Sclove, 1995, pp. 183~184). 덴마크 상공회의소의 대표는 기업들이 덴마크에서 이뤄지는 참여적 기술영향평가 접근법으로부터 이득을 얻었다고 말한다. 왜냐하면 "제품 개발자들이 좀더 비판적인 환경에서 일하게 되면서, 초기단계에 부정적 반응을 일부 내다보고 제품을 향상시킬 수 있게 되었기 때문이다"(Cronberg, n.d. p. 11에서 재인용).

예를 들어, 덴마크의 생명공학 대기업인 노보 노르디스크Novo Nordisk의 경영진은 1992년 합의회의 보고서가 발표된 이후 연구개발 전략을 재평가했는데, 여기에는 합의회의에서 기존의 혹독한 농업 체계에 적합하도록 동물을 설계하는 것은 비판했지만, 불치병의 치료에 도움을 주는 유전공학의 활용은 옹호하는 결론을 내린 것이 중요하게 작용했다.[8]

첫 번째 시도 : 보스턴 합의회의

1997년에 광역 보스턴 지역의 주민들은 미국 최초의 합의회의에 참여함으로써 역사적 일보를 내딛었다. "시민패널"Citizen Panel이라고 이름 붙여진 이번 합의회의는 〈로카연구소〉의 발의로 시작되었다.[9]

---

8. 덴마크 기술위원회 소장인 라스 클뤼버와의 개인적 대화(1995년 8월 2일).
9. 우리가 이 과정을 "합의회의"가 아니라 "시민패널"이라고 이름 붙인 데는 두 가지 이유가 있다. 첫째, 미국 NIH가 이미 "합의회의"라는 용어를 사용하고 있다. NIH의 합의회의는 일반 시민들이 아니라 의학 전문가 사이의 합의를 이끌어 내기 위한 절차이다(가령 Veatch, 1991). 따라서 NIH에서 활용하는 전문가 기반의 절차와 혼동되는 것을 피해

행사를 조직한 주요 기관에는 〈로카연구소〉, 터프츠대학의 공공조사 및 국제시민권 교육Education for Public Inquiry and International Citizenship, EPIIC 프로그램의 직원과 학생들, 〈매사추세츠인문학재단〉 Massachusetts Foundation for the Humanities, MIT에서 발간하는 잡지 『테크놀로지 리뷰』Technology Review 등이 있었고, 그 외 후원 및 지원 기관에는 미니애폴리스 소재 〈제퍼슨 센터〉Jefferson Center, 매사추세츠대학의 평생교육과정과 매사추세츠대학 애머스트 캠퍼스의 행동·사회과학대학, 국립과학재단, 존 앤 캐더린 맥아더 재단John D. and Catherine T. MacArthur Foundation, 벤튼재단Benton Foundation이 있었다. '원격통신과 민주주의의 미래'를 주제로 한 이 행사에서, 15명의 시민패널은 〈수정헌법〉 제1조의 권리들과 인터넷상의 개인 프라이버시 보호, 원격통신 정책결정 과정에 대한 지역공동체 참여, 첨단기술 회사의 수입 중 일정 비율을 지역공동체와 비영리기구에 기부할 것 등을 권고안으로 내놓았다.

시민패널은 무작위 전화 통화와 이를 보완하는 직접 섭외 방식을 통해 광역 보스턴의 인구를 폭넓게 대표하도록 선발되었다. 이렇게 선발된 시민패널에는 자동차 수리공, 첨단기술 회사의 사업 관리자, 은퇴한 교사/농부/간호사, 산업 엔지니어가 포함되었고, 예술 행정가, 시내 고등학교의 1996년 졸업생, 컨설턴트, 실직 중인 사회복지사, 작가/배우, 그리고 노숙자 보호시설 거주자도 있었다. 여

야 했다. 둘째, 우리는 합의라는 용어가 미국의 정치적 맥락에서 불필요한 논쟁을 야기할 수 있다고 생각했다. 어떤 사람들에게는 이 용어가 개인의 견해를 집단이나 국가가 억압하는 함의를 가진 것으로 받아들여지기 때문이다.

성과 남성은 각각 8명과 7명이었다. 15명 중 5명은 유색인종이었고, 연령대는 10대부터 노년층까지 다양했다.

2월과 3월에, 시민패널은 두 차례의 주말모임에서 원격통신 문제의 배경 자료와 입문용 개요 문서를 놓고 토론했다. 이어 도시 전체를 마비시키고 60센티미터나 쌓인 눈 폭풍이 불어 닥친 4월 2일과 3일에 15명의 시민패널 전원은 컴퓨터 전문가, 정부 관료, 기업 경영자들의 증언을 듣기 위해 모였다. 증언을 한 전문가들 중에는 뉴잉글랜드 케이블 뉴스New England Cable News의 회장, 로터스사Lotus Development Corporation의 임원, 연방 상무부에 파견되어 1996년 〈통신개혁법〉Telecommunication Reform Act의 초안을 간드는 데 참여했던 의회 사무관, 학교 교장, 공익단체의 대표들이 포함돼 있었다.

시민패널은 보고서에 담을 내용에 관해 숙의하고 초안을 만든 후, 4월 4일 아침에 터프츠대학에서 열린 기자회견 장소에 다시 모여 자신들이 내린 결론을 발표했다. WCVB/CNN 텔레비전 방송사 직원들이 와서 발표 과정을 녹화했다. 시민패널이 기업의 시각을 담은 여러 발표를 포함한 전문가 증언을 듣고 내린 결론은 사려분별을 갖추고 있으면서 동시에 멀리까지 내다본 — 1996년 통신개혁법에 담긴 그 어떤 내용보다 훨씬 더 야심적인 — 공익적 의제를 지지하는 것이었다. 그들은 보고서에서 정부가 정책 쟁점들에 대한 시민참여를 위해 더 많은 포럼을 설립할 것을 촉구했다. 설사 원격통신처럼 고도로 기술적인 사안이라 하더라도 말이다. 아울러 보고서는 다음과 같이 주장하고 있다.

기업의 이해관계, 이윤 동기, 시장의 힘은 너무나 자주 공공정책에서 대중들의 이해관심을 배제하는 힘으로 작용하고 있다(이를 보여 주는 사례가 1996년 통신법이다). 새로운 기술은 권력 남용의 위험을 더욱 키우고 있다(Consensus Statement, 1997).

시민패널의 보고서가 발표된 시점은 다분히 전략적으로 선택한 것이었다. 당시는 미국 원격통신 정책결정에서 분수령을 이루는 시기였기 때문이다. 예를 들어 보스턴 합의회의가 열리던 시점에 연방통신위원회Federal Communications Commission, FCC는 〈통신개혁법〉에서 정한 바에 따라 보편적 인터넷 접근을 실행에 옮기기 위한 권고안을 만들고 있었으며, 디지털 오디오 방송 사업권에 대한 경매를 막 마무리한 참이었다. 또한 대법원은 표현의 자유를 억압하는 〈통신품위법〉Communication Decency Act에 대한 찬반 의견 청취를 마쳤고, 클린턴 행정부는 디지털 방송 사업자들의 공익 의무에 관한 자문위원회를 이제 막 선임했으며 모든 학교들을 인터넷으로 연결하는 기획을 추진하는 중이었다.

시민패널 보고서에는 여러 가지 구체적인 권고안들이 포함되어 있었다. 그 중 일부는 다음과 같다.

· 인터넷상에서 프라이버시와 〈수정헌법〉 제1조의 권리들을 보호하고, 온라인 자료 이용의 책임은 개인에게 있다는 기준을 확인할 것.
· 지역 수준에서 자원자들로 구성된 시민 집단을 만들어 공공도서관, 학교, 지역공동체 센터에서 특정한 인터넷 사이트(가령 포르노 사이

트)에 대한 접근을 적절하게 제한하는 문제를 다룰 것.

· 기업들이 수익의 일정 부분을 그들이 기반을 두고 있는 지역공동체에 되돌려줄 수 있도록 장려할 것.

· 사적인 개인 정보를 사전 고지 및 승인 없이 사용하는 것을 법적으로 금할 것.

· 인터넷에 연결된 학교 컴퓨터를 방과 후에 평생교육을 위해 일반 대중이 이용할 수 있도록 할 것.

· 일반 대중이 접속을 위한 시설과 기회를 보장받을 수 있도록 "보편적 접근"을 더욱 확장해 하부구조의 개발을 넘어선 "보편적 서비스"를 추구할 것.

이번에 열린 미국 최초의 합의회의는 여러 가지 이유에서 중요한 의미를 지닌다. 이번 합의회의는 현행 원격통신 정책의 복잡성에 관해 일반 시민들 — 그 중 여섯 명은 이전에 한 번도 인터넷을 써보지 않았고, 다시 그 중 절반은 컴퓨터조차 한 번도 써본 적이 없는 사람들이었다 — 로부터 충분한 정보에 근거한 의견을 이끌어 내려는 최초의 체계적 시도였다. 원격통신 문제를 접어 둔다면, 이번 합의회의는 다양한 배경을 가진 평범한 시민들 — 그 중 합의회의에서 다뤄진 정책 쟁점들에 관해 이전에 전문가였던 사람은 아무도 없었고, 직접적 이해관계를 가진 조직의 대표로 나온 사람도 (심지어는 공익단체의 대표도) 없었다 — 이 한자리에 모여 이 정도로 폭이 넓고 복잡한 과학기술 주제에 관해 배우고 숙의한 미국 현대사에서 초유의 사건이었다.[10] 또한 시민패널이 다룬 주제 — "원격통신과 민주주의의 미래" — 는 덴마크나 다른 유럽의 합의회의에서 다룬 것보다 좀더 폭이 넓은 것이었다. 이는 합의회의 방법론이 이전에 이해되었던 것보다 더 넓은 적용가능성을 가질 수 있음을 시사해 준다.

몇 가지 관찰 결과

나는 이 행사를 준비하면서 3년의 시간을 보냈다. 그 기간 동안 수많은 사람들이 회의적인 시각을 제기했다. 그들은 덴마크(전형적 사고방식에 따르면 "모든 사람들이 백인이고, 키가 크고, 금발이고, 교육 수준이 높고, 부유하고, 시민의식을 가진" 곳)에서 발명된 참여 과정은 미국에서 결코 성공할 수 없다는 주장을 펼쳤다. 미국인들은 너무 무관심하고, 교육을 제대로 받지 못했으며, 서로 너무 다르다는 것이었다. 예를 들어 OTA(당시에는 아직 폐쇄되지 않았다)의 프로젝트 책임자는 자신들도 보고서 검토 과정에 일반 시민들을 참여시키려는 노력을 여러 차례 해 보았지만 시민들이 참여를 거부했다고 주장했다.

우리가 준비한 합의회의는 회의론자들이 틀렸음을 입증했다. 첫 번째 시도에서 우리는 당시까지 유럽에서 열린 그 어떤 합의회

---

10. 이와 관련해 미니애폴리스에 있는 비영리기구 〈제퍼슨 센터〉는 "시민배심원®"(Citizen Jury®) 과정을 조직해 국가 보건정책, 연방예산의 우선순위 결정 등과 같은 여러 복잡한 사회적 쟁점들을 다뤄 왔다. 이 기구의 인터넷 주소는 http://www.jefferson-center.org/이다.

의에서보다 더 다양한 시민패널을 모을 수 있었다.[11] 15명의 시민패널 전원은 두 차례의 예비 주말모임과 최종 포럼에 모두 참석하였다. 나는 시민패널이 전문가의 증언을 청취하고 심문을 하는 과정을 줄곧 지켜봤지만, 시민패널이 하품을 하거나 다른 곳을 쳐다보거나 머리카락으로 장난을 하는 모습은 한 번도 보지 못했다. 시민패널은 증언을 열심히 청취했고 날카로운 질문들을 연이어 던졌다. 사실 예비 주말모임을 거치며 원격통신의 쟁점들에 관해 최신 정보를 갖춘 시민패널의 질문은 때때로 전문가들의 증언보다 더 기술적인 내용을 파고들기도 했다.

또한 우리는 이 행사를 상대적으로 적은 재원으로 수행할 수 있었다. 이번 시범 프로그램에 든 예산은 6만 달러였다. 반면 유럽에서 열리는 합의회의는 보통 10~20만 달러의 비용이 든다. 이러한 지출 규모는 유럽의 합의회의가 전국적인 행사로 진행되기 때문에 주최기관이 참여자들의 여행과 숙박 경비를 지출해야 한다는 사실을 어느 정도 반영한 결과이다. 미국에서 전국 규모의 합의회의를 진행한다면 비용은 상당히 높아질 것이며, 아마 50만 달러는 필요할 것이다. 이는 적지 않은 돈이지만, 주요 기술정책 결정에 걸려 있

---

11. 보스턴 합의회의가 열리고 1년 후에, 스위스 최초의 합의회의가 "전기와 사회"라는 주제로 개최되었다(PubliForum, 1998). 스위스의 시민패널은 보스턴의 시민패널보다 사회경제적으로나 인종적으로 덜 다양했지만, 서로 다른 세 가지 언어를 쓰는 일반 시민들을 선발함으로써 동시통역자와 번역자를 활용해야 했다는 점에서 합의회의 절차에 있어서 새로운 영역에 중요한 첫발을 내디뎠다. 그런 점에서 스위스 합의회의는 앞으로 초국적 합의회의를 조직하는 것이 실현될 수도 있다는 흥미로운 가능성을 제시했다. Andersen(1995)도 참고하라.

는 지출과 사회적 영향에 비하면 푼돈에 불과하다. 참고로 공공부문과 민간부문에서 나오는 미국의 연간 R&D 지출은 현재 2천억 달러에 달한다(National Science Board, 1998, p. A-121). 덴마크와 같은 작은 나라에서 정기적으로 합의회의에 10만 달러를 쓸 여력이 있는데 미국이 그것의 다섯 배를 쓸 수 없다면 그야말로 놀라운 일일 것이다. 미국은 부유한 나라이며, 인구는 덴마크의 50배에 달한다.

미국 최초의 합의회의는 비용효율적이었을 뿐 아니라, 준비 과정도 효율적으로 조직되었다. 보스턴 합의회의를 위해 협력기관들이 처음 한자리에 모인 시점에서 예비 계획을 마련하고, 최소 필요 경비를 추산하고, 프로젝트 책임자를 선임하는 데까지 5개월밖에 걸리지 않았다.[12] 그리고 프로젝트 책임자를 선임한 시점에서 최종적인 공개 포럼까지 다시 5개월이 걸렸다. 이는 상당히 빠른 것으로, 덴마크 기술위원회가 합의회의를 조직하는 데 걸리는 것과 대략 같은 시간이었다(덴마크 기술위원회는 지난 십여 년 동안 많은 합의회의를 조직하면서 충분한 경험을 쌓았다는 점을 염두에 두어야 한다). 반면 1994년 11월에 최종 포럼이 열린 영국 최초의 합의회의는 준비 과정에 1년 반의 기간이 소요되었다.[13]

합의회의의 내용적 성공 이외에도, 시민패널이 논평한 내용을 보면 그들이 합의회의 과정을 통해 공동체의식을 형성하고 시민의

---

12. 프로젝트 책임자 로라 리드와 보좌역 케리 셜록은 훌륭하게 일을 해냈고, 전문 토론 사회자를 제공한 매사추세츠 주 웨스트뉴턴의 케이건 어소시에이츠(Kagan Associates)도 제 역할을 다했다.
13. 최종 보고서인 "UK National Consensus Conference"(1994)를 참조하라. 영국 최초의 합의회의에 대한 비판은 Purdue(1996)과 Joss(2000)을 보라.

식을 느낄 수 있었음을 알 수 있다. 시민패널 한 사람은 함께 일하면서 "벽이 허물어졌다"고 했다. "가령 버스를 타고 갈 때와 같은 일상생활 속에서는 그처럼 다양한 다른 사람들과 대화를 나누는 일이 흔치 않습니다"라고 그는 말했다. 최종 기자회견에서 또 다른 시민패널은 이렇게 결론 내렸다. "우리에게 배울 기회를 주고, 우리가 배운 것을 지역공동체에 다시 돌려줄 기회를 제공한 이번과 같은 패널이 앞으로 더 많이 열리기를 바랍니다." 마지막으로 보스턴 합의회의에 참가한 또 다른 패널은 이렇게 말했다.

나는 나 자신의 시민의식을 자랑스럽게 여기게 됐습니다. 고대 아테네 사람들과 일체감을 느끼기 시작했어요. …… 놀라운 소속감이 느껴졌고, 사람들이 모일 때 변화를 일으킬 수 있다는 경이로운 느낌을 받았습니다.

나는 보스턴 합의회의가 하나의 시범 프로젝트로서 엄청난 성공을 거두었다고 생각한다. 그럼에도 불구하고 행사의 준비 과정에서 여러 어려움과 단점들이 노출되었고, 이러한 점들에 주의를 기울이면 앞으로 미국에서 열릴 합의회의들은 더욱 큰 성공을 거둘 수 있을 것이다.[14] 첫째, 프로젝트 책임자와 프로젝트 조정위원회(합의회의 준비 과정에서 공평성을 보장하기 위해 식견을 갖춘 다양한 이해당사자들로 구성된 집단) 사이에 적절한 협의를 지원해줄

---

14. 보스턴 지역에서 열린 시민패널에 대한 독립적 평가로 Guston(1999)도 참고하라.

수 있는 충분한 시간과 실무진이 확보되지 못했다. 둘째, 전문가패 널은 학계, 산업계, 정부, 공익단체 사이에서 상당히 잘 균형 잡힌 방식으로 구성되었지만, 시각에 있어서는 불균형이 드러났다. 예를 들어 한 가지 세부 주제 — 학교에서의 컴퓨터 사용 — 의 경우, 시민패 널은 교육에서 컴퓨터의 사용을 노골적으로 지지하는 발표자들로 부터 매우 흡사한 낙관적 발표를 세 번이나 들어야 했지만, 이를 상 쇄하는 비판적 견해는 전혀 들을 수가 없었다. 만약 시민패널이 좀 더 다양한 견해를 청취했다면 다른 결론에 도달하게 되었을지는 말 하기 어렵다. 그러나 대강의 짐작으로 미루어, 나는 논란이 되는 각 각의 쟁점들에 대해 적어도 세 개의 매우 다른 전문가 의견이 제시 되어야 한다고 믿는다. 그러한 다양성은 시민패널 사이에서 해당 쟁점에 대한 미묘하면서도 반성적인 토론을 불러일으킬 가능성을 높여 준다.

　세 번째 어려움은 제도와 예산의 한계 때문에 불거졌다. 미국 최 초의 합의회의에서 얻어진 절차적·내용적 결과들은 분명 여러 가 지 측면에서 인상적인 것이었다. 그러나 정부의 후원을 얻지 못해 전문가에 대한 보수를 지급할 예산이 부족했고, 이 때문에 많은 전 문가 증인들로부터 이틀 동안 참석할 수 있다는 약속을 얻어 내는 데 실패했다. 그래서 우리는 덴마크 합의회의 방법론의 핵심 요소 중 하나 — 둘째 날 전문가 증인들이 모두 모인 자리에서 시민패널이 전 문가 증인들에 대해 공개적으로 반대심문을 하는 — 를 생략해야만 했 다. 반대심문을 통해 시민패널은 전문가 증인들 사이에 논쟁을 붙 일 수 있는 기회를 얻게 되며, 그럼으로써 시민패널 자신의 지식과 판단을 한 단계 높은 수준에서 통합시킬 수 있게 된다.[15] 마지막으로, 비록 지역 텔레비전 방송국 한 곳, 『브스턴 글로브』*Boston Globe* 신문, 『테크놀로지 리뷰』 잡지 등에 보도되긴 했지만(Flint, 1997; Hackman, 1997), 이번 합의회의는 이 정도 중요성을 가진 행사가 의당 받아야 하는 만큼 언론의 주목을 받지 못했다. 그에 대한 이유는 부분적으로 보스턴에 불어 닥친 때 아닌 4월의 눈 폭풍으로 보스턴의 로건 공항이 이틀간 폐쇄되면서 전국 단위 매체의 많은 기자들이 합의회의에 참석하려는 계획을 취소했기 때문이다. 그러나 이는 어쩔 수 없었다고 하더라도, 비당파적 내지 초당파적인 정부의 후원이 있어 좀더 저명한 전문가 증인을 섭외할 예산이 있었다면, 추측컨대 언론의 관심을 좀더 높이는 데 도움이 되었을 것이다.

결론

　미국의 과학기술 제도와 의사결정 과정은 일반 시민의 목소리를 체계적으로 배제하는 데 있어 수많은 산업 국가들 사이에서도 두드러진다. 과학기술 생산자에 속하는 엘리트 대표자들에게 판단과 영향력을 양도해야 한다 ― 반면 그로부터 영향을 받을 다른 모든 사

---

15. 그러나 이러한 단점에도 불구하고, 시민패널은 1996년 〈통신개혁법〉 표결에 참여했던 평균적인 미국 하원의원들보다 이 주제를 더 잘 알고 있었다는 것이 내 생각이다. 의원들은 너무나 많은 쟁점들을 한꺼번에 다뤄야 하기 때문에, 보스턴의 시민패널이 제기한 어떤 특정한 쟁점에 주목할 수 있는 의원은 거의 없다.

람들은 배제해야 한다 — 는 통상적인 주장은 일반 시민들이 참여할 수 있는 능력도, 참여하려는 열정도 갖고 있지 못하다는 인식에 기반을 두고 있다.

그러나 우리의 경험은 이러한 주장에 반하는 엄연한 증거를 제시해 주고 있다. 일단 기회가 주어지자 보스턴 지역의 시민패널은 유럽 전역에서 열린 합의회의에 참여했던 시민패널들과 마찬가지로, 넓은 범위에 걸친 전문가 및 이해당사자들의 문서 내지 구두 증언을 유능하게 흡수하고, 이러한 정보를 자신들의 매우 다양한 삶의 경험과 통합함으로써 매우 조리 있는 집단적 판단을 이끌어 내었다. 그들의 결론은 전문가들의 결론이 종종 실패를 맛보는 "현실성 시험" — 평범한 사람들의 일상 경험과 관심사에 기반을 두고 있는가 — 을 통과했다. 내가 보기에 이는 미국의 과학기술 제도와 의사결정을 전면적으로 민주화해야 할 필요성과 그것의 실현가능성을 보여 주는 강력한 증거이다.

적어도 추상적인 차원에서, 미국인들은 자국의 민주주의 유산과 기술적 솜씨에 대해 엄청난 자부심을 가지고 있다. 그러나 이러한 국가적 자부심의 양대 원천을 서로 조화시키기 위한 노력은 사실상 전혀 기울이지 않고 있다는 것은 놀라운 일이 아닐 수 없다. 합의회의는 민주주의를 괴롭히는 모든 문제를 해결하거나 과학기술이 사회적 관심사에 응답하도록 보증하는 마법의 탄환은 아니다. 그러나 합의회의는 지금처럼 복잡한 기술 시대에도 민주주의의 원칙과 절차가 계속 유지될 수 있고 더 나아가 기술 영역에까지 확장될 수 있다는 희망을 되살려 주고 있다.

감사의 글

이 논문에는 Sclove(1996)와 Sclove(1997)로 발표되었던 내용이 일부 포함돼 있다. 아울러 이 논문은 1994년부터 1996년까지 코펜하겐에 있는 덴마크 기술위원회의 조스 그룬달, 헤이그에 있는 소비자연구소의 아네케 함스트라, 런던 과학박물관의 사이먼 조스(지금은 런던에 있는 〈민주주의연구센터〉에 있다), 덴마크 기술위원회의 라스 클뤼버, 헤이그에 있는 라테나우 연구소의 리디아 스테렌베르그, 미네소타 주 노스필드에 있는 칼튼대학의 노먼 빅 등과 했던 인터뷰나 서신교환에 의존하고 있다. 과학기술 민주화와 관련한 필자의 활동과 저술 — 조만간 열릴 미국 합의회의에 관한 정보를 포함해서 — 에 대해 앞으로 업데이트된 내용을 받고 싶다면, Loka @loka.org로 이메일을 보내 온라인 무료 소식지『로카 얼러트』*Loka Alerts*에 가입하면 된다.『로카 얼러트』과월호는 〈로카연구소〉의 웹사이트(http://www.loka.org)에서 구할 수 있다.

3장

지속가능한 농업 네트워크를 통한 농업 지식의 민주화

네바 해서네인

도입

1941년에 당시 저명한 농촌사회학자였던 칼 테일러는 미 농업안정국Farm Security Administration의 의뢰로 소책자를 집필했다. 이 소책자에서 그는 농부들에게 이웃을 방문해서 체계적으로 "아이디어를 교환"하도록 독려했다. 테일러는 이웃에 사는 농부들이 경험과 생각을 서로 공유하면 농업 실천에 대해 지니고 있던 "상식"을 집단적으로 향상시킬 수 있으리라고 생각했다(Taylor, 1941, p. 6). 그는 또한 농부들이 서로 대화를 나누고 그들이 직면한 문제들에 대해 공유된 이해에 도달함으로써, 농업에 관한 완전히 새로운 아이디어와 전략들을 창안해 낼 수 있다고 주장했다. 일단 "좋은 아이디어"가 "그것을 사용하게 될 사람들의 실제 경험"에 비추어 논의되면 "옥석이 가려지는 셈이 된다. 결국 그것이 쓰일 장소에서 개선이 이뤄지는 것이다"라고 그는 썼다. 테일러에게 있어서, 그러한 의견 교환은 단지 실용적 목적을 위한 것이 아니었다. 그것은 민주주의가 성공적으로 기능하기 위한 핵심 열쇠였다. 그는 소책자에서 다음과 같이 결론을 내리고 있다.

> 우리가 민주주의를 믿는 이유는 우리가 흔히 접하는 문제들을 해결하는 데 누구나 기여할 수 있는 바가 있다고 믿기 때문이다. 이웃과 친구들의 집에서 만나는 모임은 민주주의 조직의 근간이며, 이웃들 사이에 아이디어를 교환하는 것은 민주주의를 구현하는 방법이다(Taylor, 1941, p. 7).

그로부터 반세기가 지나자 농업에서 "흔히 접하는 문제들"은 너무나 심각해져서, 분석가와 활동가들은 이 시스템이 얼마나 오랫동안 경제적, 사회적, 환경적으로 지속가능할지 의문을 제기하기 시작했다. 많은 사람들은 지속불가능성의 근원을 부분적으로는 농업과학을 떠받치는 인식론적 토대, 제도적 구조, 그 결과 나타난 기술 궤적까지 거슬러 올라갈 수 있다고 주장해 왔다. 그렇다면 관행농업의 패러다임에서 벗어난 대안적 실천과 아이디어를 추구하는 사람들이 농업과학을 담당하는 공식 기관들로부터 거의 얻을 것이 없었다는 사실은 그리 놀라운 일이 못될 것이다(Kloppenburg, 1991). 이에 따라 농부들과 오늘날 농촌에서 지속가능한 농업 운동의 옹호자들은 그들이 필요로 하는 새로운 지식을 얻기 위해 서로에게 눈을 돌렸고, 결국 부지불식간에 아이디어 교환에 대한 칼 테일러의 제안을 따르게 되었다.

여러 가지 측면에서 볼 때, 오늘날 지속가능한 농업 운동의 풀뿌리 기반은 미국의 많은 지역들에서 발전해 온 농부 네트워크에서 찾아볼 수 있다(Bird, Bultena, & Gardner, 1995). 이처럼 느슨한 구조를 가진 조직 내부에서 농부들은 흔히 지속가능한 농업에 관한 자신들의 경험적 내지 "국지적" 지식들을 공유하며, 그러면서 새로운 아이디어를 만들어 내고 공유하는 능력을 개발한다. 그것이 갖는 파급효과는 아마도 칼 테일러가 상상했던 것을 훨씬 넘어설 것이다. 이러한 민주적 조직에서 지속가능성을 추구하는 농부들은 지배적인 농업지식 생산 및 분배 체계에 특유한 불공평한 권력관계 특성에 근본적으로 도전한다.

이 장에서는 지속가능한 농업 운동 내에서 나타나는 농업지식 민주화의 몇몇 핵심 요소들을 기술하고 분석할 것이다. 이를 위해 먼저 현재 농업 연구 및 지도agricultural research and extension를 담당하고 있는 공식 기관들은 민주적이지 못하다는, 지금은 익숙해진 비판을 검토해 볼 것이다. 이어서 대체로 농업과학의 제도 바깥으로부터 지역적 수준에서 발전해 온 대안적 지식 체계의 몇몇 두드러진 차원들을 보여줄 것이다. 여기서 나는 1990년대 초에 2년 동안 위스콘신 주에 있는 두 개의 지속가능한 농업 네트워크를 대상으로 수행한 질적 연구에 특히 의지하고 있다(Hassanein, 1999). 그 중 하나는 집약 순환방목intensive rotational grazing 기법을 실천하고 있는 낙농업자들의 네트워크이고, 다른 하나는 지속가능한 농업에 관한 여성 네트워크이다. 두 개의 네트워크가 조직된 목적은 매우 다르지만, 이들은 각각 농업지식의 생산과 교환에 대한 민주적 참여가 진정으로 지속가능한 농업 시스템의 근간을 이룬다는 점을 잘 보여 준다.

비판에서 혁신으로

지난 한 세기 동안 식량 및 농업 시스템은 점차 산업화되어 다국적 거대 농기업의 지배를 받게 되었다(Bonanno, Busch, Friedland, Gouveia, Mingione, 1994). 지속가능한 농업 운동 내에서 어떤 공통의 신념을 찾는다면, 바로 이러한 추세에 대한 반대를 꼽아야 할 것이다(Bird, Bultera, & Gardner, 1995). 활동가들은 현존하는 시스템이 장기적으로 지속가능한지, 또 그것에 의존하는 사람들을 부양할 능력이 있는지 의문을 제기하면서, 산업화된 농업의 풍요로운 수확이 생태적, 사회적, 경제적 악영향을 초래해 사람들과 토지에 해를 끼친다는 점을 보여 주려 애썼다. 관행농업의 이러한 "지속불가능성"에 대해서는 이쪽 사회운동 내에서 대체로 합의가 이뤄져 있지만, "지속가능성"의 정확한 의미가 무엇인지는 여전히 논쟁이 계속되고 있는 주제이다. 유용하면서도 포괄적인 정의를 내려 보자면 "환경적 건전성, 경제적 실현가능성, 사회 모든 부문들 간의 사회 정의 실현이라는 관심사들 사이에서 공평하게 균형을 맞추는" 농업 시스템 정도의 의미가 될 것이다(Allen, Van Dusen, Lundy, & Gliessman, 1991, p. 37).

활동가들은 애초에 농업을 지속불가능하게 만든 원인이 무엇이 었는지를 탐구하면서 농업 연구 및 지도를 맡고 있는 공식 기관들이 농업의 산업화를 촉진하는 데서 해온 역할을 비판적으로 검토했다. 특히 지속가능한 농업의 옹호자들이나 연구자 공동체 내에서 지속가능한 농업에 공감하는 사람들은 기업연구와 상반되는 역할을 하는 토지양허 시스템16에 주목했다(가령 Berry, 1984; Kloppenburg, 1988). 공공자금의 지원을 받는 이러한 시스템의 토대는 1862년에 시작되어 이후 50년 동안 계속된 일련의 연방 법률과 주 법률 제정을 통해 확립되었다. 농업과학을 구성하는 세 가지 요소는 농업시험장에서 연구를 수행하고, 농업의 과학적 원리를 가르치며, 카운티 지도사county extension agent 체계를 통해 농촌 사람들에게 과학지식을 전파하는 것이다. 토지양허 시스템은 대체로 공공자금으로 설립되어 지금도 지원을 받고 있기 때문에, 지속가능한 농업의 지지자들은 토지양허 시스템이 기업연구 프로그램에 비해 상대적으로 공공의 요구에 좀더 호응하고 이를 수용하는 모습을 보여야 한다고 주장해 왔다(Thornley, 1990).

미국의 농업과학 비판자들은 이러한 시스템이 민주적이지 못하다고 비판해 왔다. 적어도 두 가지 핵심 영역에서 폭넓은 공공 참여의 기회가 결여되어 있었다는 것이다. 첫째, 농부가 만들어 낸 지식보다 과학지식이 더 우월하다는 주장이 널리 받아들여져 왔다. 그

---

16. [옮긴이] 토지양허 시스템(land-grant system)은 1862년 〈모릴 법〉(Morill Act)에 의해 만들어진 미국 주립대학의 기본적인 운영방식이다. 정부가 주립대학에 토지를 양허하는 대신, 대학은 지역 산업의 발전을 위한 활동을 하게 된다.

러나 수천 년에 걸쳐 농업 실천을 형성한 지식을 만들어 낸 것은 농부와 숙련 기술자들이었다. 그것이 변하게 된 것은 토지양허 대학들이 생겨나고 확장되면서부터였다. 과학자, 기자, 기업가들로 이뤄진 핵심 압력단체는 과학적 훈련의 가치를 높게 평가했던 "젠틀먼 농부"gentleman farmer들과 힘을 합쳐, 과학을 통한 농업 생산 증가가 국가 경제의 산업화에 매우 긴요하다고 주장했다(Kirkendall, 1987). 이렇게 농업과학의 정당성을 확보하고 공공자금을 끌어들이는 과정에서 농부가 만들어 낸 지식은 중상모략을 당했고 역사의 뒤편으로 서서히 사라졌다(Danbom, 1986). 존 베넷이 잘 보여 준 것처럼(Bennett, 1986), 과학자가 농부보다 더 잘 안다는 인식은 전문가로부터 농부로 향하는 의사소통의 일방적 흐름을 확립했다. 농부들이 지식의 산출자가 아닌 수혜자로 비치게 되면서 누구의 지식을 정당한 것으로 간주할 것인가를 둘러싼 법률적 경계가 정해졌다(Marcus, 1985). 이처럼 비민주적인 경향은 지속가능한 농업의 토대를 잠식한다. 왜냐하면 아래에서 살펴볼 바와 같이 때로는 농부들 자신의 경험적 지식이 과학지식보다 더 큰 타당성과 당장의 유용성을 가진 것일 수 있기 때문이다(Gerber, 1992; Kloppenburg, 1991).

농업과학에서 폭넓은 공공 참여가 결여된 두 번째 방식은, 연구주제의 선정이 사회의 특정 성원들의 이해관계를 반영하며 다른 성원들은 무시하는 경향을 보여 왔다는 데서 찾을 수 있다. 특히 거대농기업과 대규모의 산업화된 농장들은 어떤 연구 주제를 추구할지(와 추구하지 않을지)에 대해 부당한 영향력을 행사해 왔고, 이러한 이해집단들은 그 결과 얻어진 기술의 주된 수혜자가 되었다(이에 대한 개관은 Buttel, Larson, & Gillespie, 1990을 보라). 농기업들은 관행농업에서 요구되는 종자와 기술(농약, 기계류 등)을 공급하면서 수익을 얻었다. 농장 운영에 점점 더 많은 자본이 필요하게 되면서 중소형 농장들이 기술 발전과 보조를 맞추는 것은 점점 어려워졌고, 결국 많은 농장들이 문을 닫아야만 했다(Berry, 1977; Strange, 1988).

뿐만 아니라 여성과 유색인종은 농업 연구의 방향에 거의 영향을 끼치지 못했다. 이는 농업 연구 공동체 내에 놀라울 정도로 다양성이 결핍돼 있다는 사실에서 확인할 수 있다(Sachs, 1983; Schor, 1996). 윌리엄 레이시의 연구에 따르면(Lacy, 1993), 물리적 공간, 사회경제적 지위, 시간(가령 미래세대), 젠더 혹은 민족 등 여러 가지 차원에서 연구기관에 속한 사람들과 동떨어져 있는 사람들을 무시하는 경향이 전반적으로 자리 잡고 있다. 레이시는 "연구 프로그램이 지속가능한 농업이라는 의제에 호응하도록 만드는 데 필요한 폭넓은 경험과 혁신적 아이디어들이 부족할 수 있다"고 결론지었다(p. 42).

이러한 관찰은 과학자들이 외부의 조작에서 자유롭고 사회적·정치적 압력으로부터 독립된 기관에서 활동해야 한다는 고전적 과학관과 대비를 이룬다. 그러한 중립성은 과학지식의 객관성과 더 나아가 우월성을 주장하는 근거가 되어 왔다. 그러나 중립성은 달성되지 못한 것이 분명하며, 과학자들은 좀더 폭넓은 공익을 대변해 연구 주제를 정하는 데서 번번이 실패해 왔다.

그렇다면 지속가능한 농업을 추구하는 농부들이 대안적 농경 기법과 판매 체계를 추구하는 과정에서 농업과학이 전반적으로 거의 도움이 되지 못함을 깨달았다는 사실은 그리 놀라운 일이 못 된다. 이러한 상황에 대응해 나타난 중요한 전략 중 하나는 지속가능한 농업에 좀더 유용한 탐구 방향과 연구 방법을 취하도록 농업과학의 방향을 재설정하려 노력하는 것이었다(Buttel, 1993을 보라). 이러한 노력은 대안적 농업 연구의 의제에 주어지는 공공자금을 증가시켰고, 많은 토지양허 대학에서 새로운 제도적 배치를 만들어 내었다(Gardner, 1990). 예를 들어 지속가능한 농업의 옹호자들은 1985년 의회를 설득해 지속가능한 농업 연구 및 교육Sustainable Agriculture Research and Education 프로그램을 설립했다. 이후 이 프로그램은 관행 농업 기법들이 생태계에 미치는 영향을 줄이고 농장의 수익을 증대시키는 것을 목표로 하는 수백 개의 프로젝트에 재정 지원을 했다. 여기에 더해 몇몇 농부, 활동가, 학자들은 농업 연구를 수행하고 연구에 참여하는 새로운 모델을 옹호했고 그러한 모델을 가지고 실험을 했다(Lockeretz & Anderson, 1993을 보라). 이러한 새로운 모델은 농업생태 문제에 대해 다학문적 연구를 강조하는 경향을 띄고 있으며, 농장에 가서 실험을 하거나 자문 역할을 맡기는 식으로 농부들을 연구 과정에 종종 참여시킨다. 결국 활동가들은 농업과학의 민주화를 위해 공공 연구비의 지원 방향을 대안적 접근 쪽으로 돌리는 것뿐 아니라 그러한 연구가 수행되는 방식을 바꾸는 것도 필요함을 깨달았던 것이다.

농업과학 정책을 개혁하려 애쓰는 학자와 활동가들은 지속가능한 농업 운동에서 단지 하나의 갈래일 뿐이다. 그에 못지않게 중요한 다른 한 갈래는 대체로 농업 연구 및 지도를 담당하는 기관 외부에서 작동하는 대안적 지식 체계의 발전과 관련돼 있다. 특히 농부와 활동가들은 농부가 만들어 낸 지식을 강조하고, 전일론적이고 생태적인 사고를 촉진하며, 실용적 연구를 옹호하는 일군의 농촌 조직을 만들어냈다(Bird, Bultena, & Gardner, 1995). 어떤 경우에는 사회적으로 좀더 책임 있는 과학의 상을 반영하려 노력하고 있는 연구기관 — 가령 〈캔자스토지연구소〉 Land Institute in Kansas 같은 — 에서 일하는 과학자들이 이러한 대안적 지식 체계에 참여하기도 했다(Jackson, 1990). 그러나 지식 생산 및 확산에 대한 민주적 접근의 실현에서 더 큰 잠재력을 지닌 것은 역시 일차적으로 농부들에 기반을 둔 지역의 지속가능한 농업 조직들일 것이다. 이러한 단체들 중 몇몇은 토지양허 대학의 이단적 과학자들로부터 도움을 얻어 대안적 농경 방법에 대해 자체적으로 농장에서 실험을 수행하고 있다. 〈아이오와실천농부모임〉 Practical Farmers of Iowa이 그러한 단체의 좋은 예로서, 실험을 통해 재연되지 않은 농부들의 현장 관찰과 대학의 야외 시험장에 있는 소규모의 비전형적 토지에서 수행된 실험 사이에 벌어진 간극을 메우려는 노력을 해 왔다(Rossmann, 1994).

반면 다른 단체들은 농부들이 체계적 실험이 아닌 경험과 개인적 관찰을 통해 얻어 낸 지식을 공유하는 네트워크 내지 클럽이었다. 지식의 민주화에서 이러한 후자의 전략은 아래에서 다룰 두 개의 조직에 대한 사례연구에 반영돼 있다. 앞서 말한 것처럼 하나는 집약 순환방목으로 알려진 기법을 채택한 낙농업자들로 구성돼 있으며, 다른 하나는 지속가능한 농업을 추구하는 여성들로 이뤄져 있다. 이 글에서의 분석은 내가 1992년 말부터 1995년 봄까지 수행한 참여관찰, 그리고 각각의 네트워크에서 가장 활동적인 회원 11명을 대상으로 한 22회의 인터뷰에 기반을 두고 있다. 아래에서 보여 주겠지만, 이들 네트워크에 속한 농부들은 자기 자신의 지식을 활용했고, 좀더 폭넓은 공동체 사이에서 아이디어, 혁신, 기법들을 공유함으로써 그러한 지식을 확장해 나갔다. 여기서 "지식"은 특정 주제에 대한 실질적 내지 기술적 정보뿐 아니라 그러한 정보가 구축되고 교환되는 방식을 형성하는 가정들도 포괄하는 의미로 사용했다. 이러한 대안적 지식 체계는 (1) 농부들의 창의적 문제 해결 능력에 의존하고 (2) 지속가능한 농업으로의 전진을 뒷받침할 수 있는 아이디어와 기법의 수평적 교환을 포함하는 민주적 모델을 제시하고 있다.

순환방목과 국지적 기술지식

1950년대에 미국의 몇몇 농업과학자들이 상업적 목축에서 소들을 목초지에 내놓아 키우는 실험을 하긴 했지만, 이로부터 그들이 내린 결론은 토지를 집약적 사료작물 생산에 활용하고 그렇게 얻은 먹이를 1년 내내 울안에 갇혀 지내는 소들에게 먹일 때 생산을 극대화할 수 있다는 것이었다. 그 때 이후로 낙농과학자들은 거의 전적으로 그러한 "울안 사육"confinement feeding과 관련된 연구 주제들을 추구해 왔다. 이러한 시스템은 농장에 투입할 대규모의 자본 지출(거대한 사일로, 수확 기계, 농약 등)을 필요로 하며, 수많은 환경 문제들과 연관되어 있다. 이에 따라 1980년대 말에 위스콘신 주의 농부들이 하나의 기술적 대안으로 집약 순환방목을 실험하기 시작했을 때, 그들은 농업과학자들이 유용한 정보를 별로 제공해줄 수 없음을 알게 되었다. 위스콘신대학의 한 농경제학자는 이 문제를 다음과 같이 간명하게 진술했다 : "순환방목에 대해서는 내가 답할 수 없는 질문이 답할 수 있는 질문보다 더 많았다 …… 연구가 돼 있질 않았다."

새로 등장한 "목초 농부들"은 자신들이 필요한 지식을 얻기 위해 서로에게 눈을 돌렸고, 그러한 지식교환 과정을 촉진하기 위해 방목 네트워크를 결성했다. 내가 1992년부터 1995년까지 연구했던 〈오쿠치 방목농 네트워크〉Ocooch Grazers Network는 이 기법을 실천하는 낙농업자들이 조직한 위스콘신 주의 수많은 네트워크들 중 하나였다. 이 기법은 미국에서는 이단적인 것으로 간주되지만, 많은 다른 나라들에서는 지난 수십 년 동안 표준적인 것으로 받아들여졌다. 이러한 네트워크들의 주된 조직 활동은 풀이 자라는 기간 동안 매달 서로 다른 회원의 농장에서 개최하는 목초지 걷기였다. 내가 연구했던 기간 동안 네트워크에 속했던 100여명의 회원은 대부분 위스콘신 주의 남서부에 이웃한 두 개의 카운티에 거주했다. 내가 참여관찰자였을 때 남성 15명, 여성 5명이 핵심 회원으로 정기적으로 행사에 참여했다.

사육자가 소들을 농장 마당이나 그 주변 지역에 가둬 놓고 먹여

키우는 울안 사육과 달리, 순환방목에서는 땅을 영구 목초지로 집약적으로 관리하며, 그래서 가축들은 1년 중 최대한 긴 기간 동안 질이 좋은 풀을 직접 뜯어먹을 수 있다. 방목에서는 땅을 작은 지역들로 나누고, 풀이 적절히 다시 자라고 회복하는 데 필요한 시간에 맞춰 이처럼 "작은 풀밭"을 통해 동물들을 순환시켰다. 네트워크의 한 회원은 순환방목으로의 전환을 묘사하며 간단하게 이렇게 말했다. "여러 해 동안 나는 소들에게 사료를 먹이느라 악전고투를 하고 돈을 빌려 쓰곤 했다. 그러던 어느 날, 나는 소들을 풀밭으로 데려다 놓으면 된다는 것을 뒤늦게 깨달았다."

이러한 기술적 전환은 말로는 쉬워 보이지만, 일반적인 통념에 의문을 제기하며 "소들을 풀밭으로 데려다 놓"는 방법을 실제로 익히는 것은 〈오쿠치 방목농 네트워크〉의 회원들에게 상당히 어려운 일이었다. 성공적인 방목을 위해 결정적으로 중요한 것은 새로운 도구들을 사들이고 그 사용법을 이해하는 것이 아니라 사물을 보고 생각하는 새로운 방법을 익히는 것이다. 내가 방목농들과 함께 시간을 보내고 오쿠치 목초지 걷기 행사에 참석하면서 농부들로부터 자주 들었던 말은 "정해진 방법"보다 자신의 "경험"과 "관찰"로부터 배우는 것이 중요하다는 것이었다. 예를 들어 한 농부가 젖소들에게 매일 얼마나 큰 목초지를 내주어야 하는가하고 묻자, 네트워크의 다른 회원은 이렇게 답했다. "미리 가서 보고 언제 풀을 뜯게 할지를 결정해야 하는데, 그러려면 경험과 관찰이 필요합니다. 어떤 규칙이나 규정 같은 건 없습니다. 목초지를 잘 살펴봐야죠. 달력을 보면서 다음에 할 일을 정할 수는 없습니다. 모든 것이 관찰에 달려 있어요."

　네트워크 회원들은 방목의 실천이 국지적local 지식의 발전에 매우 크게 의존한다고 보고했다. 국지적 지식은 특정한 장소 내지 활동에 고유하면서도 변화무쌍한 사회적·물질적 특징들을 개인적으로 경험하고 꼼꼼하게 주의를 기울이면서 발달하는 실용적 숙련이다(Kloppenburg, 1991). 목초 농부들이 방목은 특정 장소에 적용되는 "사고 과정"임을 강조한 것은 웬델 베리가 관행농업의 실천을 두고 국지적 농업생태 시스템에 대한 상세한 이해 없이 아무 곳에나 적용할 수 있는 일단의 처방들이라고 기술한 것(Berry, 1984)과 대조를 이룬다. 다시 말해, 방목농들은 자신들이 지닌 국지적 지식이 타당하며 그것이 이러한 지속가능한 농업 실천의 성공에서 결정적인 역할을 한다는 주장을 펼쳤던 것이다. 이러한 방식을 통해 〈오쿠치 방목농 네트워크〉의 회원들은 농업 지식의 생산을 민주화했다. 몇몇 연구자들이 만들어 내 농부들에게 전달하는 지식은 적합하지 않았다. 그 이유는 대체로 특정한 시간, 특정한 농장에서 다양한 변수들을 지속적으로 평가하는 것이 중요하기 때문이었다. 농부들 자신이 바로 그들이 필요로 하는 구체적인 정보와 아이디어들의 가장 좋은 원천이었다. 방목 네트워크는 북부 중서부Upper Midwest 지역에서 순환방목을 실천하는 방법에 관한 정보 부족 때문에 발전했지만, 거기서 얻어진 것은 농부가 만들어 낸 지식의 타당성과 효용에 대한 근본적 확인이었다.

　지속가능한 농업에서 국지적 지식에 대한 이전의 분석들은 이러한 앎의 방식이 갖는 대단히 개인적이고 암묵적인 성격을 강조하는 경향을 띄었다(Kloppenburg, 1991). 그러나 최근 사회운동 이론 가들은 이러한 개인적 지식이 이전가능하며 사회화될 수 있음을 밝혀냈다. 예를 들어 몇몇 "신사회운동"에 대한 분석에서, 힐러리 웨인라이트는 그러한 운동들이 지식에 대한 민주적 접근 — 개인들이 가진 지식을 공유하고 좀더 집단적인 목표와 결합시키는 — 으로 특징지어진다고 주장했다(Wainwright, 1994).

이러한 지식 확산의 민주화는 〈오쿠치 방목농 네트워크〉에서 분명하게 드러났다. 네트워크 회원들은 그들 각각이 개인적으로 순환방목에 대해 나름의 국지적 지식을 발전시켜야 한다는 것을 알고 있었다. 그러나 방목농들은 기법을 직접 사용한 경험이 있는 다른 사람들로부터 배우는 것을 소중하게 여겼다. 네트워크의 한 회원은 아래와 같은 진술에서 〈오쿠치 방목농 네트워크〉 내의 지식교환에서 중심이 되는 수많은 특징들을 포착해 냈다.

주된 목적은 정보를 얻고 공유하는 겁니다. 방목철에는 한 달에 한 번 목초지 걷기 행사가 있어요. 우리는 주최를 맡은 회원의 농장으로 가서 거기서 무엇이 자라는지와 무엇이 자라지 않는지를 포함해서 그곳에서 우리에게 보여 주고 싶어 하는 것들을 봅니다. …… 나는 사람들이 아이디어를 떠올리는 모습을 보는 게 좋아요. 항상 새롭고 창의적인 아이디어들이 나오거든요. 다른 사람들이 비용을 절감하기 위해 어떻게 하고 있는지 들을 수 있죠. 농부들은 어떤 일을 해내는 저렴하고 혁신적인 방법을 떠올리는 데 전문가들이에요. 그리고 항상 새로운 상황이 있죠. 반드시 문제가 된다기보다는 대처해야 하는 일들이 서로 다르다고 할까요. 우기 때 혹은 건기 때 어떻게 대처하는지 사람들과 대화를 나눠 보면 도움이 돼요. …… 항상 새로운 질문들이 있죠. 다른 누군가가 그에 대한 답을 가지고 있을 수도 있고, 직접 경험을 해 본 누군가로부터 배울 수도 있고요.

실제로 네트워크의 활동적인 회원들은 방목 방법에 관한 기술적 내지 실질적인 지식 — 목초지를 개발하고 향상시키는 방법이나 젖이 나오는 젖소들의 영양과 에너지 부족을 채워 주는 방법 같은 — 을 지속적으로 공유했다. 이렇게 공유된 아이디어에는 종종 시행착오를 통해 배운 것들이 반영돼 있었다. 한 농부의 말은 이를 잘 보여 준다. "나는 실수를 저지르고 싶지 않아요. 그러니 왜 실수를 저지른 사람들에게 배우는 걸 마다하겠어요. [네트워크에서] 또 하나 핵심적인 것이 있다면 자기 자신의 실수뿐 아니라 다른 사람들의 실수를 통해서도 배운다는 겁니다." 네트워크의 행사들은 다른 사람들이 시도해서 성공을 거둔 것과 그렇지 못한 것에 관해 들을 수 있는 기회뿐 아니라, 다른 사람들이 자신의 농장에서 무슨 일을 하고 있는지 직접 볼 수 있는 기회도 제공했다.

지식 교환 과정은 평등주의적 성격을 지니고 있었다. 네트워크에 속한 회원 개개인이 가진 숙련의 정도는 분명 제각각이었지만, 더 많은 지식을 가진 개인들은 "전문가"의 역할을 맡기를 꺼렸다. 예를 들어 네트워크를 이끄는 지도자 중의 한 사람은 거기 속한 대다수의 다른 회원들보다 더 오랫동안 방목을 해 왔고 훌륭한 방목 기술을 보여 주었다. 그러나 그는 구체적인 조언을 해 주는 것과 경험을 공유하는 것을 분명하게 구분했다.

> 어떤 사람이 [집약 순환방목을] 더 잘 이해하도록 내가 도와줄 수 있다
> 는 사실이 무척 만족스럽답니다. …… 하지만 내가 모든 것을 다 알
> 고 있다고 생각하거나, 내가 사람들에게 어떻게 일을 해야 할지 일러
> 주는 그런 상황으로 가고 싶진 않아요. 만약에 내가 돌아다니면서 사
> 람들에게 농사짓는 법을 알려주게 된다면 난 농촌 지도사가 되어버
> 릴 거예요. …… 우리 네트워크는 동등한 사람들이 함께 모여서 자
> 신들의 이야기와 경험과 실패와 약점들을 나누는 곳입니다. 이러한
> 모든 경험들을 나눌 수 있고, 또 그러한 경험을 활용해 자기 자신의
> 지식 기반을 쌓아올리고, 그렇게 얻은 지식을 자기 농장의 실정에 어
> 떤 식으로든 맞춰 보는 거죠.

이러한 접근 방식은 공유와 동등한 참여를 강조함으로써 전문가로
부터 비전문가에게로 정보가 일방적으로 흐르는 것을 거부한다. 경
험적 지식의 타당성을 옹호하면서, 동시에 모든 것을 아는 전문성
에 대한 주장을 부정하는 것이다.

　그러나 네트워크에서의 참여가 완전히 "동등"하지는 못했다. 성
별에 따라 회원들의 상호작용에서 눈에 띄게 차이가 나타나는 듯
보였다. 한 여성 회원의 솔직한 표현을 빌리면, "보통 남자들이 말을
하죠." 여성들에게 공유할 만한 지식이 없었던 것은 아니었다. 예를
들어 그들은 어린 송아지들에게 먹이를 주는 기법이 몇몇 여성들
사이에서 토론 주제로 떠오르자 그에 대한 경험을 활발하게 교환했

다. 그러나 좀더 큰 규모의 모임에서는 흔히 여성의 참여가 남성의 참여에 미치지 못했다. (이 장의 후반부에서는 성별 불평등 문제를 좀더 깊이 있게 다룰 것이다.)

전체적으로 보면, 네트워크 내의 정보교환이 가진 중요한 특성은 회원들 자신이 적절한 질문을 스스로 찾아 나서는 데 있었다. 이런 방식을 통해 농부들은 함께 참여하고 공유하면서 중요한 질문들을 민주적으로 파악해 나갔다. 네트워크가 지닌 또 하나의 중요한 특성은 농부들이 서로를 통해 해답을 찾았다는 것이다. 이렇게 함으로써 그들은 종종 자신들이 가진 개인적·국지적 지식에 의존했고 비슷한 상황에 처한 다른 사람들과 이를 나누었다. 이를 보면 국지적 지식이 개인을 넘어 되풀이해서 퍼져 나갔고, 집약 순환방목에 관심이 있는 다른 사람들에게 의미 있는 방식으로 공유되어 결국 회원들이 자신의 목표를 실현시킬 가능성을 높여 주었음을 알 수 있다. 네트워크의 한 회원이 모임에서 자신의 개인적 경험에서 나온 아이디어나 관찰을 설명하고 나면, 그 지식은 인식 공동체 community of knowers가 활용하고 해석하는 데 쓸 수 있는 사회적 산물이 되었다. 또한 네트워크는 전문성의 한계를 인식함으로써 수많은 상이한 경험들의 독특한 기여를 소중하게 여기는 지식 체계의 가능성을 제시해 주었다. 이처럼 아이디어의 집단적 창조와 수평적 교환을 지향하는 다원주의적이고 평등주의적인 접근은 이 네트워크의 활동이 어떻게 농업 지식의 민주화에 기여했는지를 보여 준다.

성별, 사회적 위치, 그리고 지식 교환

농업 생산에서 여성은 결코 신참이 아니지만, 농업에서 여성이 해온 다양한 역할은 시대에 따라 변화해 왔다. 최근의 역사 연구가 기록한 바에 따르면, 토지양허 대학의 연구 및 지도 활동은 가족이 소유하고 운영하는 농장들에서의 성별 관계 — 오늘날 위스콘신 주에 널리 퍼져 있는 것과 같은 — 를 제도화하고 공고하게 만드는 데 일조했다(Jellison, 1993; Neth, 1995). 특히 20세기 전반부를 거치면서 남성 농부들에게 전달된 농업 생산에 관한 과학지식과 농장 여성들에게 전달된 "가사 업무"에 관한 "가정학" 사이에 분할이 일어났다. 이러한 방식으로 농업 연구기관들은 정보의 전달에서 "농부"와 "농부의 부인"을 분명하게 구별했다. 그러나 이러한 분리는 동등한 것이 못 되었다. 훨씬 더 많은 인력과 자금이 농업 생산에 관한 정보에 투입되었기 때문이다(Knowles, 1985). 아마도 더 중요했던 것은, 농업 연구 및 지도를 담당하는 기관들이 농장 가족들에게 불균등하고 분리된 방식으로 지식을 전달함으로써, 농업은 남성의 직업이고 여성의 일은 부차적, 보완적인 것이라는 메시지를 전달했다는 점일 것이다.

1992년에 〈위스콘신 지속가능한 농업 여성 네트워크〉Wisconsin Women's Sustainable Farming Network가 여성들에 의해, 또 여성들을 위해 결성된 것은 이러한 맥락에서였다. 단체를 결성하게 된 동력은 또 다른 지속가능한 농업 네트워크에서 이미 활동하면서 다른 여성 농부들의 적극적 참여가 부족함을 깨달은 몇몇 여성들로부터 나왔다.

그들은 일종의 실험으로 농업에 종사하는 여성들만을 대상으로 하는 워크샵 회의를 조직했다. 워크샵을 준비했던 한 여성의 말을 빌리면, "분위기가 완전히 달랐어요. 참여한 여성들은 많은 도움을 받았다고 느꼈고, 이 행사가 계속되길 희망했죠." 아울러 행사를 조직한 여성들은 "우리가 서로에게 가르쳐줄 수 있고 서로에게서 배울 수 있는 것이 있다"는 사실을 깨달았다.

1996년이 되자 이 단체는 회원 수가 거의 3백 명에 달할 정도로 커졌다. 네트워크는 1년에 여러 차례 만나 하루 내지 이틀 동안 회의를 여는 주 전체 차원의 단체가 되었다. 회원들은 단체의 임무를 정의하면서 그들의 대화와 활동을 관통하는 두드러진 주제들을 포착해 내었다.

우리의 임무는 지속가능한 농업의 성공을 촉진하는 강력한 지원 네트워크를 통해 여성 농부들을 고무하는 것이다. 우리는 개인적 경험, 기술적 정보, 판매 전략 등을 공유할 것이다.

이러한 임무는 지속가능한 농업의 특정 기법을 사용하는 회원들이 주로 모인 순환방목 네트워크와 대조를 이뤘다. 이와는 달리 여성 네트워크의 회원들은 양을 이용한 낙농업에서 화훼와 채소 재배까지 농장에서 다양한 사업을 했고 다양한 농업 실천에 종사했다. 여성들은 지속가능한 농업에 깊은 관심을 공유하고 있었지만, 이 네트워크의 회원들은 일차적으로 공통의 사회적 위치, 즉 그들의 성별 정체성으로 묶여 있었다.

여성 네트워크의 회원들은 농업에서의 성차별에 대한 개인적 지식을 공유함으로써 농업의 사회관계에 관한 지식을 민주화했다. 목초 농부로서의 정체성이, 지배적인 낙농 생산 방식으로부터 벗어나는 기술적 전환을 이루었다면, 지속가능성을 추구하는 농부로서의 정체성을 가진 여성은 누가 농부가 될 수 있는가에 대한 지배적 이해로부터 벗어나는 일종의 사회적 전환을 이루었다. 그러한 기술적 전환을 성취하기 위해 지식을 필요로 했던 방목농들과 마찬가지로, 지속가능한 농업 여성 네트워크의 회원들 역시 그러한 사회적 전환을 성취하기 위해 지식을 필요로 했다.

모든 지식이 그렇듯, 지속가능한 농업에 대한 국지적·개인적 지식 역시 특정한 부분적 시각에서 만들어진다(Harding, 1991; Feldman & Welsh, 1995). 따라서 네트워크의 회원들 사이에 교환된 지식의 내용은 단체 내부의 다양성과 그들이 공유하는 성별 정체성 모두에 의해 형성되었다. 회원들이 얻는 경험은 연령, 생활 방식, 날씨, 농장 유형과 입지, 농업에 들인 시간 등에 따라 서로 달랐고, 이러한 다양성이 단체 내에서 공유된 지식의 풍부한 원천을 제공해 주었다. 그러나 이러한 다양성에도 불구하고 네트워크 행사에서 공유되는 많은 지식에는 그것을 꿰뚫는 공통의 실마리가 있었다. 오늘날의 농업에서 농장 여성의 지식과 노동이 평가절하되어온 방식을 극복하고, 이러한 여성들이 지닌 농부로서의 정체성을 그 자체로 인정하는 것이 그것이었다. 사회학자 도로시 스미스가 주장한 것처럼, 여성들은 각자의 삶의 경험에서 상당히 다를 수 있지만, "우리를 배제시킨 사회관계의 조직은 공통으로 경험한다" (Smith,

1987, p. 78).

　이러한 견지에서 보면 여성 네트워크의 회원들은 농촌 공동체 속에 종종 깊이 뿌리내리고 있는 특정한 제도적 장애와 사회적 제약들에 관해 나름의 개인적 지식을 만들어 내고 교환했다고 할 수 있다. 예를 들어, 여성 네트워크의 회원들이 일상생활 속에서 부딪치는 성별 전형화는 종종 그들 자신의 농업 활동을 눈에 띄지 않는 것으로 만들어 버렸다. 한 회원은 왜 "장화와 장갑은 여성용으로 만들어지지 않을까요? 그 사람들은 여성들이 농장 일을 한다고 생각지 않는 걸까요?" 하고 물음을 던졌다. 또 다른 여성은 채소 농원에서 쓸 경운기를 사러 갔던 일화를 이야기했는데, 상점의 판매원은 그녀에게 얘기를 하지 않고 따라온 남편에게 제품을 설명하려 애를 썼다. 그녀는 이러한 종류의 경험들이 "미묘한 방식"으로 일어날 수 있고, 그럼에도 "상당히 자신감을 잃게 만들" 수 있다고 느꼈다. 또 다른 회원은 여러 장소들에 갔을 때 자신이 "그곳에 속한다"는 느낌이 들지 않는다고 했다. "심지어는 동네에 있는 사료 조합에 가서도 사람들이 나를 마치 화성에서 온 것처럼 쳐다본다는 느낌을 항상 받아요. …… 그게 우리가 사는 특정 지역만의 문제인지는 모르겠지만, 대부분의 시간 동안 나는 정말 존중받고 대접받는다는 느낌이 안 들어요. 그런 것이 내 경험이었죠." 한 회원은 많은 회원들의 경험을 이렇게 요약했다. "남성의 직업, 혹은 전통적으로 남성의 직업이었던 것에 여성이 참여하는 건 정말 힘들어요. …… 여성들이 하고 있는 일에서 가치를 인정받지 못하는 것이 모든 문제의 원천입니다."

성별화된 사회에서 일어나는 이러한 종류의 경험들은 회원들이 네트워크 모임에서 의견을 교환할 때 의지했던 개인적 지식의 주된 원천이었다. 모든 영역에서의 성차별이 그렇듯, 농업에서의 성별 관계 역시 여성이 부지불식간에 경험할 수 있다. 개인적 경험을 공유하고 그러한 경험의 재발을 분석하는 신중한 과정을 거쳐 사회 질서에 내재한 공통의 원인을 찾아내면 사회관계의 조직을 더 잘 이해할 수 있다. 1970년대에 페미니스트들이 조직한 "의식 고양" 단체들은 개인의 경험이 갖는 정치적 의미에 관해 그러한 집단적 반성을 수행한 두드러진 사례이다(Ferree & Hess, 1985). 여성 네트워크의 회원들은 페미니스트로서의 정체성 측면에서 제각각이었지만, 여기 속한 여성들은 농업에서의 경험 — 남성 농부들의 경험과는 다르게 보이는 — 을 보고, 인식하고, 이해하는 특정한 방식을 공유했다. 그들은 농업에서의 성별 전형과 관계에 개인적으로 맞서 싸운 경험들을 서로 논의하면서 자신들이 여성의 농업 참여를 방해하는 맥락 속에서 활동하고 있음을 이해하게 되었다.

그러나 이 여성들이 사회적 제약을 이해할 때, 사회적 제약이 삶의 모든 영역을 구속한다거나 극복할 수 없는 정도로 강력한 것이라고 보지는 않았다. 오히려 일부 네트워크 회원들의 경우, 자신의 이익을 위해 선택을 하고 행동을 취할 수 있는 개인으로 스스로를 이해하는 것이 개인적 지식을 이루는 중요한 요소 중 하나인 듯 보였다. 뿐만 아니라 농업에서 기존의 성별 관계와 관련된 장애물과 맞서 싸우며 종종 이를 극복해 낸 다른 여성들의 숙련과 성취에 관해 알게 되면서, 회원들은 결정적으로 중요한 지식을 얻은 듯 보였다. 바로 그들 역시 농부로서 성공할 수 있다는 생각이었다. 사실 회원들 자신도 네트워크 모임에서 "역할 모델"을 찾았다는 사실을 이 단체의 특히 소중한 기능 중 하나로 받아들였다.

이러한 역할 모델 기능이 네트워크 내에서 드러나는 한 가지 주된 방식은 매번 모임이나 회의를 시작할 때마다 회원들이 관례적으로 "소개"에 상당한 시간을 할애한 데서 볼 수 있다. 이러한 조직 관행은 1993년 봄에 하루 동안 열린 회의에서 시작되었다. 모임의 지도자들은 16명의 참가자들을 초대해 "당신이 어디 출신인지, 농업에서 과거에는 무슨 일을 했고 지금 하는 일은 무엇인지, 당신이 품고 있는 미래의 꿈은 어떤 것인지, 그동안 당신이 깨달은 어떤 지혜의 말이나 도움이 되는 힌트가 있는지, 이 단체에서 바라는 것은 무엇인지 …… 같은 당신의 이야기를 공유해" 줄 것을 요청했다. 이러한 "소개"에서 여성들이 위와 같은 질문들 중 몇몇에 답하고 다른 이들이 던진 추가 질문과 논평 세례를 받다 보면 두 시간이 훌쩍 지나갔다. 그 이후에 열린 모임들은 의사 일정에서 항상 이러한 공유에 충분한 시간을 할애했다. 회원들이 각자의 이야기를 듣는 것에 대해 강하게 공감을 표시했기 때문이다. 그러한 공유 자리에서 회원들은 사례를 통해 서로를 가르치는 것처럼 보였다. 다시 말해 그들은 자신이 하는 일에 대한 신념을 표현했고, 다른 사람들이 볼 수 있도록 자신의 유능함을 드러내 보였다. 이러한 방식으로 여성 농부들은 회원 중 한 사람이 간명하게 표현한 것처럼 "당신도 할 수 있다"는 지식을 암암리에 교환했다

이처럼 누가 농부가 될 수 있는가에 관한 지식을 민주화한 것에

더해, 네트워크 모임의 상당부분은 성별과 연관된 장애물을 어떻게 극복해 농업에서 성공을 거둘 수 있는가에 관한 구체적 아이디어를 교환하는 것에도 할애되었다. 이러한 의견교환 과정에서 중요한 연구 주제들이 농업 기관에 있는 몇몇 전문가가 아닌 네트워크 회원 자신들에 의해 민주적으로 파악되었다. 네트워크 회원들은 그에 대한 답도 서로에게서 찾았다. 예를 들어 한 회원은 남편에게만 대출을 해 주고 싶어 하는 은행에서 대출을 받아내는 방법을 다른 사람들에게 조언해 주었다. 또 다른 회원은 남자들이 하듯 힘으로 소들을 몰아붙이지 않고 — 남자들은 대체로 그녀보다 몸집도 크고 힘도 셌다 — 소들을 달래서 의도하는 방향으로 움직이게 하는 방법을 설명해 주었다.

물론 이러한 민주적 의견교환이 성별과 관련된 문제들에 국한된 것은 아니었다. 이 여성들은 실용적 농업의 관심사와 여성으로서의 정체성을 분리해 생각하지 않았다. 이에 따라 네트워크의 회원들은 지속가능한 농업에 관련된 특정한 기법에 관한 지식도 공유했다. 가령 순환방목을 위해 울타리를 세우는 방법이나 채소 농원을 성공리에 운영하는 방법 같은 것이 여기 포함되었다. 여성 네트워크의 회원들은 방목농들과 마찬가지로 다른 사람들의 실천적 경험에서 배우는 것의 가치를 강조했다. 한 회원의 말을 빌리면

이론은 책에서 배울 수 있어요. 하지만 야외로 나가는 날 그걸 직접 보거나, 아니면 다른 사람의 얘기를 듣고 그것에 대해 질문을 할 수 있다면 이해하는 데 크게 도움이 됩니다. 자기 농장으로 돌아가 직접

해 볼 때에도 도움이 되고요.

네트워크 회원들은 매우 다른 종류의 사업을 하고 있었지만, 다른 여성들이 자기 농장에서 어떤 일을 하고 있는가를 들을 기회를 소중하게 여겼다. 이러한 기회를 통해 그들은 이전에 미처 생각하지 못했던 새로운 아이디어를 자신의 활동 속에 통합할 수 있었다. 아울러 이러한 다양성은 지식 교환 과정에 좀더 평등주의적인 성격을 부여했다. 한 회원은 이렇게 설명했다. "다양성이 하는 일은 어떤 종류의 위계도 만들어 내지 않는다는 거죠. 최고의 방목농, 최고의 화훼농 같은 건 존재하지 않아요. 우리 모두는 너무나 다양하니까요. …… 말하자면 우리는 동등해요. …… 이곳에 오는 각각의 사람들은 자기가 하는 일에서 전문가들이죠."

경우에 따라서는 지식을 민주화하는 과정이 농업 연구기관에 있는 사람들에게 익숙지 않은 아이디어를 만들어 내고 교환하는 것이 아니라, 여성들이 관심을 가질 만한 일이 아니라는 성차별적인 이유로 그들에게 허락되지 않았던 지식을 전파하는 것이 되기도 했다. 예를 들어 많은 여성들은 기계에 관심을 갖는 것이 장려되지 않았고, 그 때문에 기계에 대한 지식을 거의 갖고 있지 못했다. 이 점과 관련해 파악된 수요를 충족시키기 위해, 조정위원회에 속한 회원들은 "연장과 기계류의 선택과 관리", "농장 목공"과 같은 주제로 워크샵 회의를 조직했다. 이 사례에서는 남성들의 경우 손쉽게 접근할 수 있고 또 친숙하지만 여성들은 그렇지 못했던 지식 — 그럼으로써 농부가 되는 것과 관련해 남성들에게 특권을 주었던 지식 — 의 민주화가 이뤄졌다. 그러한 지식과 관련해 여성들에게 동등한 발판을 제공한 덕분이었다.

이러한 종류의 기술 정보 교환은 여성 네트워크가 담당했던 핵심 기능 중 하나였다. 만약 그러한 정보 교환이 필요치 않았다면 이 여성들은 농촌 여성들을 위한 다른 조직들로 갔을 수도 있다. 그러나 네트워크의 회원들은 그러한 다른 단체들을 의식적으로 거부했다. 그곳에서는 기술적 측면들이 무시되었기 때문이었다. 한 회원은 네트워크 모임에 처음 참석해서 자기소개를 하면서 이 점을 분명히 했다. 처음에 그녀는 모임에 올까 말까 망설였는데, 이전에 농촌 여성들을 위한 단체에 가서 부정적인 경험을 했기 때문이었다. 일례로 그녀는 이웃의 권유로 〈가정주부 클럽〉Homemakers Club이 후원하는 모임에 참석했던 얘기를 들려주었다. 그녀는 그 행사가 "나쁜 경험"이었다고 설명했다. 그녀는 "카뷰레터 고치는" 법을 배웠으면 했는데, 거기 가서는 "스카프 묶는" 법을 배웠던 것이다. 모임에 참석한 회원들은 이 말을 듣고 폭소를 터뜨렸다. 이 여성은 농업의 기술적 측면에 관한 정보를 원했던 것이 분명했다. 그러나 역사학자 메리 네스에 따르면(Neth, 1995, p. 138) 〈가정주부 클럽〉은 1914년에 농업 지도소가 처음 만든 것으로, 농업 생산보다 가정에서 여성의 일에 초점을 맞춤으로써 결국에 가서 "농장 여성들에게 적합한 일이 무엇인가의 정의"를 바꾸는 데 일조한 조직이었다. 그 결과, 이 여성 농부의 이해관심을 충족시켜 주었을 유형의 정보는 〈가정주부 클럽〉의 의제 속에 통합되지 못했다.

만약 "지식이 곧 힘"이라면, 일군의 사람들을 지식으로부터 체계적으로 배제하는 것은 근본적으로 비민주적이다. 토지양허 대학들은 가족 농장에서 노동의 성별 분업을 제도화함으로써 여성들이 농부가 되기 위해 필요한 지식으로부터 여성들을 배제하는 데 일조해 왔다. 이러한 네트워크의 회원들은 지식의 결핍 때문에 힘을 잃게 되었음을 깨달았고, 자신들의 활동에서 주된 목표가 이러한 결핍을 극복하는 데 있다고 보았다. 앞에서 본 것처럼, 그들은 자신들을 소외시키는 경향을 띄는 성별 관계의 경험과 지식을 공유하고, 서로에게 "역할 모델"을 제공함으로써 그러한 역사적 배제를 극복하는 것이 가능하다는 지식을 공유하며, 지속가능한 농업에서 성공을 거두기 위해 필요한 기술 지식을 제공함으로써 그러한 목표를 추구해 왔다.

결론

여기서 논의한 농장 네트워크들은 좀더 지속가능한 농업을 만들기 위해 필요한 지식을 생산하고 전파하려는 노력의 일환으로 농부와 활동가들이 미국 전역에 설립한 조직 메커니즘들 중 겨우 두 가지 사례일 뿐이다. 운동 참여자들은 농업과학과 토지양허 시스템의 구조가 농업의 산업화, 세계화, 기업 지배에 기여해 온 방식에 대응하는 하나의 전략으로 이러한 대안적 지식 체계를 발전시켜 왔다. 이러한 활동의 근저에는 지속가능한 농업을 성취해 내려면 지식의 생산과 확산이 좀더 민주적인 것이 되어야 한다는 기본 인식이 놓여 있다.

토지양허 대학에서의 과학은 소수에 의해 생산된 지식을 다수에게 전달하는 위계적 일방통행으로 특징지어져 왔다. 그러나 이 글에서 다룬 두 개의 네트워크에서는 지식 생산이 고립된 과학 엘리트의 특권이라는 가정을 농부들이 거부하는 사례들을 볼 수 있었다. 그 대신 네트워크 회원들은 그들 자신의 지식 생산 역량을 발굴해 내었다. 그들은 자신들이 지닌 개인적·국지적 지식의 타당성을 주장했고, 독특한 물리적·사회적 장소에서 그러한 지식의 유용성을 강조했다.

아울러 농업과학은 특정 이해집단을 대변하는 경향을 보여 왔다. 네트워크 회원들은 지속가능성의 원칙에 부합하는 농경 기법들을 받아들임과 동시에, 과학자들이 추구해 왔던 ― 그러면서 거대 농기업에 이득을 주고 독립 농업 생산자들과 토지에는 해를 끼쳐 왔던 ― 기술 궤적을 거부했다. 〈오쿠치 방목농 네트워크〉의 한 회원이 잘라 말한 것처럼, "우리는 거대 농기업에 생계를 저당 잡히지 않는다." 여성 네트워크의 회원들 역시 농업 생산에 관한 지식은 남성에게, 가사 일에 관한 지식은 여성에게 지정해 온 토지양허 시스템에 제도화되어 있는 사회적 제약들을 거부했다. 각각의 사례에서 네트워크 회원들은 농업과학자들이 흥미를 보이지 않은 질문들을 던지고 그러한 질문에 대한 답을 서로에게서 구함으로써 인식적 자기의존의 감각을 발전시켰다. 뿐만 아니라 이 농부들은 농업의 지속가능성에 대한 일단의 공유된 가치들과 공통의 관심사에 근거해, 자신들의 탐구 결과가 사용될 수 있는 방식에 영향을 미쳤다.

이러한 네트워크들의 활동은 농업과학의 편에서 더 큰 책임성이 요구됨을 말해 주고 있다. 이는 오직 사람들이 자기 자신을 위해 또 사회를 위해 새로운 지식에 관한 결정에 좀더 완전하게 참여할 수 있을 때에만 달성될 것이다. 지식의 민주화에는 정보에 대한 동등한 접근권뿐 아니라 어떤 지식이 누구에 의해, 누구를 위해, 어떤 목표를 향해 생산되는가에 관한 질문에 답할 때의 동등한 참여도 포함되는 것이다.

4장

핵시설 관련 의사결정 과정에서의 시민참여

핸퍼드의 교훈

루이스 캐플란

환경운동은 종종 자신들이 독성물질의 생산, 사용, 처분에 의해 위협받고 있다는 인식을 가진 시민들의 조직으로 특징지어진다. 시민들은 도덕적이거나 윤리적인 근거를 들어 이러한 상황을 개선해 줄 것을 정부 관리나 과학 전문가들에게 호소하며, 때로는 전문가 증인들의 증언에 의지해 과학적 신용을 제공하려 하기도 한다 (Couch & Kroll-Smith, 1997). 시민들은 위험의 존재를 주장하는 일반인들과 입장을 달리 하거나 상황을 개선하지 못하는 정부 관리와 과학 전문가들을 불신하게 된다. 이러한 일은 러브커낼이나 매사추세츠 주 우번Woburn 같은 상황에서 이미 일어난 바 있다(Levine, 1982; Brown, 1987).

정부 관리와 과학 전문가들에 대한 시민들의 불신이 커진 이유는 이들의 이해관계가 서로 다르기 때문이기도 하며, 다른 한편으로 시민들이 활용하는 문화적(내지 일반인) 합리성과 과학자들이 활용하는 기술적 합리성이 충돌하기 때문이기도 하다(Krimsky & Plough, 1988). 정부가 환경 문제의 존재를 인정하게 되면, 정부는 연구를 수행하고, 시민들의 이주를 지원하고 조직하며, 오염 구역에 대해 많은 비용을 들여 대대적인 정화 작업에 착수해야 할 것이다. 전문가들이 환경 위해의 존재를 확인하면 그 결과 동료심사를 받게 되며 이 과정에서 과학적 방법이나 결론에 대한 반론이 제기될 수도 있다. 사람들이 과학기술 혁신의 직접적·개인적 영향을 평가하는 방식인 일반인 합리성 lay rationality은 정치적·민주적인 과정에 대한 신뢰에 근거한다. 반면 권위와 진취적 기상에 호소하는 기술적 합리성은 과학적 방법을 신뢰하며 문제에 대한 기술적 해법을 발전시키는 것을 목표로 하는 과학적 규범에 의지한다. 이처럼 환경 문제를 인식하는 상이한 방식들은 시민, 정부 관리, 전문가들 사이의 관계를 변화시켰고 시민들이 과학적 의사결정 과정에서의 역할을 추구하게 만들었다.

이러한 사회운동에서 시민들은 자신들의 건강과 안전에 영향을 미치는 정책결정에 참여할 권리를 주장한다. 대중참여는 공청회에서의 증언에서부터 논쟁이 진행 중인 쟁점에 관한 전문가가 되는 것까지 다양한 형태로 나타날 수 있다. 시민들은 공공정책의 참여자로서 일반인 합리성과 기술적 합리성을 결합시키는 지적 참여 능력을 보여 주었고, 시민들 스스로가 전문가가 된 경우에는 사회적 가치와 기술적 데이터를 조화시켰다. 러브커낼과 우번은 시민들이 자신들의 주장을 뒷받침하고 우려를 확인하기 위해 연구를 수행한 널리 알려진 사례들이다. 뿐만 아니라 시민들이 전문가 지식을 획득하면서 그들은 더 이상 정부 관리나 과학 전문가들에 의지하지 않게 되었고, 상대적으로 취약한 정치적 입지에 처하지 않고 평등하게 참여할 수 있게 되었다.

워싱턴 주에 있는 연방 핵시설인 핸퍼드Hanford 공장은 이러한 사회운동 모델의 한 가지 사례이다. 연방 정부는 1943년에 맨해턴 프로젝트의 일부로 핵폭탄용 플루토늄 생산을 위해 핸퍼드를 설립했다. 핸퍼드 시설의 운영은 대부분 국가 안보 정책에 의해 정당화된 비밀주의로 은폐되어 왔다. 워싱턴 주의 시민들은 핸퍼드의 임무를 애국적으로 지지했고 경제적인 이득을 누렸다. 거의 40년 동안 핸퍼드는 진보와 군사력의 상징으로 남아 있었다.

1970년대 중반부터 다양한 이해당사자들이 핸퍼드 시설 운영의 안전성과 방사선 노출이 건강에 미치는 악영향의 가능성에 대해 의문을 제기하기 시작했다. 시민들은 자신들의 건강과 안전에 영향을 미치는 정책 결정에 참여할 권리를 강력하게 요구했고, 이 과정에서 일반인 합리성과 기술적 합리성을 결합시키는 지적 작업을 수행했다. 핸퍼드의 활동가들은 정책 결정에 참여하기 위하여 여러 가지 전략들을 활용했다. 시민 발의citizen initiative를 투표에 부치고, 방사능과 그것이 건강에 미치는 영향에 관해 전문가가 되고, 공청회에서 증언을 하고, 법적으로 소송을 제기하고, 시민들을 교육하고 조직하는 등의 활동이 그것이었다. 이러한 참여의 결과로 미국 에너지부U. S. Department of Energy, USDOE(이하 DOE로 표기)가 1986년에 공개한 핸퍼드 역사 문서Hanford Historical Documents는 방사능이 주변 환경으로 유출된 사실을 드러내었다. 핸퍼드 관련 활동에 관한 정책결정에서의 대중참여는 오늘날까지 계속되고 있다.

핸퍼드에서의 의사결정 과정에 대한 대중참여의 출현은 수십 년 동안에 걸쳐 서서히 발달해 온 과정이었다. 대중들의 인식에서 핸퍼드는 군사력과 진보의 상징에서 위험의 상징으로 변화했다. 이는 핸퍼드에 관한 정보를 은폐하고 억눌러 온 정책들에 반대하는 집단 운동으로 이어졌다. 이러한 대중 인식의 변화는 핵기술 일반이 비판적 검토의 대상이 되고 시민들이 핵기술의 안전성에 관해 의문을 제기하던 시점에서 나타났다.

이 장은 핸퍼드에서 대량의 방사능이 유출되었음을 폭로하게 만든 활동에서 대중의 역할에 관해 논의하고 있다. 워싱턴 주의 핵기술 논쟁에서 이뤄진 대중참여를 역사적으로 개관해 보면 사회 문제가 어떻게 여러 단계들을 거쳐 진화하는지를 알 수 있다. 이러한 단계들에는 문제에 대한 대중의 자각, 문제의 정당화, 시민행동, 정부의 대응, 계속되는 (혹은 갱신된) 시민행동 등이 포함된다. 이 장은 또한 핸퍼드 역사 문서가 공개된 이후 핸퍼드와 관련된 연구나 공중보건 활동에서 나타난 시민참여에 대해서도 설명하고 있다.

이 장을 위한 자료는 학술문헌, 도서관의 서류철, 정부 문서, 이해당사자 집단의 문건, 개인이 소장한 서류철로부터 얻었다. 또한 48명의 이해당사자들 — 핸퍼드에서 유출된 방사능에 노출된 사람들, 핸퍼드에 있는 에너지부 공무원과 하청업체 직원들, 과학자, 의사, 공중보건 관리들, 지방정부와 주 정부, 시민 활동가, 기자, 아메리카 원주민 등을 대표하는 — 과 인터뷰한 내용도 자료에 포함되었다.

초기 수십 년 동안

핸퍼드는 비밀리에 개발되었다. 핸퍼드를 건설하고 운영한 수천 명의 사람들은 1945년 8월 미국이 원자폭탄을 사용하기 전까지 공장의 임무를 모르고 있었다. 원자폭탄 투하 후 정부 관리들은 뉴멕시코에서 시험된 최초의 원자폭탄뿐 아니라 일본 나가사키에 떨어진 원자폭탄에도 핸퍼드에서 생산한 플루토늄이 사용됐다는 사실을 밝혔다. 적국이 폭탄 생산에 관해 알아낼 가능성을 최소화하려는 핸퍼드의 비밀주의는 수십 년 뒤 되돌아와 정부 관리들을 괴롭히게 된다.

비밀주의는 방사능에도 적용되었고, 방사능 위험은 "특별 위해"special hazard라는 암호로 지칭되었다(Weart, 1988). 맨해턴 프로젝트에 관여한 관리들은 방사능 노출이 건강에 악영향을 미칠 가능성과 방사능이 공기와 컬럼비아강에 해를 끼칠 가능성을 우려했다(Smyth, 1945; Hacker, 1987; Sanger & Mull, 1989). 그러나 정부는 방사능의 존재를 정상적인 것으로 간주했다. 공식 프로젝트 보고서는 "가정과 승용차에 내포된 위험이 발전소에서 발생하는 그 어떤 위험보다도 직원들에게 훨씬 더 크게 나타난다"고 단언했다(Smyth, 1945, p. 149). 정부는 또한 일본에 대한 원자폭탄 사용으로 엄청난 질병과 사망이 발생했다는 보고에 맞서 원자력의 혜택에 관한 홍보 캠페인을 전개했다(Boyer, 1985). 여기에는 "원자력의 밝은 측면"The Sunny Side of the Atom이라는 제목의 라디오 프로그램과 대그우드 범스테드Dagwood Bumstead라는 만화 캐릭터를 활용해 원자력의 미래에 관한 낙관론을 전달하는 만화책이 포함되었다.

2차 세계대전이 끝난 후에도 원자폭탄 비축을 위해 핸퍼드에서의 플루토늄 생산은 확대되었다. 핸퍼드는 해리 트루먼 대통령의 명령에 따라 "전시의 비밀주의 덮개" 하에 남아 있었다(*Seattle Times*, 3/8/46, Bigelow, 1950, p.33). 1950년대에는 대기 중 핵실험에서 나온 방사능 낙진의 잠재적 위험에 대해 국가적 관심이 집중되었다. 그러나 핸퍼드의 가동은 이에 영향을 받지 않고 유지되었다. 1956년이 되자 핸퍼드에서 1945년에 3기였던 플루토늄 생산 원자로는 8기로, 1945년에 2기였던 화학 가공 공장은 5기로 각각 늘어났다(Technical Steering Panel, 1994). 방사성폐기물 관리의 대상에는 55,000갤런에서 1백만 갤런까지 다양한 크기의 탱크들이 포함되었는데, 이 탱크들이 1950년대부터 새기 시작했다는 사실을 대중은 모르고 있었다(Read, 1975). 지역의 한 농민은 그 시기에 대해 이렇게 말했다.

> "저 아래 핸퍼드에서 무슨 일을 하고 있다고 생각하세요?"라는 질문을 수천 번은 받은 것 같아요. 글쎄, 그거야 아무도 모르죠. 하지만 그게 걱정거리였느냐? "아뇨, 그 사람들은 자기들이 무슨 일을 하는지 알아요."

1962년에 미국 의회는 핸퍼드에 지어질 원자로에서 나오는 폐증기waste steam를 이용해 전기를 생산하는 계획을 승인했다. 1963년에 열린 N-원자로 기공식에는 존 케네디 대통령이 3만 명의 일반 하객들과 함께 참석했는데, 일반인이 핵시설 부지에 발을 들여놓은 것은 이 때가 처음이었다(Alive, 1983). 핸퍼드의 신규 발전소에 대한 대중의 찬사는 핸퍼드에 대한 지역 및 주 전체의 지지를 나타냈고, 진보와 경제적 안정의 상징으로서 핸퍼드의 입지를 강화했다. 핸퍼드 노동자들이 거주하는 리치랜드 시는 스스로를 "원자력 도시"로 자랑스럽게 칭했다.

N-원자로 기공식이 있은 지 일 년 후에, 여덟 기의 원자로 중 세 기의 폐로 일정이 발표되면서 핸퍼드의 경기 침체가 시작되었다. 정부 관리들과 시민 지도자들은 핸퍼드 지역의 경제를 다각화하려는 노력을 기울였다. 워싱턴 주는 핵에너지개발국Office of Nuclear Energy Development을 설치하고, 핵폐기물 처분장 부지 매입을 승인했다. 워싱턴주는 "핵 진보 주"The Nuclear Progress State였다.

이후로도 10년이 넘는 기간 동안 핸퍼드는 주 전체의 지지를 받았다. 정부 관리들은 핸퍼드의 가동을 축소하려는 연방 정부의 계획이 경제 불황의 위협을 야기한다며 비난했다(*Seattle Times*, 1/22/71). 1972년에는 워싱턴 주의 딕시 리 레이 박사가 원자에너지위원회Atomic Energy Commission, AEC의 위원으로 임명되었고, 이듬해에는 위원장이 되었다. 1972년과 1978년 사이에 공공과 민간 전력회사들의 연합체인 워싱턴공공전력공급시스템Washington Public Power Supply System, WPPSS(이하 WPPSS로 표기)은 다섯 기의 핵발전소를 건설하기 시작했는데 그 중 세 기는 핸퍼드에 있었다.

국가 전체로는 핵발전에 대한 우려와 반대가 커지고 있었다. 핵사고, 법적 책임의 문제, 환경 문제, 높은 비용이 핵발전에 대한 지지를 침식해 갔다(Lilienthal, 1971; Gamson, 1988; Caufield, 1989). 안전성 문제는 핵무기 생산용 원자로와 발전용 원자로의 경계선을 흐려 놓았다. 만약 원자로에서 사고가 발생했을 때 비상 냉각 시스템이 고장난다면, 방사능 물질이 대기 중으로 방출될 수 있었다.

1970년대로 접어들면서 핸퍼드의 핵 문제에 대한 언론 보도가 나오기 시작했다. 핸퍼드에 있는 저장 탱크에서 115,000갤런의 방사능 물질이 유출되었다는 보도가 나오자 원자에너지위원회 위원장이었던 레이는 유출이 아무런 위험도 제기하지 않는다는 신속한 답변을 내놨다. 1975년에 한 신문 기사는 지난 30년간 핸퍼드에서 최소 60회 이상 방사능 물질의 "미계획 유출"이 있었다고 보도했다. 그럼에도 불구하고 워싱턴 주에서 핸퍼드에 대한 대중의 지지는 강고하게 유지되었다. 이러한 지지에 기여했던 요인들에는 핸퍼드에서 계속된 비밀주의, 연방 정부의 핵에너지 민간 이용 촉진, 국제 냉전 등이 있다(Boyer, 1985). 마지막으로 핸퍼드는 트라이시티[1]와 워싱턴 주의 경제에 도움을 주었다.

핵 진보 주에서 분열된 주로

1975년이 되자 핸퍼드에 지원되는 4억 달러의 예산 중에서 군사

---

1. [옮긴이] Tri-Cities, 워싱턴 주에 있는 케네윅, 파스코, 리치랜드의 3개 도시를 함께 부르는 말.

프로젝트에 쓰이는 것은 1억 달러 이하로 떨어졌고, 나머지는 민간 에너지 연구에 투입되었다(Conner, 1985). 아홉 기의 원자로 중 가동중인 것은 한 기뿐이었고, 플루토늄 분리 공장과 플루토늄 처리 공장도 하나씩만 가동되고 있었다. 그리고 WPPSS에서 세 기의 핵발전소 건설을 진행 중이었다.

연방 정부가 핸퍼드의 군사 기능을 축소하자, 핵발전 반대집단의 활동은 거세어졌고 수도 많아졌다. 1976년에 핵기술에 대한 주 전체 차원의 도전이 처음으로 워싱턴에서 일어났다. 핵발전소에서 원자로의 안전성 확보를 위한 시민 발의가 그것이었다. 발의의 대상이 된 핵발전소 중 두 기는 아직 핸퍼드에 건설 중이었다. 이 발의는 핵기술과 관련된 정치적 결정의 변화를 목표로 한 세 개의 발의 중 첫 번째였다. 핵기술에 관한 워싱턴의 합의는 무너져 내렸다.

시민 발의

1976년 11월에 〈안전한에너지연대〉 Coalition for Safe Energy, CASE는 청원서에 10만 명이 넘는 서명을 모아 시민 핵 안전 법안인 〈발의 325〉 Initiative 325를 주민투표에 회부했다. 이 발의는 발전소 지원기관이 다음의 사항을 제공할 것을 의무화했다. 사고시 금전적 책임소재에 관한 정보, 원자로 안전 시스템에 대한 입증, 방사성폐기물의 영구적이고 안전한 처분 계획, 그리고 매년 긴급 대피 계획 발표 등. 발의가 내세운 안전성이라는 의제는 핵발전이 명백하고도 현존하는 위험을 제기하고 있다는 메시지를 전달했다(Lane, 1976).

발의에 반대하는 사람들은 안전성 쟁점과는 무관한 대항 의제를 만들어냈다. "금지를 금지하라"Ban the Ban라는 구호가 그것이었다. 반대자들은 이러한 구호를 이용해 발의는 핵발전소에 대한 일시중지moratorium 선언이나 다름없다는 주장을 폈다. 제안된 지침에 따르게 되면 신규 발전소는 건설이 불가능했기 때문이다. 주민투표에서 발의는 거의 2대 1의 표차로 부결되었다. 찬핵 투표는 원자에너지위원회의 이사장을 지낸 딕시 리 레이가 선거에서 주지사로 뽑히면서 더욱 강화되었다.

그러나 발의의 지지자와 반대자들은 모두 발의가 워싱턴 주에서 핵에너지에 대해 주목하게 된 시발점이 되었다는 점에 동의했다. 또한 이는 핵기술을 연구해서 안전한 발전소 운영을 보장하기 위해 필요하다고 믿어진 일련의 안전조치들을 개발해 내는 시민들의 역량을 보여 주었다. 발의는 핸퍼드의 주요 군사 활동들에 대해서는 직접적으로 문제삼지 않았다. 이는 계속해서 정치적으로 보이지 않는 곳에 위치하면서 비밀주의로 은폐되어 있었다. 뿐만 아니라 핸퍼드의 방사성폐기물 임시 저장소도 주목을 끄는 데 실패했다. 신문 기사들이 핸퍼드의 핵폐기물 저장소에서 고준위 방사성폐기물이 새어나오고 있다고 보도했을 때조차도 말이다.

고준위 핵폐기물은 핸퍼드에 여러 가지 문제를 야기했다. 그런가 하면, 워싱턴 주가 핸퍼드에서 운영하던 상업적 저준위 폐기물 처분장은 또 다른 여러 가지 문제를 만들어 냈다. 1979년 6월 6일, 야카마 인디언국 부족회의는 원주민 보호구역을 지나는 핵폐기물 운송을 금지하는 결의안을 통과시켰다.

몇 달 뒤 안전 문제가 발생하자 워싱턴 주지사 딕시 리 레이는 핸퍼드 저준위 방사성 폐기물 처분장을 폐쇄했다. 처분장은 한 달 후 트럭 운송과 폐기물 처분에 관한 새로운 규제가 발효되면서 다시 문을 열었다(Norman, 1984). 레이 주지사가 핸퍼드의 폐기물 처분장 문을 다시 연 데 불만을 품은 일군의 활동가들은 핵폐기물 운송과 저장 전부를 금지하기를 원했다. 1980년에 시민들은 〈발의 383〉 Initiative 383을 주민투표에 부쳤다. 이 발의는 지역 차원의 계약이 체결되기 전까지는 저준위의 방사성 의로 폐기물을 제외한 모든 방사성 폐기물을 워싱턴 주로 운송하고 저장하는 것을 금지하는 내용을 담고 있었다. 발의에서 내건 "워싱턴의 황폐화를 막자"라는 구호는 핸퍼드가 대규모 방사성 폐기물 처분장이 되는 것을 막으려는 발의 지지자들의 의지를 반영했다. 발의 지지자들은 자신들의 노력을 공동체 활동의 수단이자 시민들이 정부에 참여할 수 있는 민주적인 권리라는 견지에서 보았다.

> 방사능 폐기물의 운송과 매립에 내포된 잠재적 위험성을 감안하면 워싱턴 주의 시민들이 그런 중요한 결정에 대해서 발언권을 가져야 한다는 것이 우리의 믿음이다.(Lane, 1980, p. A8)

발의가 3대 1의 표차로 통과되고 난 뒤, 연방 지방법원 판사는 이것이 위헌이라는 판결을 내렸다(Whitely, 1981, p. A1). 나중에 이 판결은 연방 순회 항소법원에서 다시 확인되었다.

사람들의 관심은 핵폐기물에서 핵발전으로 다시 재빠르게 옮겨졌다. 주에 다섯 기의 핵발전소를 짓는 워싱턴공공전력공급시스템

WPPSS 프로젝트를 둘러싸고 비용 초과, 안전성 문제, 부정부패에 대한 고발이 쇄도했다. WPPSS 프로젝트(비꼬는 의미에서 흔히 "이크!"Whoops 프로젝트로 불렸다)가 재정 파탄의 위기에 봉착하자 반핵 활동가들은 또 다른 발의 캠페인을 조직했다. 1981년에 활동가들은 〈발의 394〉Initiative 394 — "워싱턴을 파산시키지 말라" 캠페인 — 를 주민투표에 부쳤다. 이 발의는 압도적 표차로 통과되었고, 이로써 WPPSS는 1982년 7월부터 주민투표를 거치지 않고서는 신규 공채를 발행하지 못하게 되었다(Unsoeld, 1983). 1984년에 핸퍼드에 위치한 WPPSS 발전소 2호기가 완공되어 가동에 들어갔는데, 애초 계획된 5기 중 완공을 본 것은 2호기뿐이었다. 이 발의를 조직한 사람들은 핵발전 프로젝트가 의존하는 복잡한 재정적·법률적 쟁점들에 대한 깊이 있는 지식을 드러내었다. 다시 한 번 시민들은 핵시설 관련 의사결정 과정에 참여할 권리를 주장한 것이다.

PUREX의 가동 재개

〈발의 394〉도, 그보다 앞선 주 의회의 조사도 핸퍼드의 군사 활동을 건드리지는 않았다. 이러한 활동들이 공공의 검토를 받게 된 것은 1980년에 지미 카터 대통령이 핵무기비축량각서Nuclear Weapons Stockpile Memorandum에 서명한 것이 계기가 되었다. 각서는 1988년까지 더 많은 무기 등급 플루토늄이 필요하다는 메시지를 DOE에 전달했고, 1982년에 레이건 행정부는 15년간 1만 7천 기의 핵무기를 생산하기 위한 자금지원을 요청했다. 이는 핸퍼드의 미래를 보장하는 것이었지만(Conner, 1985), 아울러 그렇게 보장된 미래에 대중의 주목을 불러일으키는 결과를 초래했다.

핵무기 비축량 증가를 위한 조치의 일부로 DOE는 핸퍼드에 있는 플루토늄-우라늄 추출 공장 plutonium-uranium extraction plant, PUREX(이하 PUREX로 표기)의 가동 재개를 선언했다. PUREX의 가동 재개는 핵무기에 반대하는 사람들에게 집중적인 비판의 표적이 되었지만, 동시에 PUREX 가동의 안전성에 관한 우려를 불러일으키기도 했다. 오리건 주의 멀트노마 카운티 위원회 Multnomah County Commission, 사우스웨스트 워싱턴 보건국 Southwest Washington Board of Health, 그리고 몇몇 시민단체와 평화단체들은 독립적인 주 차원의 감독 활동이 공장의 안전을 확보할 때까지 PUREX의 가동을 재개하지 말아 줄 것을 요청했다. DOE는 공개 의견청취의 마감시한이 지난 후에 요청이 들어왔다는 이유를 들어 이를 거부했다(Shook & Conner, 1984).

PUREX가 다시 가동되고 나서 몇 달 후, 『시애틀 타임스』는 2주 전에 PUREX의 굴뚝에서 대량의 방사성 토륨이 누출되는 것이 감지되어 PUREX 공장이 가동 중단 사태를 겪었다고 보도했다("Radioactive Thorium," 2/7/84). 기사는 핸퍼드 대변인의 말을 인용했다.

이곳에서는 항상 사고가 일어나고 있습니다 …… 이번의 방사능 유출은 사망이나 심각한 상해를 유발하지 않았고, 사람들이나 재산에 대한 중대한 오염도 일어나지 않았습니다. 중요한 작업이나 시설의 가동 중단도 없었습니다. 그래서 그 사실을 발표하지 않았던 것입니다.

예전부터 핸퍼드 관리들은 탱크의 누출, 대기 중 유출, 컬럼비아 강으로의 방류가 대중에게 미치는 위험은 전혀 없다고 대중을 안심시켜 왔고, PUREX 누출 사건에 대한 폭로에 대해서도 마찬가지의 태도를 취했다. 사람들은 그런 주장에 대해 한번도 이의를 제기한 적이 없었다 — PUREX 사건이 일어나기 전까지는 말이다. 1984년에 시민운동 단체인 〈핸퍼드감시위원회〉Hanford Oversight Committee, HOC 는 〈정보자유법〉에 근거해 PUREX의 유출에 대한 자료 공개를 요청했고, 이 과정에서 따로 적시해 요청하지 않았던 문서들을 얻게 되었다. 여기에는 PUREX의 유출에 관한 컴퓨터 기록이 포함되어 있었다.

〈핸퍼드감시위원회〉 활동가들은 스포케인에 있는 핸퍼드 활동가들과 접촉했고, 핸퍼드 활동가들은 독립 과학자인 앨런 벤슨 박사에게 컴퓨터 기록의 분석을 의뢰했다. 벤슨은 PUREX에서 DOE가 시인한 토륨뿐 아니라 DOE가 이미 유출을 부인한 바 있는 플루토늄도 유출되었음을 확인했다. 핸퍼드 과학자들은 벤슨과 만난 자리에서 이전의 입장을 뒤집어 지난 1월에 PUREX에서 플루토늄이 유출되었음을 시인했다. 벤슨은 록웰-핸퍼드사의 임원으로부터 편지 한 통을 받았는데, 그 임원은 회사의 문서를 분석하는 "훌륭한 일"을 해 주었다며 그를 칭찬했다(Shook & Connor, 1984).

몇 달 후 록웰-핸퍼드사는 PUREX에서 플루토늄이 유출되었음을 시인하는 보고서를 내놓았다. 한 활동가는 다음과 같이 논평했다.

내가 생각하기에 앨런의 작업은 핸퍼드가 중요한 기술적 쟁점을 놓고 처음으로 자신의 발언을 공개적으로 철회한 중대한 사건이었습니다. 그들은 PUREX 공장의 굴뚝에서 너무 많은 플루토늄이 배출되고 있다는 사실을 인정했지요.

벤슨이 활동가들을 위해 수행했던 작업은 시민들이 과학적 신용을 얻기 위해 독립적인 전문가들에게 의지하는 사회운동 모델을 잘 보여 준다. 나중에 벤슨은 1984년 가을에 결성된 단체인 〈핸퍼드교육행동연맹〉Hanford Education Action League, HEAL에 참여하게 되었다. 이후 〈핸퍼드교육행동연맹〉은 시민들 자신이 전문가가 되는 시민행동 유형을 대표하는 단체가 되었다.

PUREX 사건 이후 탐사보도 기자인 래리 슈크와 팀 코너는 PU-REX의 안전성에 관해 4회에 걸친 연재기사를 썼다. 그들은 조사 과정에서 PUREX 환경영향평가서Environmental Impact Statement, EIS의 공개를 요청했다. 1969년에 제정된 〈국가환경정책법〉에 따르면 이는 의무 공개 대상이었다. 기자들 중 한 명은 이렇게 설명했다.

그들에게 가서 "이 문서들을 전부 볼 수 있을까요?" 하고 얘길 하니까 우리에게 그 문서들을 주지 않으려 했어요. 믿을 수 없을 만큼 요리조리 도망을 다니더군요. 그 문서들 중 많은 것들이 기밀로 분류되어 있다고 얘기하길 래 우리도 이렇게 대꾸를 했습니다. "그렇다면 이건 환경영향평가서가 아니군요. 환경영향평가서는 기밀 분류된 정보에 근거할 수는 없지 않나요 ……?" 환경영향평가서는 단지 모든 일이 잘 돼가고 있다고 대중을 안심시키기 위해 그들이 거치려 하는 전시 활동의 일부임이 분명했어요.

기자들은 안심하라는 메시지를 받아들이지 않았다. 그들은 PU-REX 환경영향평가서를 ERDA 1538로 알려진 또 다른 문서와 비교해 보았다. ERDA 1538은 핸퍼드로부터 이제까지 유출된 모든 방사능을 기록한 문서로 알려져 있었다. 두 보고서의 내용은 서로 들어맞지 않았다. PUREX에서 15퀴리의 플루토늄 누출이 있었다는 환경영향평가서의 기록이 ERDA 1538에는 보이지 않았다. 기자들은 핸퍼드에서 일반인들에게 해를 끼칠 만큼 많은 방사능이 유출된 적이 없다는 DOE의 주장을 받아들이지 않았고, 핸퍼드 관리들에게 두 개의 보고서를 뒷받침하는 자료들을 요청했다. 이는 거의 2년 후 핸퍼드 역사 문서 공개에 일조한 수많은 문서 요청 중 첫 번째 것이 되었다.

〈핸퍼드교육행동연맹〉

DOE에 쏟아진 수많은 문서 요청들은 스포케인에 근거를 둔 단체인 〈핸퍼드교육행동연맹〉(이하 〈HEAL〉로 표기)이 제기했다. 1984년에 설립된 이 단체는 핸퍼드 시설의 운영에서 계속되는 정부의 비밀주의와 핵 프로그램에 관한 의사결정에서의 민주적 과정 결핍에 대응해 만들어졌다. 〈HEAL〉은 과거와 현재의 핸퍼드 시설 운영이 공중보건과 환경에 위협을 가하는지에 대한 증거를 얻고 싶어했다. 〈HEAL〉은 또한 핸퍼드에서 민주주의를 다시 세울 것도 요구하고 나섰다.

〈HEAL〉의 창립 회원 중 많은 이들의 경험은 핸퍼드에서 의사결정 과정에 대한 대중 참여가 서서히 출현한 과정과 닮은 점이 많다. 대다수의 회원들이 핵발전 기술에 대해 우려를 품고 있었음에도 불구하고 그들 중 많은 수는 핸퍼드를 받아들이고 있었다. 이러한 상황에서 〈HEAL〉 활동가들이 핸퍼드에 대한 행동에 나선 데는 주로 핵발전과 핵폐기물에 대한 우려가 중요하게 작용했다. 〈HEAL〉 회원들은 수용과 인지라는 첫 번째 단계에서 자기 교육이 힘을 발휘하는 다음 단계로 넘어갔다.

환경 활동가들은 그들이 유해하다고 생각하는 기술에 반대할 때 종종 "반과학"이라는 공격을 받곤 한다(Dickson, 1988). 반면 〈HEAL〉 회원들은 방사능이 건강에 미치는 영향, 핸퍼드 시설의 운영, 핵폐기물 저장 같은 과학기술적 쟁점들에 관해 잘 교육을 받은 이들이었다. 개인들은 자기 교육을 통해 정보의 해석에서 정부 관리나 과학자들에 덜 의존하게 되었다. 시민들이 전문가가 된 것이다. 〈HEAL〉 활동가들은 핸퍼드를 공중보건과 환경에 대한 위협으로 인식하기 시작했고 연방 정부를 불신하게 되었다. 〈HEAL〉 회원들은 정부가 시민들을 위험으로부터 보호하겠다는 약속을 깨뜨렸다고 결론내렸고, DOE가 의도적으로 대중에게 정보를 숨기고 있다고 믿게 되었다.

자기 교육의 과정이 아직 진행 중이었음에도 불구하고 〈HEAL〉은 집단행동으로 나아갔다. 〈HEAL〉은 모든 기회를 활용해 DOE가 과거, 현재, 미래의 핸퍼드 시설 운영의 안전성을 입증하도록 요구했다. 〈HEAL〉은 이온화 방사능에 관해, 또 소량의 방사능 피폭, 핸퍼드 시설 운영, 핵산업과 관련된 과학적 논쟁에 관해 정보를 수집해 퍼뜨렸다. 이 단체는 소식지와 보고서를 발행하고 과학자, 정부 관리들과 함께 대중교육 모임을 운영했다.

〈HEAL〉은 기술적 의사결정 과정에서 DOE의 기술관료적 접근에 맞서 민주적 접근법을 활용했다. 〈HEAL〉은 시민들이 핸퍼드의 안전성 평가에 참여할 수 있다는 입장을 취했다. 반면 DOE는 전문가들이 결정해야만 한다는 입장을 견지했다.

1984년 〈HEAL〉 창립에서 1986년 핸퍼드 역사 문서 공개에 이르는 기간 동안 〈HEAL〉은 대중과 핸퍼드 관리들 사이의 힘의 균형을 변화시키는 데 일조했다. 〈HEAL〉은 자신들이 직접 데이터와 관련 연구들을 검토한 경우가 아니면 방사능이 건강에 미치는 영향에 관한 정부의 결론을 받아들이지 않았다. 〈HEAL〉은 공청회에서 증언을 했고, 핸퍼드가 고준위 핵폐기물 처분장 부지로 고려되고 있을 때 기자들에게 정보 제공원이 되기도 했다. 정부는 이런 유형의 세련되고 충분한 정보에 입각한 시민행동에 스스로 대비가 되어 있지 않음을 깨달았다. 〈HEAL〉과 그 외 이해당사자들은 DOE에 문서들을 공개하도록 압력을 가했고, 결국 정부는 이런 요구를 받아들였다.

핵폐기물 처분장 논쟁

처음에는 전시의 압박 탓에 정부 관리들이 핵폐기물의 영구 저장이라는 문제를 놓고 씨름하지 않아도 되었다. 고준위 폐기물은 문제에 대한 장기적 해법이 나올 때까지 임시 저장소로 들어갔다.

상업용 핵발전소는 "영구" 처분장이 건설될 때까지 핸퍼드의 중간 저장 개념을 활용해 문제를 피해 나갔다.

1970년에 원자에너지위원회AEC는 상업용 고준위 핵폐기물 정책을 발표했다. 여기에는 캔자스 주 라이언스에 위치한 소금 광산에 국가 처분장을 건설한다는 내용이 포함돼 있었다. 그러나 1년 후 라이언스 부지는 원자에너지위원회에 당혹감을 안겨주었다. 테스트 결과 광산 내부로 물이 스며든다는 사실이 밝혀졌기 때문이다(Carter, 1987). 원자에너지위원회는 적합한 부지를 찾는 노력을 재개했고, 핸퍼드를 포함한 복수의 부지에 대해 기술적 적합성을 평가하는 작업을 진행했다.

초기의 부지 특성파악 단계에서는 처분장 문제가 거의 주목을 받지 못했다. 1979년 여름에 DOE는 시애틀에서 첫 번째 공청회를 열고 예비적인 부지 특성파악 연구에 3천만 달러를 투입한다는 사실을 공표했다(Nalder & Connelly, 1979). 1982년 〈핵폐기물정책법〉Nuclear Waste Policy Act, NWPA의 통과로 고준위 핵폐기물 처분장 건설이 승인되었을 때, 핸퍼드 시설의 운영에 대해 잘 알고 있는 워싱턴 주 의회 의원들은 거의 없었다. 1983년 겨울에 워싱턴 주 의회는 여섯 명의 정부기구 책임자, 주지사가 지명한 의장, 의결권이 없는 여덟 명의 주 의회 의원들로 구성된 핵폐기물위원회Nuclear Waste Board, NWB를 만들었다. 핵폐기물위원회는 처분장 부지선정에 대한 워싱턴 주의 권리와 이해관계를 관장했다. 아울러 주지사는 15명으로 구성된 핵폐기물자문위원회Nuclear Waste Advisory Council, NWAC를 발족시켰다.

핵폐기물위원회는 처분장 부지로 핸퍼드가 선정될 때를 대비한 환경 모니터링의 일환으로 핸퍼드에서 기준점으로 삼을 방사능 오염의 정도에 대한 평가를 시도했다. 위원회는 기자인 슈크와 코너가 이미 겪었던 것처럼 DOE로부터 문서들을 얻어 내는 데 어려움을 겪었다. 핵폐기물위원회의 한 위원은 "워싱턴 주 사람들 거의 대부분은 지원금을 따내고 처분장을 유치하기 위한 경주가 진행되고 있었다는 사실을 모르고 있었다"고 회고했다. 트라이시티 핵산업위원회Tri-City Nuclear Industrial Council는 핸퍼드가 처분장으로 결정되기를 바라고 있었다. 계획되었던 WPPSS 원자로 3기 중 2기가 취소되면서 경제 전망이 극히 어두운 형편이었기 때문이다.

핵폐기물자문위원회와 주 의회는 대중에게 처분장 문제를 알리기 위해 주 전역에 걸쳐 공청회를 열었다. 공청회에서 나온 증언들은 핵폐기물 처분장의 의미를 핸퍼드 지역의 일자리와 경제적 안정의 문제에서 안전성에 대한 논란으로 바꿔 놓았다. 이 문제로 자극을 받은 이해당사자들은 처분장에서 방사능 물질이 새어나와 컬럼비아강으로 유출될 가능성과 대량의 방사능 물질이 주를 가로질러 운송될 때의 잠재적 위험을 대중과 정치인들에게 널리 알렸다.

수많은 환경, 공익, 반핵단체들이 처분장 건설 반대에 힘을 합쳤다. 시에라 클럽Sierra Club, 그린피스 북서부 지부Greenpeace Northwest 2, ⟨HEAL⟩, ⟨사회적 책임을 위한 의사들⟩Physicians for Social Responsibility

---

2. [옮긴이] 미국에서 '북서부'는 워싱턴, 오리건, 아이다호 3개 주를 가리키는 표현으로 흔히 쓰인다.

같은 단체들은 다양한 전략을 활용해 핸퍼드가 처분장 부지로 선정되는 것을 저지하려 했다. 그들은 마을회의를 열고, 팜플렛과 소식지를 배포했으며, 공동체 교육 프로그램의 일환으로 포럼을 개최했다. 시민들은 부지 선정 과정에서 나온 기술 보고서들을 이용해 선정 과정을 비판하고 공청회에서 발언할 증언 내용을 발전시켰다. 몇몇 단체는 법적 조치를 동원해 워싱턴 주가 DOE와의 최종 계약을 맺지 못하게 막았다. 최종 계약은 DOE가 핸퍼드를 부지로 선정했을 경우 워싱턴 주가 처분장 운영에서 담당할 역할을 정의하고 있었다(Graydon, 1985). 스포케인 시는 90번 주간 고속도로^{Interstate 90}를 통해 핸퍼드로 폐기물을 운송하는 것에 반대하는 결의안을 채택했다. 이 도로는 수많은 병원, 고등학교, 상업지구 옆을 지나가고 있었다.

1985년에 핸퍼드가 처분장 최종 후보지 세 곳 중 하나로 결정되자 처분장에 대한 반대는 더욱 거세어졌다. 처분장 부지로서 핸퍼드에 대한 환경평가 초안이 발표된 다섯 차례의 DOE공청회에는 수백 명의 사람들이 참석했다. 트라이시티 지역에서는 계속 지지의 목소리가 나왔지만 대다수의 주민들은 선정에 반대하는 발언을 했다.

많은 사람들은 핵폐기물 처분장 논쟁을 두고 정치가 과학을 전복시킨 사례로 보지만, 처분장은 원래부터 정치적인 문제였다. 수십 년간에 걸쳐 핵 정책을 관장해 온 DOE는 처분장 부지를 기술적 근거에 따라 결정하겠다고 하면서 선정 작업에 착수했다. 처분장을 반대하는 사람들은 부지선정 과정을 정치적인 것으로 이해했고, DOE가 원하는 바를 얻기 위해 써먹으려 한 권력과 권위에 저항했다. 이는 DOE와 핸퍼드 지지자들의 관점과 상반되는 관점을 언론에 제공했다. 시민들은 DOE가 핸퍼드를 처분장 부지로 활용하는 것을 정당화하는 데 사용한 기술 데이터의 결함을 부각시킴으로써 DOE의 권위를 깎아내리는 데 성공을 거뒀다. 결국 워싱턴 주에서의 논쟁은 기술 그 자체에 관한 것임과 동시에 DOE와 다양한 이해집단 사이에서의 정치적 관계에 관한 것이기도 했다.

핸퍼드 역사 문서

이해당사자들이 핸퍼드 문서들을 공개하도록 DOE에 압력을 가하고 있을 무렵, 신문에는 핸퍼드 지역의 일부 주민들이 품고 있는 우려를 다룬 기사들이 실렸다. 다운윈더[3]라는 이름으로 알려진 이러한 주민들은 핸퍼드에서 날아온 방사능 물질에 노출되어 가족과 친지들이 병들어 죽어갔다고 믿고 있었다(Steele, 1985). 1985년에 〈HEAL〉과 〈사회적 책임을 위한 의사들〉의 스포케인 지부의 후원으로 회의가 열린 후, 핸퍼드의 DOE 책임자 마이크 로렌스는 핸퍼드의 안전성을 입증하기 위해 핸퍼드 문서들을 공개하는 데 동의했다.

1986년 2월 27일, DOE가 핸퍼드 역사 문서를 공개하는 자리에서 마이크 로렌스는 성명을 발표했다. "우리가 수행한 환경 모니터링은 40년이 넘는 운영기간 동안 핸퍼드에서 유출된 방사능으로 인해 건강에 눈에 띄는 영향이 나타난 적은 분명 없었음을 말해 준

---

3. [옮긴이] downwinder, '바람이 불어가는 쪽에 사는 사람들'이라는 뜻.

다"(Connor, 1986에서 인용). 그로부터 1주일 후, 신문들은 1949년에 대략 5,500퀴리의 방사성 요오드가 계획적으로 방출되었음이 문서를 통해 폭로되었다고 보도했다. DOE는 북서부 지역 출신 의원들에 대한 브리핑을 통해 1945년부터 1946년 사이에 핸퍼드에서 대략 50만 퀴리의 방사성 요오드가 유출되었다는 사실을 시인했다(Steele, 1986).

수개월 동안 주 정부 관리, 기자, 시민 활동가들은 문서들을 샅샅이 훑으면서 핸퍼드에서의 방사능 유출에 관한 폭로를 계속해서 이어갔다. 이러한 폭로가 미친 파장과 자체적인 검토 작업을 통해 워싱턴과 오리건 주지사가 소집한 패널은 두 가지 연구를 수행하도록 권고했다. 하나는 핸퍼드에서 실제 유출된 방사능을 추정하기 위한 노출량 재구성dose reconstruction 연구였고, 다른 하나는 핸퍼드로부터 대기 중으로 방출된 방사능 물질이 그에 노출된 사람들의 갑상선에 미쳤을 가능성이 있는 건강 영향에 대한 연구였다(Rutten-ber & Mooney, 1987). 두 가지 연구에 더해서는 재정이 지원되었으며 현재 완성 단계에 와 있다. 이러한 연구들과 정부에서 지원한 다른 두 가지 활동은 시민들이 기술적 문제에 관한 의사결정에 참여하는 다양한 방법들을 잘 보여 준다.

핸퍼드 환경 노출량 재구성 프로젝트

핸퍼드 환경 노출량 재구성Hanford Environmental Dose Reconstruction, HEDR(이하 HEDR로 표기) 프로젝트는 1944년부터 1972년까지 핸퍼드 공장에서 유출된 방사능 물질에 의해 대중이 어느 정도의 방사능에 노출되었는지를 추정하는 작업으로 1988년에 시작되었다. 1995년 12월까지는 독립 과학자들, 주 정부와 부족의 대표들, 일반 시민 한 명으로 구성된 기술조정패널Technical Steering Panel, TSP이 프로젝트를 감독했다. 연구가 완성 단계에 다다른 지금은 HEDR 임무완성작업 그룹Task Completion Working Group의 감독을 받고 있다.

이러한 조직 구성은 대중이나 ─ HEDR 프로젝트에서 기술적 용역 연구를 맡은 ─ 바텔 퍼시픽 노스웨스트 연구소Battelle Pacific Northwest Laboratories의 과학자들 모두에게 생소한 것이었다. 이 과학자들은 기술조정패널처럼 독립적인 그룹에 의해 연구를 감독받은 적이 한번도 없었다. 기술조정패널의 위원들 역시 HEDR 프로젝트 기간 동안 받은 것과 같은 공공의 검토를 이전에 경험해 보지 못한 사람들이었다. 바텔은 핸퍼드의 용역업체였던 탓에 대중에게 전혀 신용을 얻지 못하고 있었다. HEDR 프로젝트의 기술 감독으로서 기술조정패널은 시민들의 존중을 얻어야만 했는데, 기술조정패널이 DOE로부터 자금을 얻어 바텔을 용역업체로 쓰고 있었음을 감안하면 이는 만만치 않은 과제였다.

1988년 11월에 열린 기술조정패널의 4차 회의에서 〈HEAL〉의 연구책임자인 짐 토머스는 신용에 대한 우려를 제기했다. 그는 기술조정패널이 공개 연구에 대한 약속을 이행하지 않고 있다고 말했다. 핸퍼드에 사는 다운윈더인 주디스 저지는 기술조정패널에 이렇게 상기시켰다. "어떤 비밀주의도, 기밀 분류된 정보도, 언론이나 시민단체의 배제도 있어서는 안됩니다. 데이터를 얻게 되면 즉시 대중에게 공개해야 합니다"(Niles, 1996, p. 16에서 인용).

그러나 기술조정패널 위원들은 대중의 접근을 제한하는 몇몇 정책과 절차들을 이미 정해놓고 있었다. 통상적인 방식으로 과학 연구를 진행하기 위해 기술조정패널은 동료들과 과학적 결과를 토론하는 데 활용할 작업 세션을 계획했다. 그러나 일반 시민 한 명이 대중에게 공개되지 않은 작업 그룹의 참관을 희망하자 기술조정패널 의장 존 틸은 정책을 뒤집어 버렸다. 그는 HEDR 프로젝트가 과학적 연구가 아니라 공공적 연구임을 인식했다. 그는 이렇게 회고했다.

이 모든 일의 결과로 나는 대단히 힘든 자기 반성의 시간을 거쳤음을 말해두고 싶다. 나는 이 문제에 관해 나 자신의 태도를 변화시켰고, 앞으로 개방성의 문제를 어떻게 생각해야 하는가에 관한 사고방식도 바꾸었다. …… 만약 일반 시민들이 내가 하는 활동을 점검하고 나와 대화를 나누기를 원한다면 그곳에 출석해서는 안 될 이유는 결단코 아무것도 없다. 난 일반 시민의 출석을 막는 그런 일을 결코 해 본 적이 없고, 그런 생각조차 해 보지 않았으며 어딘가에 적어 두거나 하지도 않았다.(Niles, 1996, p. 19에서 인용)

결과적으로 대중참여는 패널의 업무에서 큰 부분을 차지하게 되었다. 모든 회의는 대중에게 공개되었고, 업무 회의 동안에도 대중의 의견개진 시간을 두었으며, 대중의 비판과 우려에 대해서는 패널 위원들이나 용역업체에서 답변해 주었다. 기술조정패널은 공공 영역에서 과학을 수행하는 새로운 과업을 달성함과 동시에, 엄격한 공공의 검토도 경험했다. 〈HEAL〉 같은 단체들은 감시자 역할을 했고 대중에게 비판적인 정보를 제공했다.

프로젝트 1단계가 끝날 무렵에 〈HEAL〉은 HEDR 프로젝트의 작업에 중대한 결함이 있음을 지적했다. 한 가지 예를 들면, 기술조정패널이 플루토늄과 루테늄 분진의 방출이 갖는 중요성을 평가하기 위해 더 많은 연구가 필요하다는 사실을 인지하고 있었는데도 작업 계획에서는 역사 문서들이 제시한 문제의 심각성이 경시되었다. 〈HEAL〉은 HEDR 프로젝트를 관장하는 연방기구인 질병통제예방센터Centers for Disease Control and Prevention, CDC에 항의했다. 〈HEAL〉은 이 분진 문제에 관한 좀더 적극적인 검토를 요청했고 결국 그것을 얻어냈다.

핸퍼드 갑상선 질환 연구

패널이 권고한 두 번째 연구는 핸퍼드 갑상선 질환 연구Hanford Thyroid Disease Study, HTDS(이하 HTDS로 표기)였다. 1988년에 미 의회는 1944년과 1957년까지 핸퍼드에서 대기 중으로 유출된 방사능 물질들에 노출된 사람들 사이에 갑상선 질환이 증가했는지 여부를 조사하기 위한 연구를 지시했다. 연구에 사용된 프로토콜은 폭넓은 전문직 동료 평가와 대중의 평가를 거쳤다.

과학자 공동체와 시민들이 제기한 우려 중 하나는 연구 참가자들을 처음에 검사할 때 갑상선 초음파검사를 하지 않는다는 것이었다. 한 핸퍼드 활동가는 HTDS 책임 연구자들을 만났지만, 연구자들은 그가 초음파검사 절차를 사용하지 않기로 한 자신들의 결정에 의문을 제기할 만한 자격이 없다며 무시했다. 이 활동가는 심란함을 느꼈지만 이에 굴하지 않고 연구를 지원하고 있는 질병통제예방센터에 연락했다. 다른 심사자들이 같은 문제를 제기하자 질병통제예방센터는 이 문제를 논의하기 위한 전문가 패널을 소집했다. 이 모임에서 공식 권고안이 나온 것은 아니었지만, HTDS 운영팀은 모든 연구 참가자들에게 갑상선 초음파검사를 실시하겠다는 제안서를 질병통제예방센터에 보냈다. 1992년 9월, 질병통제예방센터 자문위원회는 HTDS에 갑상선 초음파검사 결과를 포함시키는 데 만장일치로 합의했다(Hanford Thyroid Disease Study, 1992).

핸퍼드 건강 영향 소위원회

현재 핸퍼드에 관한 의사결정에서 시민참여의 마지막 사례는 핸퍼드 건강 영향 소위원회Hanford Health Effects Subcommittee, HHES이다. 이는 연방 정부의 승인을 얻은 기구로, 핸퍼드와 연관된 연구와 공중보건 활동에 관해 독성물질질병등록국Agency for Toxic Substances and Disease Registry, ATSDR과 질병통제예방센터에 자문하는 역할을 맡고 있다. 소위원회는 북서부 지역 곳곳에서 일 년에 수차례 모임을 갖는다. 소위원회의 위원들은 노동자, 다운윈더, 보건의료, 과학, 환경단체와 핵산업 등을 포함하는 다양한 이해당사자들을 대표한다. 패널에서 나온 다양한 견해들은 활기차고 때로는 논쟁적인 토론을 가능케 해주지만, 궁극적으로 과학 프로젝트의 개발에 참여할 책임을 지는 것은 시민들이다.

소위원회는 1995년에 생겨난 이후, 1940년부터 1952년 사이에 핸퍼드의 태아사망 및 영아사망률을 분석한 독성물질질병등록국의 연구를 검토하고 승인해 주었다. 핸퍼드 건강 영향 소위원회는 핸퍼드에서 나온 요오드-131에 노출된 사람들에 대한 의료 모니터링 프로그램과 하부목록을 개발할 것을 독성물질질병등록국에 권고하고 도움을 주었다. DOE가 의료 모니터링 프로젝트의 추정 예산 1,300만 달러 중 처음 5백만 달러를 지원하기로 했는데, 실제 예산 지원은 이뤄지지 않았다.

1998년 봄에는 핸퍼드 건강 영향 소위원회 위원인 핸퍼드의 다운윈더 트리샤 프리티킨이 DOE에 소송을 제기해 의료 모니터링 프로그램에 예산을 지원하도록 압박했다. 프리티킨의 소송 제기는 핸퍼드의 부지 정화를 관장하는 〈수퍼펀드 Superfund 법〉4에 의거한 것이었다. 그러나 에드워드 셰어 판사는 정부의 주장과 의견을 같이해 소송을 기각했다. 정부는 DOE가 통치권적 면책sovereign immunity의 적용을 받으며, 따라서 1만 4천여 명의 다운윈더들이 요구하는 의료 모니터링에 1천 3백만 달러에 달하는 돈을 강제로 지불하도록 소송을 당할 수는 없다고 주장했다. 1999년 봄에 프리티킨은 기각에 대해 연방 지방법원에 항소했다.

---

4. [옮긴이] 1980년 미 의회가 제정한 〈포괄적 환경 대응 · 보상 · 책임법〉(Comprehen sive Environmental Response, Compensation, and Liability Act)을 흔히 줄여 부르는 표현이다. 유해물질로 인해 공중보건이나 환경이 위협받을 때 이를 정화할 포괄적인 권한을 연방 정부에 부여했으며, 독성물질질병등록국도 이 법에 따라 생겨난 조직이다.

결론

핸퍼드에서의 의사결정 과정에 대한 대중참여의 출현은 서서히 발달해 온 과정이었다. 핸퍼드는 고질적으로 반복되는 재난과 같았다. 이러한 재난은

서서히 점진적으로 강해졌고, 사람들이 쳐놓은 방어막을 부수고 들어가기보다는 그 주위로 슬금슬금 스며들었다. 사람들은 이러한 위협에 대해 통상적인 방어수단을 동원할 수가 없었다. 사람들이 의식적 혹은 무의식적으로 문제를 무시하는 길을 택한 경우도 있었고, 위협의 성격에 대해 잘못된 정보를 전달받은 경우도 있었으며, 어떻게 하더라도 문제를 피할 방도를 찾을 수 없는 경우도 있었기 때문이다. (Erickson, 1976, p. 255)

핸퍼드의 운영을 둘러싼 비밀주의의 장막이 걷히면서, 핸퍼드와 관련된 의사결정에 대한 참여를 요구하는 대중의 압력이 커졌다. 군사력과 진보의 상징에서 위험의 상징으로 핸퍼드에 대한 인식이 변화함에 따라 시민들은 핸퍼드에 관한 정보를 억누르고 감춰 온 정책들에 반대하는 집단행동에 나설 힘을 얻게 되었다.

이 글에서 제시한 핸퍼드의 사례연구에서, 시민들은 어떤 과학기술정책이 공중보건과 환경에 위험을 야기할 수 있는지 판단하는 데서 적극적인 역할을 할 수 있는 능력과 그러한 정책을 바꾸는 작업을 담당할 수 있는 능력을 보여 주었다. 정부는 사회적 가치와 기

술적 데이터를 융합시킨 정책을 만들어 내기 위해 시민들과 전문가들을 한데 불러 모았다. 그러한 정책들은 시민들의 참여 없이 개발된 정책들에 비해, 해당 정책으로부터 가장 많은 영향을 받는 사람들에게 도움이 될 가능성이 더 높다. 정책 과정에 대한 대중의 참여와 감독은 제도화된 방법이나 집단행동, 그 어느 쪽을 택하더라도 "공공"정책의 대중적 수용성을 강화시키는 데 기여할 것이다.

5장

인간 복지와 연방 과학

그 관계는 어떠한가?

대니얼 새러위츠

이 짧은 논문은 연방 정부의 지원을 받는 과학의 조직적 기원이 미국의 연구 체제가 인간 복지에 기여하는 능력에 어떻게 영향을 미치는지 살펴본다. 나는 (개인과 집단의) 복지가 다음과 같은 몇 가지 구성요소들을 갖는다고 정의한다. 1) 생존에 필요한 모든 기초적 욕구의 충족, 2) 인간 존엄성의 성취 및 보존, 3) 시민과 도덕적 주체로 어느 정도 공평한 장에서 활동할 수 있는 자격.[1] 내 주장의 핵심은 연방 연구 체제의 냉전적 기원과 이 체제가 의존하는 철학적 기반으로 인해 인간 복지에 대해 일련의 긴장과 도전이 빚어지

---

[1] 이 중에서 두 번째와 특히 세 번째 요소가 정확하게 의미하는 바가 무엇인지는 계속 논쟁이 있었고 앞으로도 계속 그러할 것이다. 그러나 이러한 논쟁은 종종 상호 배타적인 개념들 사이의 경합이라기보다는 서로 합의된 변수들간에 균형을 맞추는 일에 좀더 가깝다.

고 있으며, 현재와 같은 연구 체제는 이와 같은 긴장과 도전을 일관성 있게 다룰 수 없다는 것이다. 이러한 긴장은 과학이 예측의 확실성과 기술적 통제를 달성함으로써 사회에 이득을 주는 것을 목표로 하는 반면, 자연과 민주주의가 갖는 생명력은 예측가능성과 통제가능성의 결여에서 비롯된다는 사실에 많은 부분 기인한다. 이 글에서는 먼저 (미국) 연방 과학의 조직 형태를 살펴본 후, 인간 복지를 전지구적 맥락에서 다룰 것이다. 이렇게 논의를 전개하는 것은 한편으로 미국이 지금까지 가장 많은 과학적 성과를 내온 국가이고 또 다른 한편으로 과학이 사회에 주는 영향이 전지구적 성격을 갖기 때문이다.

냉전적 기원

현재와 같은 미국의 과학기술 체제를 조직하는 데 있어 군대가 수행한 역할은 아무리 강조해도 지나치지 않다. 2차 세계대전이 끝난 후부터 소련이 스푸트니크를 쏘아올린 1957년까지, 연방 자금이 지원된 연구의 80퍼센트 이상이 국가 안보상의 필요라는 명목으로 정당화되었다. 미국식 연구중심대학의 창설과 미국의 경제성장에서 핵심에 위치한 기술집약 산업의 폭발적 성장은 국방부 자금지원의 직접적이고 강한 영향을 받았다. 여기에 더해 스푸트니크 발사 이후 민간 연구에 대한 국가적 지원을 늘려야 한다는 고도의 정치적 요구가 나타나면서, 이후 10년간 민간 연구에 대한 지원에서 가장 큰 몫은 여러 가지 측면에서 볼 때 냉전 시기 국방 연구의 기술적 부속물에 불과했던 유인 우주 프로그램이 차지하게 되었다. 예컨대 우주 여행에 필요한 정보 관리, 첨단 소재, 항법 및 제어 기술 중 많은 것들은 미국의 첨단기술 방위 시스템에도 응용할 수 있는 — 혹은 그로부터 빌려온 — 것이었다.[2]

1950년대 초에 접어들어 냉전 시기 미국이 자임한 지정학적 책임의 규모와 복잡성이 분명하게 드러나면서, 국방부와 고위 과학 행정가들 사이에서는 연구개발이 단지 특정한 무기 체계를 제공하는 데서 그치는 것이 아니라, 넓은 범위에 걸친 잠재적 국방 응용에서 미국의 군사적 우위를 유지할 수 있는 새로운 지식과 혁신, 기술적 전문성을 지속적으로 공급해 주는 것으로 점차 받아들여지기 시작했다. 과학-군대 연계는 전후 연구 체제의 모든 부문을 끌고 갔고 또 지탱해 주었다. 이 체제를 설계하고 만든 사람들의 시각에서 보면, 과학에서 중요한 기능적 구분은 기초과학과 응용과학의 구분이 아니라 기밀과학과 비기밀과학의 구분이었다. 지식생산 과정은 기초과학에 속한 특정 분과 학문의 기준이 아니라 군사적 필요에 따

---

2. 냉전 초기의 과학 예산에 관해서는 Office of Management and Budget, *The Budget of the United States Government, Fiscal Year 1999*, Historical Table 9.7(Washington, D.C. : Government Printing Office, 1998)와 National Science Foundation, *Federal Funds for Research and Development : Detailed Historical Tables, Fiscal Years 1951~1998*에서 정보를 얻을 수 있다. (후자는 www.nsf.gov/sbe/srs/nsf98328/start. htm에서 볼 수 있다.)
냉전 시기 과학기술의 정치사에 대한 연구는 많다. 그 중 볼 만한 것들은 다음과 같다. Leslie(1993), Zachary(1997), Norberg & O'Neill(1996), Lowen(1997), Sapolsky (1990), McDougall(1986), Kevles(1987), Sherry(1977).

라 명시된 결과를 기준으로 판단되었다. 대학은 상아탑이 아니라 민간기업과 여러 정부 기구들을 포함하는 국방 기계의 핵심 부속품으로 여겨졌다. 과학자에게는 지식의 최전선을 어슬렁거리는 괴짜로서의 역할이 아니라, 종종 이론가, 실험가, 엔지니어들을 모두 포괄하는 다재다능한 연구 집단 속에서 함께 작업하는 구성원으로서의 역할이 주어졌다. 입자가속기 같은 연구 도구가 기초물리학의 순수 연구라고 이름 붙일 만한 연구를 수행하는 데 쓰일 때도, 거기 들어가는 자금은 국방부와 원자에너지위원희의 지원을 받았다. 그러한 연구 도구는 군사적으로 응용될 수 있는 기술을 시험하는 소중한 기회였고, 냉전 시기에 차세대 무기를 만드는 데 기여할 과학자들을 훈련시키는 장소가 될 수도 있었기 때문이다.[3]

이러한 냉전적 기원으로부터 꽃을 피운 연구 조직에서는 물리과학이 주를 이뤘다. 이는 물리과학이 기술 개발에 기여한 역할에 의해 정당화되었고, 연구조직은 과학자들 — 정부 과학자건 아니건 간에 — 과 그들을 후원하는 연방 기구 사이의 의존 관계로 특징지어졌다. 이러한 조직 형태는 지금도 남아 있는데, 국방부, 미 항공우주국NASA, 에너지 연구를 담당한 일련의 기구들까지 세 개의 기구가 연구비를 계속 독차지하는 것에서 이를 볼 수 있다. 이 세 기구는 아폴로 프로그램이 정점에 도달했던 1965년에 연방 연구개발 예산의 거의 90퍼센트를 차지했고, 오늘날에도 모든 연방 연구개발 지출의 66퍼센트를 차지하고 있다. 대다수의 다른 연구 프로그램을 압도하

---

3. Ibid.

는 예산을 퍼부으며 미사일 방어 시스템 개발을 밀어붙이는 새로운 정치적 추동력이 나타난 것을 보면, 이러한 패턴이 앞으로 당분간 지속될 것임을 알 수 있다.[4] 심지어 대학에서도 전기공학, 컴퓨터과학, 재료과학 같은 많은 중요한 분야들이 현재 국방부의 자금에 의해 강력한 지원을 받고 있으며, 물리학은 원자에너지위원회의 후신인 에너지부로부터 계속 많은 지원을 끌어내고 있다(Wulf, 1998, p. 1803).

이러한 조직적 유산은 새롭게 등장한 쟁점과 문제들에 대해 당장 손에 잡히는 도구[물리학]를 적용하는 결과를 낳았다. 그러한 도구가 과연 적절한지에 대해 논란의 여지가 있는 경우에도 말이다. 베를린 장벽이 무너진 다음해인 1990년에 법률에 따라 설립된 거대 프로그램인 미국 전지구적 기후변화 연구계획U. S. Global Climate Change Research Program, USGCRP(이하 USGCRP로 표기)은 이를 잘 보여준다. USGCRP에서는 항공우주국NASA의 우주기술 프로그램이 데이터 수집 과정을 주도했고, 대기(와 정도는 덜하지만 해양) 과정 및 진화의 모델을 만들고 해석하는 물리과학적 접근법이 지배적이었다(cf. Subcommittee on Global Change Research, 1997). 반면,

---

4. 생의학과 보건 관련 연구는 연구비 지출에서 두 번째로 큰 요소로 회계년도 2000년의 연방 지출의 22퍼센트(비국방 연구의 46퍼센트)를 차지하고 있다. 1960년 이후의 연구개발 자료는 격년으로 발간되는 *National Science Board, Science and Engineering Indicators*(Washington, D.C. : National Science Foundation)와 매년 발간되는 *Intersociety Working Group, Research and Development*(American Association for the Advancement of Science)를 참고하라. 아울러 James Glanz, "Missile Defense Rides Again," *Science* 284 (April 16, 1999) : 416~420도 보라.

변화하는 전지구적 정책 환경 속에서 생태계와 사회 시스템의 동학 dynamics을 이해하기 위해 생명과학과 사회과학에 주안점을 두는 대안적(이며 비용도 좀더 저렴한) 프로그램도 쉽게 생각해 볼 수 있었다. 실제로 일각에서는 그러한 우선순위 재정립이 필요하다는 인식이 점차 나타나고 있다(cf. Lawler, 1998). 그러나 이러한 노력의 조직적·정치적 기반은 USGCRP가 계획될 당시에는 존재하지 않았다. 결국 기후변화에 대한 미국의 접근은 냉전 과학의 조직을 강하게 반영하게 되었다.

냉전이 과학의 우선순위를 결정하는 하향식 top-down 접근을 정당화했다면, 기초연구의 이데올로기는 과학자들이 동료심사와 그 외 다른 메커니즘을 통해 행사하는 전문가적 판단에 근거해 근본적 탐구를 향한 가장 유익한 방향을 스스로 결정하는 상향식 bottom-up 질서를 요구했다. 이러한 이데올로기는 국립과학재단과 NIH가 지원하는 연구를 통해 가장 성공적으로 이행되었다. 물론 자연의 최전선을 탐구하는 자율적 과학자의 이상은 현실 속에서는 크게 약화되었다. 자금을 어디에, 어떻게 할당할지에 관한 관료적·정책적 결정, 대학과 연방 연구소 같은 연구기관의 구조, 과학 그 자체의 분과적 편제 등이 영향을 미쳤다. 그러나 이러한 제약 속에서도 자연에 대한 근본적 지식의 상태가 연방 정부의 지원을 받지만 개별적 자율성을 갖고 행동하는 과학자들에 의해 놀라울 정도로 향상되어 왔다는 데는 의문의 여지가 없다. 심대한 제약이 존재하는 환경 속에서도 개인의 자율성이 행사될 수 있고, 과학은 발전할 수 있는 것이다. 예를 들어 냉전 기간 동안 대학 캠퍼스에서 기밀 군사 연구를 수행하는 것은 과학자와 엔지니어들이 자신이 선택한 것이면 어떤 연구든 자유롭게 추구할 수 있어야 한다 — 그것이 군사 기밀의 구속을 받는지 여부와 상관없이 — 는 주장에 의해 흔히 정당화되었다(Lowen, 1997, p. 144). 이보다 더 극단적인 경우는 스탈린 치하 소련에서 과학자들이 종종 투옥과 고문을 포함한 심한 정치적 박해를 받으면서도 생산적이고 때때로 세계적 수준에 도달한 기초연구 프로그램을 수행할 수 있었다는 데서 볼 수 있다(Graham, 1998).

계몽주의 프로그램

냉전이 추동한 하향식 조직과 개별 과학자들에 의해 부분적으로 결정되는 상향식 연구 궤적의 이와 같은 조합에서, 인간 복지는 어떻게 방정식에 투입될 수 있을까? 결국 과학이 인간의 필요를 충족시킬 수 있다는 약속은 민간의 연구를 공공자금으로 지원하는 것을 정치적으로 정당화하는 주된 요인일 것이다. 그러나 지난 50년 동안 이 질문은 과학의 혜택이 저절로 사회로 흘러들어갈 것이라는 가정과 단언에 의해 종종 회피되어 왔다. 근본적 지식의 꾸준한 축적, 혁신적이고 유익한 신기술의 개발, 과학기술의 산물을 사회로 도입하는 시장 경제의 활동에 따라 자연스럽게 혜택이 나타난다는 것이었다. 이러한 견해를 좀더 밀고가 보면, 베이컨과 데카르트에서 제퍼슨과 볼테르에 이르는 위대한 계몽주의 사상가들이 제창하고 옹호했으며, 버니버 부시의 유명한 보고서 『과학, 그 끝없는 최전선』

Science, The Endless Frontier(Bush, 1960/1945)에서 현대적인 모습으로 재구성된 과학의 **프로그램**(이는 사회과학자들이 선호하는 용어이기도 하다)이 상상했던 것 이상의 성공을 거뒀다고 주장할 수 있다. 이 프로그램은 인류의 혜택과 진보를 위해 자연의 법칙에 관한 과학지식을 자연 그 자체에 대한 기술적 통제와 연결시킬 것을 지시했고, 냉전 시기 미국 과학의 조직에 의해 가장 포괄적이고 성공적인 형태로 이행되었으며, 오늘날 다양하고 복잡한 현대적 연구 체제의 모든 층위에 — 그리고 산업사회 전반에 걸쳐 — 내면화되었다. 폴리오 백신, 수소폭탄, 트랜지스터의 발명, 복제양 돌리, 세계 체스 챔피언 개리 카스파로프가 컴퓨터 딥 블루Deep Blue에 패한 것까지 이 프로그램의 정점을 나타내는 상징은 사람마다 다를 수 있겠지만, 전체적인 요점은 분명해 보인다. 오늘날 인간사는 모든 수준과 규모에서 과학에 기반을 둔 기술, 그리고 그것이 발생시키는 경제 활동에 의해 매개되고 있다는 것이다. 이러한 성취를 두고 인간이라는 종(더 나아가 자연[Ausubel, 1996])에 대한 구원이라고 보는 낙관론자들이 있는가 하면, 이를 현재진행중인 재난으로 그려내는 비관론자들도 있다. 그러나 그런 현상이 나타나고 있다는 관찰 자체를 문제삼는 사람은 거의 없다.

우리가 유토피아에 도달했다고 주장하는 사람도 그리 많지 않다. 그러나 인류에게 있어 어떤 바람직한 유형의 정상상태 조건 — 완전히 안정된 것은 아니지만 — 이 실제로 가시권 내에 들어왔는지도 모른다는 생각은 낙관론자와 비관론자 모두를 사로잡고 있다. 이러한 생각은 환경적·경제적 지속가능성의 가념, "역사의 종언"이라는 정치적 이상, 자연을 무한한 풍요의 뿔로, 또 인간의 수명을 무한정 연장가능한 것으로 바라보는 기술주의적 전망 속에 담겨 있다. 그러한 야심들이 진지하게 받아들여지고 동시에 요즘처럼 닳고 닳은 시대에 존재할 수 있다는 사실은 계몽주의 프로그램이 야심을 실현했음을 강하게 확인시켜 준다.

그러나 자연과 민주적 거버넌스 양자 모두의 현실은 계몽주의 과학 프로그램에 담긴 중대한 긴장을 드러낸다. 자연의 경우 핵심을 이루는 역설은 과학기술로 인해 통제의 규모가 계속 커지면서 불확실성과 잠재적 위험의 영역도 커지고 있다는 것이다. 생태학자 C. S. 홀링은 "우리가 다루는 [자연] 시스템에 대한 지식은 항상 불완전하다"고 썼다. "깜짝 놀라는 것을 피할 수는 없다 …… 그 속에는 예측불가능성과 인식불가능성이 내재해 있다. …… 핵심적인 요지는 진화하는 시스템이 사회적 목표를 충족시킴[즉, 인간이 얻는 이득의 통제]과 동시에 변화하는 조건에 대한 수정된 이해를 계속해서 얻어 내고 적응과 놀라운 사건들을 위한 유연성을 제공하는 정책과 행동을 필요로 한다는 것이다"(Holling, 1995, pp. 13~14). 인간의 이득을 위해 과학에 기반한 기술로 자연을 통제하는 것은 계몽주의 프로그램의 특징이었지만, 이러한 통제는 사회와 자연 사이의 연계를 끊고, 그러한 연계가 부과하는 위협과 불확실성에서 벗어나, 식량 생산부터 인지 과정까지 모든 활동에서 인간의 노력에 부과된 자연적 한계를 극복하는 것을 목표로 했다. 홀링은 이러한 목표 — 자연의 변덕으로부터 자유로워지는 것 — 가 달성불가능한 것임을 통찰력 있게 보여 줬다. 왜냐하면 자연 시스템을 통제하려는 바로 그 행위가 시스템의 동학에서 예측불가능성을 증가시키는 새로운 변수를 도입하기 때문이다. 이러한 통찰은 생태 계를 "관리"하려는 실패한 노력들에서 되풀이해 확인되었다. 따라서 — 인류의 생존이 거기 달려 있는 — 복잡한 자연 시스템을 보호하그 보존하기 위해서는 통제에 대한 기대를 포기하고 우리의 행동이 자연에 야기하는 결과는 결코 예단할 수 있는 것이 아니라는 인식을 가져야 한다. 1985년에 남극 상공에서 전혀 예상치 않게 오존 구멍을 발견한 사건은 이 문제를 극명하게 보여 주는 사례이다. 염화불화탄소 냉매를 사용해 국소적 환경을 통제하려 애쓰는 과정에서 지구 표면을 자외선 복사에서 보호해 주는 성층권의 일부를 교란시켰던 것이다. 인간의 활동 규모가 점점 커지면서 이와 같은 놀라운 사건들은 점점 흔하게 일어날 것이라 보아야 한다.

민주주의와 계몽주의 과학 프로그램의 관계도 비슷하지만, 그에 대한 인식과 이해는 더 미흡하다. 흔히 민주주의를 쟁취하기 위해서는 "끝없는 경계"가 요구된다고들 한다. 민주주의 사회는 아이디어, 원칙, 도덕 사이의 경쟁에서 독점이 생겨나지 않도록 계속 경계해야 한다는 뜻이다. 경쟁은 그 자체로 민주주의의 존재에 핵심적인 역할을 한다. 경쟁이 없으면 과두제나 독재 체제가 도래한다. 인류 문명은 "훌륭한" 사회와 그 시민들을 특징짓는 핵심 덕목들 — 자유, 정의, 평등, 지혜, 자비, 관용, 절제, 공유 등 — 을 둘러싼 현재진행형의 담화로 점철돼 왔지만, 이러한 덕목들간의 완벽한 유토피아적 균형을 묘사하는 평형 방정식 같은 것은 앞으로도 결코 존재할 수 없을 것이다. 갈등은 불가피하고 필수적이며, 타협이 계속해서 이뤄져야 한다. 정의는 자비로, 자유는 절제로 누그러뜨려야 한다. 이러한 투쟁은 일련의 사회적·정치적 합의를 통해 진전된다. 이러한 합의는 사리에 맞되 엄격한 합리적 잣대를 들이밀지는 않고, 실용적이되 깔끔하지는 않은 과정 속에서 논의를 거쳐 도달해야 한다. 사회이론가 필립 셀즈닉은 시민사회에서 "궁극적 종결이란 없다"고 썼다. "왜냐하면 가치는 실존적 조건을 반영하는데, 이는 항상 변할 수 있기 때문이다. …… 이성은 인간 행동의 유혹과 한계를 염두에 둔다. 따라서 이성은 자기비판적이고 자기제한적이다. 이처럼 완화된 결과는 미결정성indeterminacy의 원천이기도 하다. …… 확실성은 이성의 제단에서 희생된다"(Selznick, 1992, p. 61~62).

미결정성이 민주주의에 불가피할 뿐 아니라 — 극복하기보다는 끌어안아야 하는 어떤 것으로서 — 핵심적인 것이기도 하다는 사실은 성공을 가장 잘 정당화해 주는 척도가 예측의 확실성과 자연에 대한 통제인 과학적 세계관과는 잘 들어맞지 않는다. 오늘날 민주주의가 의존하게 된 물질적 복지와 기술적 하부구조를 창조해 내었음에도 불구하고, 계몽주의 과학이 민주주의 과정에 갖는 의미는 불분명해 보인다. 여기서 문제는 과학기술이 (종종 피통치자의 동의 없이) 사회 구조를 끊임없이 바꾸고 있을 뿐 아니라, 지난 반세기 넘게 민주주의 과정을 명시적으로 향상시키는 일을 돕도록 — 정치적 논쟁을 해소하고, 행동의 우선순위를 정하고, 사회 변화를 관리하는 일을 돕는 식으로 — 요구받은 도구가 되었다는 것이다. 과학의 눈으로 보면 민주주의를 가능하게 하는 정치, 법, 관료제 같은 메커니즘들은 어지럽고 불합리할 뿐 아니라 과학적 교정을 요하는 것으로 보일 수 있다. 그러나 과학에 기반을 둔 확실성과 통제를 정치 영역에서 추구하는 것은 시민사회와 근본적으로 양립할 수 없는 종결closure을 요구하거나 이를 종용함으로써 민주주의의 이상과 갈등을 빚을 수 있다.

여덟 가지 문제

따라서 정확성, 결정성, 통제와 같은 과학의 이상은 복잡하고 진화하는 시스템 — 그것이 자연이건 민주주의건 간에 — 을 이해하고 관리하려는 사회의 노력과 심대한 갈등을 빚을 수 있다. 그렇다면 냉전 시기에 생겨난 조직 구조가 촉진한 계몽주의 과학 프로그램이 이전까지 상상할 수 없었던 지식의 폭, 통제의 정도, 풍요의 수준을 이뤄내는 데 도움을 주면서, 아울러 새로운 도전, 모순, 갈등을 드러내고 유발했다는 것은 그리 놀라운 일이 못 된다. 아마도 그 중 가장 두드러진 것은 자연이 전지구적인 것으로 변모했다는 데서 찾을 수 있을 것이다. 기후변동성(엘니뇨, 지구온난화), 질병의 이동(에이즈, 에볼라), 외래종(칡, 살인벌)과 같은 쟁점들은 전지구적 산업경제와 닫힌 계*이지만 무한정 복잡한 지구 시스템의 상호작용을 반영하고 있다. 인류 복지에 대한 직접적 위협의 범위는 불확실성이 남아 있음에도 압도적인 수준이다. 이러한 위협은 환경에 대한 통제를 준*독립적으로 행동하는 개인들에게 양도하는 데 초점을 맞춘 과학기술 프로그램이 자연과 사회의 좀더 높은 조직 수준에서 예상치 못한 골치 아픈 문제들을 낳고 있음을 보여 준다. 앞서 언급한 오존층 파괴가 그러한 문제들 중 하나이며, 계속되는 해수면 상승 역시 해안 지역으로의 인구 이동이 계속되면서 그 심각성이 더해 가고 있다. 전지구적 생태계 파괴의 누적적 효과는 재난을 가져올 수 있는 미지의 위협으로 나타난다. 그러한 문제들은 정의와 형평성이라는 근본적 쟁점들로 인해 더욱 복잡해진다. 전지구적 환경 문제가 미치는 악영향을 가난한 사람들과 가난한 나라들이 더 많이 경험하는 것은 분명하다. 그들은 변화하는 환경 조건에 대응할 수 있는 자원과 유연성이 부족하기 때문이다(cf. Sachs, 1996). 과학은 그러한 형평성의 고려를 연구의 우선순위에 통합시킬 수 있도록 조직되어 있지 않다.

이런 유형의 간극이 심각해지면서 두 번째 문제가 드러난다. 전세계 산업국가들의 풍요가 계속 증가하면서, (과학의 상업적 응용을 부추기는 시장 유인의 영향을 받는) 과학기술의 우선순위와 역량이 계몽주의 프로그램의 산물로부터 마땅한 혜택을 입지 못한 사람들 — 가난한 나라뿐 아니라 부자 나라에도 있는 — 의 기본적 필요로부터 점점 더 유리되고 있다는 것이다. 가장 분명한 사례는 생의학 연구이다. 미국의 생의학 연구는 분자 수준의 기능에 대한 근본적 탐구와 부유층 및 노년층의 질환에 대한 첨단기술 요법에 막대한 자원을 쏟아붓고 있다. 이러한 우선순위 설정은 대체로 영양학 연구와 같이 공중보건을 저비용(인 동시에 저수익)으로 향상시킬 수 있는 폭넓은 기회를 도외시하며, 개발도상국을 괴롭히는 보건의료 문제를 의미있게 다루지도 못한다(cf. World Health Report, 1996). 문제가 전지구적 규모인 경우에도 과학의 혜택은 부유한 사회에 더 많이 돌아갈 수 있다. 이러한 도덕적 동학이 충격적으로 드러나는 것이 에이즈의 사례이다. 선진국에서는 첨단기술과 고가의 약물 요법이 에이즈 환자들의 사망률을 떨어뜨리는 데 놀라운 성공을 거두고 있다. 그러나 개발도상국에서는 얘기가 완전히 다르다. 첨단 약물 요법의 비용을 댈 능력이 없는 많은 나라들에서 에이즈는 압도적인 공중보건상의 문제일 뿐 아니라, 경제적·사회적 전망까지 암울하게 만드는 현실적 위협이 되었다(Warrick, 1998, p. A2). HIV 바이러스를 분자 수준에서 이해하고 통제하는 것이 계몽주의 프로그램의 핵심이며, 연구비, 동료의 인정, 노벨상을 가져오는 명망 높은 과학이다. 반복컨대, 그러한 과학을 장려하고 보상하는 구조에서는 도덕적 명령에 대응해 연구 활동의 궤적을 바꿀 수 있는 여지가 없다.

셋째, 과학기술의 급속한 진보는 시민사회의 근본적 제도들 — 공동체의 구조나 민주주의 과정 그 자체를 포함하는 — 을 잘 이해되지도 못하고 쉽게 통제할 수도 없는 방식으로 변형시키고 있다. 뿐만 아니라 과학기술 진보의 빠른 속도로 인해 심대하고 종종 고통스러운 사회 전체의 변화가 역사상 그 어느 시기에 비해서도 더 자주 나타나고 있다. 근래 들어 미국에서 시민사회의 쇠퇴는 지식인, 정치인, 각 분야의 전문가들이 크게 우려를 표해 온 주제였다. 그러한 쇠퇴의 원인은 분명 복잡할 터이지만, 사회에 크게 영향을 미치는 기술들 — 전신, 전화, 자동차, 라디오, 텔레비전, 에어컨, 가정용 컴퓨터, 인터넷 등 — 이 연이어 등장해 확산되면서 공동체의 구조와 기능에 널리 불안정성을 가져온 것도 사실이다. 마찬가지로, 녹색혁명5은 불과 한두 세대만에 지구 전역에서 가족이 소유한 소규모 농장이라는 개념을 경제적·기술적으로 낡은 것으로 만들어 버렸다(적어도 정부 보조금이 없는 상황에서는 그렇다). 계몽주의 프로그램은 그러한 변화를 진보의 불가피한 대가로 받아들이는 사회적 합의를 뒷받침한다. 이 프로그램은 사회 전체의 복지라는 기준이 과학의 진보를 위한 정당한 지침이자 척도라는 생각을 받아들이지 못한다.

넷째, 이러한 변화 과정 위에는 기술의 진보가 일국 내에서, 또 국가들 사이에서 부의 불공평한 분배를 악화시킨다는 사실이 중첩돼 있는 듯 보인다. 많은 과학자와 엔지니어들, 많은 전화기, 컴퓨터, 대학, 첨단기술 회사를 보유한 국가는 이러한 자산을 갖고 있지 못한 국가보다 더 많은 아이디어, 더 많은 기회, 더 높은 생산성과 경제성장을 이뤄낼 수 있다. 이러한 종류의 성장은 자기영속적이며, 무엇보다도 지난 30년 동안 전세계의 산업국가들로 부의 집중이 크게 증가하는 결과 — 몇몇 동아시아 국가들의 놀라운 성장은 예외로 해야 겠지만 — 를 낳았다(cf. United Nations Development Programme, 1992). 이러한 현상은 새로운 지식이 주는 혜택이 전세계적인 것이라는 계몽주의 프로그램의 기본 교의와 모순되며, 과학지식과 기술적 통제가 전유가능한 상품임을 보여 준다. 실상 냉전 시기 과학의

---

5. [옮긴이] 녹색혁명(Green Revolution)은 20세기 중엽에 전통적 육종 방식으로 만들어 진 새로운 곡물 품종이 개발되고 화학비료, 농약, 각종 농기계 등 새로운 농업 기술이 도 입되면서 농업의 생산성이 획기적으로 향상된 사건을 가리킨다. 제3세계의 기아 문제 를 해소하겠다는 좋은 의도를 가지고 추진되었지만, 실제로는 중소 가족농을 몰락시키 고 대규모 기업농의 득세를 가져옴으로써 기아 문제를 도리어 악화시키는 결과를 낳은 것으로 평가된다.

조직은 그 본질에 있어 지식과 혁신의 전유를 통해 국가적 우위를 창출하는 것을 추구했다.

다섯째, 과학적 불확실성은 점차 정치적 교착 상태를 빚어내는 공통의 원인이 되고 있으며, 특히 환경 및 천연자원과 관련된 논쟁에서 더욱 그렇다. 전지구적 기후변화는 이러한 경향을 보여 주는 전형적인 사례이다. 지구온난화의 과학적 타당성에 대한 기술적 논쟁은 환경보호와 산업화 혜택의 분배에 관한 가치 논쟁의 대리전 양상을 띠게 되었다. 이와 관련이 있는 여섯째 문제는 사회의 여러 수준에서 인간의 의사결정과 관련된 기술적 정보의 양이 엄청나게 증가하고 이용가능성이 높아졌다 — 이러한 경향이 실제로 공공영역에서 더 큰 지혜와 더 나은 의사결정으로 이어지고 있다는 징후는 보이지 않지만 — 는 것이다. 이러한 두 가지 경향은 더 많은 과학 정보가 그 자체로 일련의 사회적 문제들에 대한 정치적 해법을 이끌어 내기에 충분하다는 계몽주의의 확신을 반영하고 있다. 그 결과 과학 논쟁은 의사결정을 내리기 위해 필요한, 그 밑에 깔린 가치 논쟁의 대리전이 되었고, "더 많은 정보"에 대한 요구가 효과적인 의사결정에 대한 요구를 대신했다.

일곱째, 연구 체제가 부분적으로 그 자신의 성공에 힘입어 골치 아프고 분열을 초래하는 윤리적 질문에 말려드는 경우가 점차 증가하고 있다. 가령 고등 생명체의 복제, 기술로 인한 프라이버시 침해, 유전물질의 특허 등록, 다른 문화권에서 이뤄지는 새로운 의약품의 임상시험 등을 둘러싼 윤리적 질문들이 그것이다. 그러한 질문들에는 종종 과학의 진보, 상업적 유인, 윤리적 규범의 충돌이 반영돼 있다. 예를 들어 개인의 프라이버시는 유전정보가 이용가능해지면서 위협받을 수 있다. 이러한 정보가 개인들에게 의료보험 내지 생명보험 혜택을 주느냐 거부하느냐의 근거로 쓰일 수 있기 때문이다(Hudson, Rothenburg, Andrews, Kahn, & Collins, 1995, pp. 391~393). 이와 같은 사례들에서 윤리적 갈등은 계몽주의 프로그램의 성공이 낳은 불가피한 부산물이다. 자연과 사회적 활동 모두를 통제하는 데 쓰이는 새로운 지식과 기법의 확산은 정치 과정을 통해 통제력을 행사하려는 민주주의 사회의 욕구와 심각한 긴장 관계를 이룬다. 이러한 갈등은 과학의 산물을 경제에 도입하는 것을 추구하고 그렇게 하는 능력을 제한하는 어떠한 노력에도 저항하는 자유시장이 작동함에 따라 더욱 악화된다.

마지막으로 연구자 공동체 스스로가 확신, 낙관, 사기의 붕괴를 점점 많이 보고하고 있으며, 특히 대학에서 심각하다. 이러한 현상이 일어나는 이유는 과학이 대중에게 책임을 질 것을 점점 더 많이 요구받은 데 따른 자율성의 상실, 과학자들을 현실 세계로부터 소외시키는 전문화의 심화, 인정과 자금 획득을 위한 동료간 경쟁의 심화에 따른 공동체의 와해 등으로 설명할 수 있다(cf. Pollack, 1997). 이러한 설명은 사회 속에서 과학자의 변화하는 역할과 계몽주의 과학의 몇몇 핵심 교의(가령 과학자들은 오직 과학 연구의 질을 통해서만 사회에 책임을 진다거나, 자연을 이해하는 확실한 길은 환원주의라거나, 개인의 생산성이 과학 진보의 핵심이라는 등) 사이에 긴장이 커지는 것을 암시한다.

이제 지금까지 지적한 문제들이 그 성격상 정치적, 사회학적, 경제적인 것이며, 따라서 이를 다루는 것은 많은 부분 과학의 능력 밖이라고 단언하는 것은 부당한 것이 아닐 수 있다. 반면 혹자는 사회 진보가 종종 느리고 정치는 불합리하고 힘들지만, 더 많은 과학기술— 계몽주의 프로그램의 연장—은 과거에도 그랬듯이 결국 이러한 장애물을 극복하고 올바른 방향으로 일을 계속 추진하는 데 도움이 될 거라고 생각할지도 모른다.

그러나 여기서 중요한 것은 단지 2차 세계대전 직후에 연방 과학기술 활동 전체가 이러한 문제들을 염두에 두지 않고 이뤄졌다는 것만은 아니다(당시에는 이러한 문제들 상당수는 아직 존재하지 않았거나 인식이 되지 못했다). 그에 못지않게 중요한 것은 오늘날 연구 활동의 조직 구조와 지식 산물이 이러한 문제들에 생산적으로 대처하기에는 적합하지 않은 경우가 많다는 것이다. 연구 체제를 인간 복지와 연결시키는 최선의 방법은 무엇인가라는 명시적 질문이 과학기술을 어떻게 조직해야 하는가를 둘러싼 정치적 논쟁 속에서 때때로 부각되긴 했지만, 결국에 가면 계몽주의 프로그램의 이행을 통해 그처럼 유익한 연결이 자동적으로 이뤄질 거라는 생각이 항상 승리를 거둬 왔다.

결과적으로 연방 과학이 인간의 복지와 어떻게 연결되어야 하는가에 대한 최근의 숙고는 대체로 계몽주의 프로그램의 수행을 어떻게 강화할 것인가—이 프로그램 자체에 의문을 품는 것이 아니라—라는 틀 속에서 이해되었다. 예를 들어 과학자 공동체와 그 수많은 옹호자들은 연구비 지원에 대한 대중의 지지를 계속 확보하기 위해 과학자와 대중의 "더 나은 의사소통"의 필요성을 크게 강조하고 있다. "시민의 과학자"civic scientist 내지 "시민과학자"citizen scientist라는 이상이 (지금은 대통령 과학 자문위원이 된) 국립과학재단 이사장 같은 과학계 지도자들의 주목을 받기 시작했다(Lane, 1996). 이러한 이상은 분명 칭찬받을 만하지만, 그것이 흔히 표현되는 형태를 보면 과학자 공동체로부터 대중에게 정보가 전달되는 통로를 그냥 넓히기만 하면 된다는 가정에 기반을 두고 있고, 좀더 근본적인 쟁점들— 정확히 어떤 유형의 정보가 제공되고 있는가, 또 대중이 지혜나 방향 인도의 측면에서 연구 체제에 무엇을 제공해야 하는가 — 은 무시하고 있다. 또한 전지구적 환경 변화, 생물다양성 보존, 에너지정책, 핵폐기물 처분과 같은 과학기술 관련 사안들에서 종종 나타나는 정치적 논쟁에 대한 해법으로 "건전 과학"sound science을 들먹이는 일이 잦아졌다. 위험평가risk assessment 같은 기술관료적 접근이 정치적 의사결정 과정을 합리화하기 위해 흔히 처방되고 있다(House Committee on Science, 1998). 반복컨대, 이러한 유형의 처방들이 효력을 발휘하는 상황이 없지는 않겠지만, 그럼에도 이는 냉전 시기에 받아들여진 과학기술 체제의 조직을 출발점으로 간주하고 있다. 그 대신 나는 민주주의와 자연이 작동하는 근본 현실에는 본질적으로 예측불가능성과 통제불가능성이 담겨 있고, 이는 냉전 메커니즘을 통해 계몽주의 프로그램을 계속 이행하는 것을 내재적으로 문제가 있는 것으로 만들고 있다고 주장하고자 한다. 이러한 어려움에 맞서기 위해서는 새로운 조직의 교의와 모델이 필요할 것이다.

과학과 복지의 새로운 연결

　　만약 과학의 조직이 사회적, 정치적, 경제적 과정 — 특히 미국과 소련의 갈등에 의해 영향을 받은 다면적이면서도 대단히 구체적인 우선순위와 같은 — 을 중대하게 반영하는 것으로 이해된다면, 앞에 언급한 여덟 가지 문제는 과학과 인간의 필요 사이의 새로운 연결이 만들어질 수 있는 현실을 정의하는 요소로 볼 수 있다. 이러한 새로운 연결 중 몇몇의 형태가 점차 분명해지고 있다. 이제 새로운 철학적 접근이 위대한 계몽주의 사상가들의 핵심적인 통찰과 경쟁하고 있다. 그 중에서 가장 두드러지고 논쟁적인 것은 과학의 사회적 연구social studies of science 분야에서 나왔다. 이 접근법은 과학자들이 작업을 하고 과학적 문제가 정의되고 다뤄지는 사회적·정치적 맥락에 중요한 빛을 비춰 준다. 그러나 이는 과학지식이 사회적으로 구성된다는 주장을 한다는 이유로 대다수 주류 과학자들 — 그리고 적지 않은 사회과학자들 — 로부터 매도와 거부를 당해 왔다. 내가 보기에 그러한 주장은 과학 그 자체에 대한 비판만큼이나 대수롭지 않은 것이다. 현실 세계에서 과학이 거둔 성공과 영향력은 그것의 방법과 철학적 기반이 타당한 것임을 충분히 뒷받침하고 있다. 설사 그것이 사회적, 정치적으로 구성되었다 하더라도 말이다. 데이비드 헐의 말처럼, "과학을 아무리 깎아내리더라도 과학자들이 스스로 한다고 주장하는 바로 그 일을 하고 있다는 사실을 부정할 수 없다"(Hull, 1988, p. 31). 그러나 이러한 성공은 필연적으로 계몽주의 프로그램, 그 중에서도 특히 과학지식을 자연의 기술적 통제에 적용하는 맥락 속에서 정의되어야 한다. 그렇다면 좀더 유익한 질문은 계몽주의 프로그램이 오늘날 사회가 직면해 있는 유형의 도전들에 얼마나 적절하게 부합하는지를 묻는 것일 터이다. 과학의 사회적 연구는 과학을 그것이 원래 속한 곳 — 고립된 주변부가 아닌 사회의 중심 — 에 위치시키는 데 도움을 주었고, 비록 원한을 사긴 했지만 이 질문에 주목함으로써 미래의 대안적 프로그램의 가능성을 높였다.[6]

좀더 실천적인 문제로, 민주주의 과정을 과학의 우선순위 및 실행의 확립과 더 잘 연결시킬 수 있는 메커니즘들이 과학자 공동체가 종종 완강한 반대 의사를 표명하는 속에서도 조금씩 발전하고 있다. 유럽에서는 지역 공동체가 과학기술 선택에 관한 결정을 내릴 기회를 제공하는 시민회의citizens conferences가 점차 효과적인 도구로 인식되고 있다. 미국에서는 종종 지역에서 일어난 결정적 사건을 계기로 조직된 환경 이해당사자 단체가 환경 딜레마를 해결하려 노력하는 과정에서 점차 전문가들의 기술적 논쟁을 대체, 보완, 흡수하고 있다. NIH는 생의학 연구비를 할당하는 과정에 좀더 폭넓은 시각을 도입할 수 있도록 몇몇 동료심사 패널에 환자들을 참여시키기 시작했다. 그리고 공동체기반 연구community-based research는 냉전 시기의 과학 조직에서는 상상할 수도 없었고 허용되지도 않았던 방식으로 과학자들을 지역 주민들과 지역의 문제에 연결시켜 주는, 아직은 초창기이지만 매우 전도유망한 메커니즘이다(cf. Sclove,

---

6. 이러한 아이디어를 소개하는 책으로는 Jasanoff, Markle, Petersen, & Pinch(1995)가 있다.

1995; Landy, Susman, & Knopman, 1999; Agnew, 1999; Sclove, Scammell, & Holland, 1998).

전통적인 과학 분야들을 나누는 장벽을 깨뜨림으로써 자연에 대해 좀더 통합적인 시각을 얻으려는 노력은 인지신경과학cognitive neuroscience이나 환경과학처럼 서로 다른 영역에서 다양하게 성공을 거두고 있다. 새롭게 등장하는 과정에서 대중적으로 널리 알려진 복잡성 과학 분야는 인간의 의식이나 경제 현상 같은 비선형 시스템을 이해하고 묘사하는 전통적 접근법의 내재적 한계를 인정한다. 협소하고 분과적이고 환원주의적인 탐구를 통해서는 자연을 이해할 수 없을 것이라는 인식이 과학계 전반에서 커지고 있다(cf. Cornwell, 1995).

지속가능성의 개념은 과학을 세대간 형평성이라는 교의에 기반을 둔 도덕적 개념틀에 명시적으로 연결시키는 새로운 진보의 척도와 새로운 연구 의제를 만들어 내고 있다. 지속가능성은 농업, 경제, 생태학, 공공정책 같은 다양한 분야에서 연구의 지침이 되었다. 복잡한 시스템에 대한 적응 관리adaptive management라는 개념은 그러한 (자연 내지 사회) 시스템이 예측불가능하며, 따라서 과학과 정책 모두가 언제나 오류를 범할 수 있고 수정될 여지가 있음을 시인한다. 적응 관리는 가치가 과학에 비해 대체로 덜 가변적이라는 사실을 인식하고, 그에 따라 과학에는 이미 내려진 정책적 결정이 미치는 영향을 평가하고 추적하는 역할을 부여한다. 과학은 예측을 제공함으로써 정책을 좌지우지하는 것이 아니라, 통찰을 제공함으로써 점진적인 민주주의 정책 과정을 수정하고 개선하는 도구가 되었다.

산업생태학industrial ecology은 생산, 소비, 폐기물을 별개의 흐름으로 보는 대신 제조와 에너지 사용을 일종의 순환으로 보며, 그에 따라 기술의 실현가능성을 판단하는 완전히 새로운 기준을 정의한다(cf. Lee, 1993; Graedel & Allenby, 1995). 지속가능성은 하나의 목표이고, 적응 관리는 그 목표를 향해 나아가는 정책 과정이며, 산업생태학은 그러한 정책 과정을 뒷받침하는 기술적 시각이다. 이렇게 연관된 개념들은 자연과 민주주의를 극복해야 할 장애물이 아니라, 모방하고 지탱해야 할 모델로 본다.

이를 비롯해 관련된 방향으로의 진전은 중요하고 전도유망해 보이지만, 관련된 과학 활동은 연방 과학 체제 전체로 보면 극히 적은 일부분에 그치고 있다. 이러한 방향의 시도는 흔히 고립되어 있고, 많은 경우 선견지명과 활동력을 가진 개인들이 행동한 결과로 나타나고 있다. 성공을 거둔 실험이 성장해서 전파될 수 있는 제도적 구조는 거의 갖춰져 있지 않다. 연구비 지원과 보상 체계는 과학과 인간 복지의 연결을 더 강하게 하려는 사람들에게 여전히 부정적으로 작용한다.

물론 냉전 시기의 조직적 관성을 몰아내는 것이 쉽지 않다는 문제가 있다. 그렇게 하려면 많은 시간과 지속적 노력이 필요할 것이다. 또 다른 문제는 계몽주의 프로그램의 지적 모델 — 더 많은 과학과 더 많은 통제는 본질적으로 항상 더 나은 복지를 가져온다 — 이 너무나 단순하고 명쾌해서 좀더 미묘한 차이를 보여 주는 모델로 대체하기가 쉽지 않다는 것이다. 그러나 계몽주의 프로그램이 야기한 긴장의 완화를 추구하는 대안적 과학 조직을 구성할 요소들에 대해 몇 가지는 지적할 수 있다. 이러한 새로운 조직은 연구 우선순위를 결정하기 위한 토대로 과학자들과 그들이 봉사하고 있는 사람들 사이의 의미있는 상호작용을 촉진하는 새로운 유형의 제도로 우리를 이끌고 갈 것임이 분명하다. 새로운 조직은 연구 프로그램을 조직할 때 과학의 분과학문이 아닌 복잡한 현실 세계의 문제를 중심으로 삼을 것이다. 기초연구 대 응용연구 같은 인위적 분류는 무의미한 것으로 여겨져 포기될 것이고, 사회과학과 자연과학의 경계는 점점 더 투과성이 커질 것이다. 과학적 탁월성의 척도는 과학적 결과뿐 아니라 사회적 결과에도 초점을 맞추게 될 것이다. 과학자들과 과학 행정가들은 자연과 민주주의의 복잡한 미결정 구조가 적응관리나 산업생태학에서 볼 수 있는, 연구에 대한 새로운 조직적 접근의 기초가 되어야 한다는 생각을 내면화할 것이다.

이를 비롯해 관련된 속성들로 특징지어지는 과학 조직으로 전환하는 것은 무엇보다도 정치적 선견지명과 의지의 문제이다. 여기서 강조해 둘 것은, 냉전 과학의 "황금기"라는 신화가 개별 과학자들에게 풍부한 연구비가 주어지고 과학자들은 결과가 어떻게 나오든 흥분되는 새로운 지식을 자유롭게 추구하는 상을 그려냈지만, 이러한 낙원 아래 깔린 좀더 거시적인 진실은 국방부가 희망했던 특정한 결과 — 소련에 대한 승리 — 를 얻어 내기 위해 거대하고 통합된 지식 생산 체제를 구축한 결과였다는 것이다. 마찬가지로, 과학과 인간 복지 사이에 좀더 강한 연계를 만들어 내는 것 역시 희망하는 결과에 대한 분명한 정의를 필요로 하는 조직적 도전이자 그러한 결과를 성취하기 위한 지적 활동의 동원이라는 틀로 이해할 수 있다. 만약 자원과 제도적 구조가 제자리를 잡는다면, 과학은 기꺼이 그에 따를 것이다.

6장

"시민-과학자"는 모순어법인가?

스티븐 슈나이더

"시민-과학자"는 존재하는가?

지구의 기후-생태계와 같은 복잡계는 가까운 미래에도 고도의 불확실성과 기술적 복잡성이라는 특징을 계속 갖게 될 것이다. 기후는 시민-과학자citizen-scientist 문제에서 좋은 사례연구이며, 이 글에서 나는 주장을 좀더 구체적으로 발전시켜 보려 한다. 사실 흥미롭고 논쟁적인 문제들은 거의 모두가 — 가령 물리적, 생물학적, 사회적 상호작용을 포함하는 복잡계의 행동 같은 — 결코 완전한 이해나 완전한 예측능력에 도달하지 못할 것이다. 따라서 여기에는 항상 고도의 주관성이 포함될 것이다. 심지어 동전 같이 객관적인 계系의 경우에도 정책결정에 참여하고자 하는 사람들은 확률을 익숙하게 다루는 법을 익혀야 할 것이다. 동전을 여러 번 던진다고 할 때 어느 면이 어떤 순서로 나올 것인지를 능수능란하게 알아맞출 수는 없지만, 어느 면이 어떤 순서로 나올 확률을 예측할 수는 있다. 이를 "빈도론적 확률"frequentist probability이라고 한다. 각각의 결과가 나올 확률은 객관적이며 그 값을 알 수 있다(적어도 찌그러지지 않은 동전에 대해서는 말이다). 그러나 기후와 생태계 혹은 사회경제 시스템 같은 흥미로운 복잡계의 확률을 추정하는 것은 (객관성의 요소들과 뒤섞인) 고도의 주관성을 포함할 것이다. 이를 종종 베이즈 확률Bayesian probability 내지 주관적 확률이라고 부른다. 그리고 설사 기후 문제의 특정 측면들에 대해 우리가 많은 데이터와 이론을 갖고 있어 객관적인 결정을 내릴 수 있다 해도, 그 데이터가 적용되는 방식은 종종 또다시 주관적인 가정들에 의존한다.

불확실한 환경에서의 정책 개발은 쉽지 않은 과제이다. 이러한 난제는 주관적인 평가들에 의해 더욱 어려워진다. 종종 당혹스러울 정도의 이러한 복잡성에 맞서 시민들 — 정책결정자건, 기자건, 혹은 일반대중에 속한 비전문가건 간에 — 은 무슨 일을 해야 하는가? 효과적인 정책결정을 위해 시민들은 과학자들에게 세 가지 근본적인 질문을 던질 필요가 있다. 일반인이 과학자에게 던질 수 있는 첫 번째 중요한 질문은 '어떤 일이 일어날 수 있는가?'이다. 시민들은 전문가들 — 암 전문가, 군사작전 장교, 환경과학자, 경제학자 등 — 이 가능한 결과의 범위에 대해 합의하도록 하기 위해 애쓴다. 정직한 전문가들은 — 좋은 일과 나쁜 일을 막론하고 — 예상을 빗나가는 깜짝 현상이 일어날 수 있다고 시인할 것이며, 우리가 여기에도 대비해야 한다고 주장할 것이다(하지만 여기서는 알려져 있는 결과라는 좀더 작은 세계로 논의를 한정하겠다). 기후변화 논쟁에서 전형적으로 나타나는 결과는 대기 중 이산화탄소의 양이 두 배가 되면 평균 기온이 3℃ 상승할 수 있다는 것이다.

그러나 '어떤 일이 일어날 수 있는가'는 그 자체로는 정책적 의미가 거의 없다. 더 중요한 것은 어떤 일이 일어날 **가능성**이며, 따라서 두 번째 질문은 '그런 일이 일어날 확률은 얼마인가?'가 된다. 세 가지 예를 생각해 보자. (1) 소행성이 지구에 충돌할 확률, (2) DNA 지문감식을 이용해 신원 확인을 정확하게 해낼 확률, (3) 도심에 거주하는 청년이 살해당할 확률. 현존하는 종의 50퍼센트와 생명체(박테리아 제외)의 99퍼센트를 쓸어버릴 수 있는 규모의 소행성이 지구에 충돌할 확률은 극히 낮아서 대략 1년에 천만분의 1 정도 된다. 이는 제트기 추락 사고에서 죽을 확률과 비슷한 수치이다. 이러한 확률들은 충분히 낮기 때문에 우리의 행동에 별다른 영향을 미치지 않는다. 그러나 이는 범죄 현장의 증거에 대해 시행되는 DNA 지문감식의 경우와 비교하면 여전히 큰 수치이다. DNA 지문감식에서는 10억분의 1의 확률이 "합당한 의심"을 품을 수 있는 값으로 제시된다. 다시 말해 시민들(이 경우에는 배심원들)은 확률의 숫자가 의미하는 바를 해석하는 법을 배워야 한다는 얘기다. 한편, 도심에 거주하는 젊은 남성은 종종 100분의 1의 확률로 살해 위협에 직면할 수 있다. 그러나 정책적 관점에서 볼 때 이러한 상황에 대처하기 위해 이루어지는 조치는 너무나 적다. 이러한 예들을 통해 말하고 싶은 요점은 확률 평가가 정보의 한 부분에 불과하다는 것이다. 평가가 의미를 갖기 위해서는 시민들이 이러한 확률에 어떤 가치를 부여해야 한다. 시민들의 중심적인 (그리고 결정적인) 역할은 이러한 확률을 해석하고 적절한 정책적 대응을 결정하는 데 있다. 따라서 과학에 관심이 있거나 과학적 측면을 가진 논쟁 속에 휩쓸린 시민들은 객관적·주관적 확률 조건 모두를 익숙하게 다루는 법을 배워야 한다.

마지막 질문은 '그것을 어떻게 아는가?'이다. 이 질문을 던질 때 시민들은 논쟁의 밑에 깔린 가정들을 문제삼고 있다. 그/그녀는 논쟁의 핵심 쟁점들에 대한 평가와 함께 어떤 특정한 결과를 둘러싼 불확실성의 정도에 대한 표시를 찾고 있는 것이다.

시민-과학자는 과학과 정책 사이의 중요한 연결고리이다. 시민-과학자는 과학자 공동체로부터 얻은 정보를 이해하고 활용해 정책에 제공할 수 있는 결정적인 위치에 있다.

"과학"과 "정책을 위한 과학"은 서로 다르다

일반적으로 과학자들은 과학 연구에서 특정한 결과에 확률(이 경우 빈도론적 확률)값을 부여하기 전에 재연가능한 실험을 충분히 해 보려 한다. 과학자들은 미래에 나타날 결과 — 기후변화, 인구 규모, 적응 능력, 혹은 기후정책에 응답하는 기술의 내재적 성장 등 — 를 예상하는 데 모델을 활용하는데, 이러한 모델에 포함된 이론이 경험적 근거의 뒷받침을 받고 있을 때 가장 편안하게 느낀다. "과학" 그 자체가 이론과 모델을 검증하기 위해 객관적인 경험 정보를 얻으려 애쓰는 것은 분명 사실이다. 그러나 최신의 과학이 갖는 함의에 대처할 것인지, 대처한다면 어떻게 할 것인지 결정을 내려야 하는 정책결정자들에게 그와 같은 객관적 내지 빈도론적 확률이 언제나 주어지는 것은 아니다(cf. Moss & Schneider, 1997).

확률에 대한 "객관적" 특성 파악은 대다수 과학자들의 목표이지만, 많은 경우 데이터가 불완전하거나 다른 불확실성의 원인들이 존재한다. 구조적 불확실성, 획득불가능한 데이터, 그 외 다른 장애 요인들이 모든 확률 분포가 "객관적"일 수 있는 이상적인 상황을 방해한다. 뿐만 아니라 심각한 결과를 초래할 수 있는 특정한 이상異常 사건이 일어날 수 있다고 믿을 만한 잘 발달된 이론적 근거(그리고 심지어 그럴 가능성에 대한 다소의 경험적 뒷받침까지)가 있는 경우에도, 그러한 이상 사건은 객관적인 확률 평가에 거의 아무런 근거도 제공해 주지 못한다. 이 때문에 많은 과학자들은 개인, 기업, 지역, 국가의 정책결정자들이 종종 위험회피 전략(가령 개인보험 가입, 기업의 전략적 투자, 국가적인 백신 프로그램, 국제적인 안보 행동 등)으로 대응하는 그러한 가능한 결과들에 대해 가능성 추정치를 제시한다는 생각 자체를 아예 거부한다.

"정책을 위한 과학"science for policy은 "과학" 그 자체와 다른 영역으로 인식되어야 한다. 왜냐하면 정책을 위한 과학은 넓은 범위의 일어날 법한 결과들에 대해 최선의 추정치를 — 설사 그러한 추정치가 고도의 주관성을 수반하는 경우에도 — 얻고자 하는 정책결정자들의 요구에 응답하는 것을 포함하기 때문이다. 대다수의 정책결정자들은 가능한 사건들의 범위를 폭넓게 알고 싶어 하며, 과학자 공동체가 그 각각의 사건에 대해 어느 정도로 확신하고 있는지를 알고 싶어 한다. 또한 그러한 결과가 실제로 전개될 때까지 남은 시간과 연구자들이 그처럼 큰 불확실성을 감소시키는 데 걸리는 시간의 비교 추정치도 얻고자 한다. 이 때문에 정책결정자들의 요구에 응답해서 넓은 범위의 결과들에 대해 일관되고 주의 깊게 단서조항이 붙은 평가를 제공하는 것은 중요한 일이다.

물론 불확실성이 기후변화 연구 분야에만 나타나는 것은 아니다. 실험실에만 한정되는 과학 분야의 연구자들조차도 부정확한 언어사용, 통계적 편차, 측정 오류, 가변성, 근사화, 주관적 판단, 의견 불일치 등의 요인들에서 나오는 불확실성과 대면해야 한다. 그러나 지진 피해 예측, 오존층 파괴, 유해폐기물 등의 다른 영역들처럼 기후 연구에서는 이러한 문제에 새로운 요인들이 덧붙여진다. 문제의 전지구적 규모, 원인과 결과 사이의 긴 시간 지체, 장치를 이용한 기록을 사실상 불가능하게 하는 특징적 시간 간격을 갖는 낮은 빈도의 변화, 포괄적인 실험 통제의 불가능성 등이 그것이다. 뿐만 아니라 기후변화와 여타의 정책 쟁점들이 단순한 과학적 주제가 아니라 대중적 논쟁거리이기 때문에, 설사 좋은 데이터와 사려깊은 분석이 있다 하더라도 증거의 기준이 서로 다르거나 논쟁에 참여하고 있는 개인들이 서로 다른 정도의 위험 기피/수용 성향을 보이는 것과 연관된 불확실성의 일부 측면들을 제거하는 데는 충분치 않을 수 있다. 따라서 이러한 경우에는 확률에 대한 "주관적" 특성 파악이 가장 적절할 것이다. 여기서 어떤 사건이 일어날 확률은 손꼽히는 전문가들이 현존하는 정보에 비추어 어떤 사건이 일어날 거라고 보는 믿음의 정도가 된다.

주관적 평가 : "기후 민감성"의 사례

일부 전문가들은 주관적 평가가 틀린 것으로 밝혀질 수 있다는 이유로 이를 좋아하지 않는다. 다음과 같은 시나리오를 생각해 보자. 자기 환자가 심각한 질병에 걸렸을지 모른다고 의심하고 있는 의사가 있다. 의사는 환자에게 자신의 주관적인 예비 소견을 알려주고, 이 소견이 옳은지 그른지 확인하기 위해 진단 검사를 해야 한다고 제안했다. 그리고 검사를 해 본 결과 다른 진단이 나왔다고 하자. 만약 여기서 의사가 환자에게 검사 결과 새로운 진단이 나왔음을 알려주지 않는다면, 이는 정직하지 못하고 비윤리적인 행동이라고 누구나 생각할 것이다. 그러나 우리의 정치 시스템은 알려지지 않은 요인들 때문에 답을 잘못 맞춘 사람보다는 옳은 답을 예측한 사람(추론 과정이 옳았는지 틀렸는지와 무관하게)을 더 신뢰하는 듯하다. 알려지지 않은 요인들이 나중에 어떻게 밝혀지는가 하는 것은 운에 달린 것이지 숙달에 의한 것이 아니다. 과학자에게 있어 "답"은 그리 중요하지 않으며, 그/그녀가 해당 시기에 알려져 있던 최대한의 지식을 이용해 최선의 판단을 내렸는지 여부가 더 중요하다. 과학은 "그릇된 추론을 통해 옳은 답을" 만들어 낸 사람을 신뢰하지 않는다. 과정이 결과보다 더 중요한 것이다. 과학은 우리가 왜 특정한 잠정적 결론에 도달했는지를 알고 싶어 한다. 시민-과학자 역시 그래야 한다.

그러면 이런 경우를 생각해 보자. 과학자 A는 어떤 파멸적 결과가 생길 확률이 25퍼센트라고 하고 과학자 B는 2.5퍼센트라고 할 때, 시민(배심원, 판사, 기자, 상원의원, 유권자 등)은 어떤 반응을 보여야 하는가? 시민들은 설사 통계 용어에 익숙한 사람이라 하더라도 금방 혼동을 느낄 것이며, 특히 두 명의 과학자가 제각기 서로 다른 직관적이고 주관적인 판단을 뒷받침하기 위해 길고 복잡한 기술적 논증을 이용하는 경우는 더욱 그럴 것이다. 이는 "과학자간의 결투"의 전형적인 사례이다. 여기서의 해법은 **공동체로서의 과학**이 중요하다는 것이다. 몇 명의 논객들이 최신의 지식 기반을 특징짓는 다양한 관점들의 신뢰성을 대변할 수 있는 경우는 거의 없다. 그 임무를 더 잘 성취하기 위해서는 전문가 공동체가 필요하다. 이는 일반시민이 어떻게 참여할 수 있을지 하는 문제가 점점 더 어려워지는 지점이기도 하다. 평균적인 시민이 서로 논쟁하고 있는 몇몇 과학자들 사이에서 기술적 논쟁을 청취한 후, 상이한 결론을 떠받치는 다양한 가정들의 가능성에 대한 주관적 견해들 중 누구의 것이 다른 사람들의 것보다 지식 스펙트럼의 중심에 더 가까운지를 진정으로 이해한다는 것은 매우 어려운 일이다. 그리고 공동체의 평가가 있다고 해도 누군가는 여전히 평가 과정에서 자신들이 내놓은 반대 증거가 무시되었다고 주장할 것이다.

무엇이 가능한 사건들의 확률에 대한 과학적 합의를 정의하는가? 모건과 키스(Morgan & Keith, 1995), 그리고 노드하우스의 연구(Nordhaus, 1994)는 기후과학의 정책적 함의에 관심을 가졌으면

존 앤더슨, 하버드대학	마이클 매크라켄, 미국 전지구적 변화 연구 프로그램
로버트 세스, 뉴욕 주립대학(스토니브룩 소재)	로널드 프린, 매사추세츠공과대학
로버트 딕슨, 애리조나대학	스티븐 슈나이더, 스탠포드대학
로렌스 게이츠, 로렌스 리버모어 국립연구소	피터 스톤, 매사추세츠공과대학
윌리엄 홀랜드, 국립기상연구센터	스탈리 톰슨, 국립기상연구센터
토머스 칼, 국립기후자료센터	워렌 워싱턴, 국립기상연구센터
리처드 린젠, 매사추세츠공과대학	톰 위글리, 대학기상연구센터/국립기상연구센터
시쿠로 마나베, 지구물리유체동역학연구소	칼 분쉬, 매사추세츠공과대학

〈표 1〉 연구에서 인터뷰한 전문가 명단. 결과 보고에서 전문가들에게 부여된 일련번호는 무작위로 정해졌고, 이름의 알파벳 순서나 인터뷰가 수행된 순서 어느 쪽과도 일치하지 않는다.

서 그 자신은 기후과학자가 아닌 이들이 이 물음에 답하려는 두 가지 시도이다. 그들은 물리학, 생물학, 사회과학에서 그들이 대표적인 과학자 집단이라고 믿은 사람들에게 식견 있는 견해를 물어보려 했는데, 전자는 기후과학 그 자체에 대해, 후자는 영향 평가와 정책에 관해 각각 질문을 던졌다. 첫 번째 표본 조사에서는 매우 다양한 견해가 나왔지만, 그럼에도 한두 명의 예외를 빼면(예를 들어 〈그림 1〉의 5번 과학자) 거의 모든 과학자들이 대수롭지 않은 결과와 대단히 심각한 결과에 대해 각각 확률값을 부여했다.

모건과 키스의 연구에서 〈표 1〉에 나와 있는 16명의 과학자들은 각각 여러 시간에 걸친 공식적 의사결정 분석을 거쳐 여러 가지 요인들에 대한 자신의 주관적 확률 추정치를 제시했다. 〈그림 1〉은 중요한 기후 민감성 요인에 대한 추정치를 보여 준다. 조사 대상이 된 16명의 과학자들 중 15명(나는 9번 과학자이다)이 CO_2의 양이 두 배가 될 때 작은 기후변화(1℃ 이내의 기온 상승)가 일어날 가능

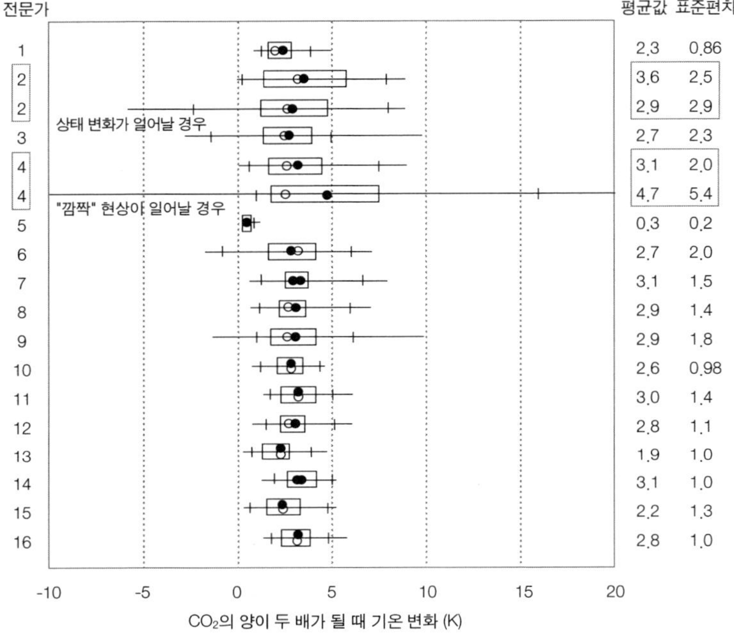

〈그림 1〉 기후 민감성의 확률 분포에 대한 추정치를 보여 주는 상자 그림. 여기서 기후 민감성은 CO_2의 양이 2배가 될 때($2\times[CO_2]$ 강제)의 전지구적인 평균 표면기온 변화로 나타난다. 수평선은 가능한 최소 평가치(1%)로부터 최대 평가치(99%)까지의 범위를 표시한다. 짧은 수직 막대는 낮은 백분위수(5%)와 높은 백분위수(95%)의 위치를 나타낸다. 상자는 50% 신뢰도 범위에 걸친 구간을 표시한다. 검은 점은 평균값을, 흰 점은 중간 값을 나타낸다. 그림 오른쪽 끝에 두 줄로 늘어선 숫자들은 각각 평균값과 표준편차를 말해 준다. 출전 : Morgan & Keith(1995).

성에 10퍼센트 내외의 주관적 확률값을 부여했다. 또한 이 과학자들은 대단히 큰 기후변화(5℃ 이상 상승)의 가능성에 대해서도 대체로 10퍼센트의 확률값을 매겼다. 이는 빙하기와 간빙기 사이의 온도 차이와 대략 맞먹는 기후 변화가 그보다 몇 백 배 더 빨리 닥치는 경우를 의미한다. 경미한 결과와 파멸적인 결과에 대해 낮은 확률값을 준 후, 인터뷰에 응한 대부분의 과학자들(한 사람을 제외하고)

은 자신의 주관적인 누적 확률분포의 대부분을 주류 평가집단(가령 IPCC, 1996)에 의해 종종 인용되는 기후 민감성 범위의 가운데에 부여했다. 이런 경향으로부터 예외인 5번 과학자에게서 가장 놀라운 점은 추정치에 편차를 거의 부여하지 않고 있다는 것이다. 이는 이 과학자의 마음속에 앞서 언급한 지구 시스템 내에서의 모든 복잡한 상호작용이 어떻게 일어날 것인지를 자신이 이해하고 있다는 고도의 확신이 있음을 말해 준다. 다른 과학자들은 누구도 그런 확신을 보이지 않았고 기후변화에 관한 정부간 패널Intergovernmental Panel on Climatic Change, IPCC(이하 IPCC로 표기)의 선임 저자들도 마찬가지였다(IPCC, 1996). 그러나 모건과 키스가 인터뷰한 과학자들 중 몇몇은 "깜짝" 시나리오에 대한 우려를 표명했다. 예컨대 〈그림 1〉에서 2번 과학자와 4번 과학자는 이러한 가능성을 명시적으로 표현했고, 다른 몇 명의 과학자들은 기후 민감성에 대한 자신들의 주관적 누적 확률의 상당 부분을 표준 범위(IPCC에 따르면 CO_2 양이 두 배로 증가했을 때 표면 기온이 1.5~4.5℃ 상승) 바깥에 부여함으로써 긍정적, 부정적 어느 쪽으로건 깜짝 현상이 가능함을 암묵적으로 인정했다. 깜짝 현상에 대한 이와 같은 우려는 IPCC의 작업그룹 1이 작성한 「정책결정자들을 위한 요약」의 마지막 문단과 서로 일치한다.

작업그룹 1의 2차 평가 보고서를 작성한 IPCC의 선임 저자들은 가능한 결과가 넓은 범위에 걸쳐 있으며 참석자들이 제시한 주관적 확률이 폭넓게 분포해 있다는 사실을 잘 알고 있었다. 그러한 불확실성을 강조하는 몇 개 문장이 나온 다음에 이 보고서는 "그럼에도 불구하고 증거의 균형을 고려하면 인간이 기후에 눈에 띄는 영향을 미치고 있음을 알 수 있다"고 결론지었다. 이제는 너무나 유명해진 이러한 주관적 판단을 내린 데는 여러 가지 이유들이 있었다. 여기에는 온실효과에 대해 잘 확립된 이론적 근거, 현재와 고기후 시대의 데이터에 비추어 모델의 매개변수화와 예측능력을 평가한 검증 테스트, 그리고 기후변화의 수평적·수직적 패턴에 대한 관찰과 대기-해양 통합 모델에서 일어날 것으로 예측한 패턴을 연결해 주는 "지문" 증거의 증가 등이 포함된다. 앞으로 더 많은 연구가 필요한 것은 분명하지만, 미래에 예측되는 기후변화의 가능한 영향에 대한 평가를 정당화할 만큼은 이미 충분히 알고 있으며, 온실기체 배출을 줄이거나 변화한 환경에 대한 적응 비용을 절감하기 위한 행동 선택지들의 상대적인 장단점을 평가하는 것도 충분히 가능하다. 그것이 통합 평가 분석가들이 계속해서 하고 있는 일이자(예컨대 Schneider, 1997b를 보라) 21세기에 점점 더 중요해질 과업이다. 이러한 과업을 완수하기 위해 중요한 것은 기후 이론과 모델링에서 잘 정립된 사항들을 인식하고 이를 좀더 추측적인 측면들과 구분하는 일이다. 이것이 바로 IPCC가 이루고자 하는 과업이다(IPCC, 1996). 만약 믿음의 스펙트럼을 공평하게 대변하는 공동체적 노력의 도움 없이 서로 맞서 있는 전문가들만 남게 된다면 어떻게 될까? 예를 들어 기후변화 논쟁에서 IPCC 보고서 같은 것이 없다면 어떻게 될까? 시민-과학자의 일은 IPCC처럼 "공동체로서의 과학"을 장려하는 기구들이 존재할 때 더 용이해진다. 그러한 공동체 평가가 없으면 시민-과학자의 일은 더 어려워진다.

코페르니쿠스적 혁명은 드물다

반대 입장을 가진 과학자들과 이를 지지하는 정치인들은 종종 과학적 사고에 근본적인 변화를 일으킨 과거의 에피소드들 ─ 패러다임 전환 ─ 을 예로 들면서, 현재 합의된 관점이 나중에 틀린 것으로 밝혀질지 모른다고 주장하곤 한다. 실제로 과학사에서 잘 알려진 많은 사례들은 새로운 발견, 혹은 잘 알려진 증거를 재해석한 새로운 이론이 이미 잘 확립된 것으로 보였던 지식을 대체할 수 있음을 보여준다. 가장 많이 인용되는 두 가지 사례가 바로 지구중심설의 폐기와 아인슈타인의 상대성이론이 뉴튼역학을 대체한 과정이다. 20세기 후반에는 대다수의 기초 이론들(가령 질량보존, 운동량보존, 에너지보존의 법칙 같은 것들)이 안정화 단계로 접어들었지만, 그와 같은 패러다임 전환은 여전히 지속될 것으로 예상할 수 있다. 과거 역사를 보면 앞으로는 외관상 급진적으로 보이는 이론들이 더 많이 나타나지 않을 거라고 가정할 만한 이유를 전혀 찾아볼 수 없다. 『역사의 종말』이니 『과학의 종말』이니 하는 논쟁적 제목을 내세운 " …… 의 종말"류의 대중서들이 자꾸 나타나고 있긴 하지만 말이다.

그러나 이와 동시에, 어떤 주어진 분야의 역사를 보면 진정한 패러다임 전환 ─ 때때로 "과학혁명"이라고 불리는, 개념, 방법, 결론에 있어서의 진정으로 근본적인 변화 ─ 이 일어난 횟수는 대체로 매우 적다. 이 개념의 창안자인 토머스 쿤(Kuhn, 1962)은 지배적 패러다임의 관찰, 실험, 모델을 확장하고 분석하는 일들로 구성된 "정상과학"이 과학 활동의 거의 대부분을 차지한다고 썼다. 너무 자주 "혁명적" 변

화를 주장하는 것은 광고에서 흔히 쓰이는 것처럼 단순한 수사修辭
에 불과한 경우가 대부분이다. "염가판매 골동품"이나 "무통 치과
술" 같은 것들이 주류 경쟁자들에 비해 더 싸거나 덜 아픈 경우는 극
히 드물다. 뿐만 아니라 패러다임에 대한 도전의 절대 다수는 실패
를 경험하거나 정상과학에 대해 극히 미미한 수정을 가하는 데 그
친다. (최근에 관심을 모았던 사례로는 "상온핵융합"cold fusion에 관
한 불운한 주장이 있었다.)

물론 탁월한 혁명적 아이디어가 기존의 사고방식에 맞지 않는
다는 이유만으로 무시된 사례들이 때때로 있었던 것은 사실이며,
이런 일은 지금도 어딘가에서 일어나고 있고 앞으로도 분명 일어날
것이다. 그러나 패러다임에 도전하는 아이디어 대부분은 — 단도직
입적으로 말해 — 그것이 잘못된 생각이기 때문에 실패한다는 것도
마찬가지로 사실이다. 전투에서의 승자와 패자가 그렇듯, 역사는 성
공한 과학 혁명가들은 높이 떠받들지만 그보다 훨씬 더 많은 수의
실패는 빠른 속도로 잊어버리는 경향이 있다.

지금까지의 얘기를 두 가지로 요약해 보면 이렇다. 첫째, 현재
의 지식 스펙트럼의 중심에 있다는 것이 곧 옳음을 의미하는 것은
아니다. 돌이켜 보라. 긴 턱수염과 펄럭거리는 가운을 입은 프톨레
마이오스의 지지자들은 교회와 국가에서 높은 지위를 누리면서 잘
못된 이론을 가지고 수 세기 동안을 지배해 왔고, 갈릴레오의 얘기
가 보여 주듯 반대자들은 엄청난 개인적 위험에 직면했다. 그러나
대다수의 문제들은 코페르니쿠스가 상대했던 지구중심설 같은 것
이 아니다. 대다수의 문제들에 있어 과학적 주류 견해는 진리로부

터 벗어난 패러다임이 아니다. 그리고 설사 몇몇 문제들이 코페르니쿠스적 혁명을 일으키는 것으로 밝혀진다고 하더라도, 그러한 코페르니쿠스 한 명에 대해 그와 비슷한 혁명을 희망하는 경쟁자들이 천 명은 있을 것이다. 엄청난 확신과 올바른 통찰력을 가진 누군가가 기성 과학자집단에 도전해 지배적 패러다임을 무너뜨리는 일은 오직 드물게만 일어난다. 이 말은 대안적 관점이나 패러다임을 무시해야 한다는 의미가 아니라, 그것을 다룰 때 모든 연구가 통과해야 하는 동일한 회의적 태도를 가지고 접근해야 한다는 의미이다 (Schneider, Turner, & Morehouse-Garriga, 1998).

하지만 주류 견해가 어디쯤이고 누구의 주관적 확률을 믿어야 하는지를 일반 시민이 어떻게 알 수 있겠는가? 이러한 딜레마에 직면할 때 "시민-과학자"는 일종의 모순어법이 된다. 그/그녀가 도서관에 가고, 국가연구위원회National Research Council, NRC의 보고서를 읽고, IPCC의 평가를 이해하는 등의 많은 노력을 기꺼이 기울일 의사가 없다면 말이다. 요컨대 서로 맞서 있는 전문가들의 주관적 견해들이 주변적 관점을 대변하는지 주류적 관점을 대변하는지를 이해하려 노력해야 한다는 것이다. 그리고 주변적 관점이 진정한 대약진인지(아니면 이데올로기적 맹목이나 특수 이해집단의 정보왜곡에 불과한지)를 알아내는 것은 정말 어려운 과제이다. 나는 어떤 논쟁 자리에서 "실험이 아니라 합의에 근거한 과학"을 옹호한다는 공격을 받은 적이 있다. 이 말을 한 사람은 만약 합의된 견해만 항상 신뢰한다면 갈릴레오 같은 사람은 영영 나타날 수 없을 거라고 내게 일침을 놓았다. "하지만 지난 수십 년 동안 나는 실험에 근거한 과학을 믿어 왔습니다"라고 나는 답했다(예컨대 Schneider & Mesirow 1976, p. 10). 과학에서 모든 것은 의문이 제기되어 왔고 또 제기할 수 있으며, 이는 앞으로도 영원히 그럴 것이다. 그러나 나는 서로 모순되는 얘기를 한다고 생각지 않으면서 이렇게 덧붙였다. "그리고 나는 합의에 근거한 과학 정책도 믿습니다." 분별력 있는 사회에서는 다수가 내놓은 최선의 추측에 따라 앞으로 나아가며, 항상 다음의 세 가지 질문들을 염두에 두면서도 (그리고 항상 지배적 패러다임에 도전하면서도) 그러한 최선의 추측이 여전히 진실일 가능성이 높다고 가정하고 행동한다. 과학지식사회학자들은 사회적 쟁점이라는 맥락 속에서 과학이 담당하는 더 폭넓은 역할을 쿤의 "정상과학"에서 분리해내어 "탈정상"postnormal 과학이라는 새로운 이름을 붙여 주었다(cf. Funtowicz & Ravetz, 1992; Funtowicz & Ravetz, 1985; Jasanoff & Wynne, 1998).

환경적 소양을 위한 세 가지 질문

기억을 되살리기 위해 한 번 더 정리하면, 첫 번째 질문은 '어떤 일이 일어날 수 있는가', 두 번째 질문은 '그런 일이 일어날 확률은 얼마인가', 세 번째 질문은 '그것을 어떻게 아는가'였다. 어떤 시민이 전문가에게 '그것을 어떻게 아는가'라고 묻는다면, 이는 곧 논쟁의 세부사항에 깊숙이 관여하기 위해 묻고 있는 셈이 된다. 예를 들어 어떤 과학자가 내게 "확실한 진리"를 제시한다고 하면서 그 밑에 깔린 가정이나 불확실성을 무시하거나 기각한다면 나는 회의적인 태도를 취할 것이다. 복잡한 쟁점에 대한 지나친 확신은 신뢰성을 침식하며 이제 또 다른 소견을 구할 때가 되었다는 명백한 신호를 나타낸다. 그러나 통상적인 과학 논쟁에 익숙지 않은 시민에게는 그러한 결단조차도 어려울 수 있다. 누가 더 믿을 만한가를 판별하기 위한 정교한 능력을 갖추려면 시민들에게는 피상적인 관심을 넘어선 열정적 참여가 요구된다. 시민들이 주변적 주장들로부터 신뢰할 만한 관점들을 가려내려면 〈노바〉 프로그램7을 시청하거나, 『사이언티픽 아메리칸』이나 『뉴욕 타임스』의 화요 과학 섹션을 종교적으로 탐독하거나, 도서관에서 해당 쟁점을 연구해 보거나 해야 한다. 주변적 주장과 신뢰할 만한 관점의 구분은 대중매체에서 좀처럼 찾아보기 어려우며 몇 개의 키워드를 가지고 인터넷의 통상적인 검색엔진을 돌려서도 잘 알 수 없다.

진정한 과학자-시민들에는 훌륭한 과학 기자들, 그리고 과학자들이 세부적인 논쟁에 나서는 청문회에서 대부분의 시간 동안 자리를 지키는 몇 안 되는 상원의원과 장관들이 포함된다. 나는 미국 부통령인 고어나 콜로라도 주 상원의원이었던 팀 워스, 영국 총리를 지낸 마거릿 대처가 이 범주에 들어간다고 생각한다. 이런 사람들은 여러 해 동안 과학의 과정에 대해 충분히 많은 것을 보고 들어서 좋은 과학 기자로서의 자질을 갖게 된 이들이다. 그들은 거짓 주장이나 균형감각 없이 열정만 가진 사람들을 가려낼 줄 안다. 여기서

---

7. [옮긴이] 미국의 공영 방송사인 PBS가 방영하는 인기 과학 다큐멘터리 시리즈.

'균형감각'은 저널리즘에서 전통적으로 써온 의미, 즉 한쪽 극단을 주류 주장(혹은 반대쪽 극단)과 맞붙여 놓고 각각의 주장이 식견 있는 견해의 스펙트럼에서 어디쯤 위치하는지는 말해 주지 않는 식의 균형감각이 아니다. 그처럼 부적절한 균형감각은 논쟁과 해당 논객들에 대해 깊이 있게 알고 있지 못한 거의 모든 사람들을 혼란에 빠뜨린다.

진정한 시민-과학자는 상당히 엄격한 기준을 충족시켜야 하며 그 수가 얼마 안 되는 헌신적인 소수만이 그 속에 남게 된다. 세 가지의 기본 질문에 유능하게 답할 수 있는 사람들의 수는 제한되어 있다. 이상적인 상황이라면 수가 더 많고 더 넓은 범위에 걸친 사람들이 세 가지 질문에 대한 답에 접근할 수 있을 것이다.

메타-기구의 건설 : 과학 평가 "법정"?

어떤 과학자의 신용을 판단할 수 있어야 한다는 것은 대다수의 국회의원들에게 — 심지어는 그들을 돕는 기술 보좌관들에게도 — 상당히 어려운 주문이다. 다소 엘리트주의적으로 들릴지 모르겠지만, 그래서 나는 우리에게 "메타-기구"meta-institution가 필요하다고 생각한다. 일반인과 전문가 공동체 사이에 위치하면서 시민들이 서로 상충되는 주장들을 가려낼 수 있도록 도와주는 기구가 필요하다. 시민들이 예컨대 핵발전소가 안전하냐 그렇지 않으냐라거나 탄소세를 도입해야 하느냐 말아야 하느냐 같은 문제를 결정할 때 그런 기구가 도움을 줘야 한다는 얘기는 아니다. 그런 결정은 각자의 정치철학에 근거한 개인적 가치판단의 문제이다. 어떤 에너지 체계의 위험과 비용이 다른 에너지 체계로의 전환을 정당화해 주는지, 혹은 현재의 자원을 투자하는 것이 "실험실 지구"에 대해 기후변화 실험을 수행하는 위험을 줄이기 위한 지출로서 값어치가 있는지 하는 판단 말이다(Schneider, 1997a). 나는 그런 문제들에 대해서는 모든 시민들이 이미 판단을 내릴 준비가 되어 있다고 믿는다 ― 그/그녀가 어떤 일이 일어날 수 있고 그런 일이 일어날 확률이 얼마인지 알기만 한다면 말이다.

되풀이하건대, 시민들은 정책결정에서 '어떤 일이 일어날 수 있는가'와 '그런 일이 일어날 확률은 얼마인가'하는 대목에서 전문가의 도움을 필요로 한다. 바꿔 말해 일반인들은 전문가들의 주류 견해가 어떤 것이며 중요한 결과에 대해 얼마나 확신하고 있는지를 알아내는 데 길잡이가 필요하다는 것이다. 우리가 모종의 새로운 기구를 필요로 하게 되는 것도 바로 이 지점이다. 복잡한 쟁점들에 대해 그러한 평가를 수행하는 것을 목표로 하는 기구들은 예전에도 있었다. 한 예가 최근 미 의회에서 폐지 결정을 내린 OTA이다. 이는 의회 산하의 비당파적 평가기구로, 특수 이해집단들의 주장과 반대 주장을 가로지를 수 있는 보고서를 제출하는 업무를 맡고 있었다. 그러한 주장들은 권력기구와 언론으로 수천 통씩 팩스로 날아드는데, 나는 이런 현상을 두고 "1팩스 1표 증후군"one fax one vote syndrome이라고 이름 붙인 바 있다. 로비 집단들이 언론의 자유라는 미명 하에 자신들의 입장을 지지하는 듯 보이는 "과학"을 하는 비주류 전문가들에게 점점 더 큰 확성기를 달아주는 일이 너무나 자주 일어나고 있다. 그들이 충분한 주목을 받게 되면, 이 뻥튀기된 전문가들은 합의된 견해를 지지하는 전문가들과 협상 테이블에서 동등한 지위를 갖게 될 것이다. 다시 말해 언론에 여러 차례 보도되면 실상 그리 믿을 만한 과학적 입장이 못 되는 견해도 동등한 신용을 얻게 된다는 말이다. 대다수 시민들의 커뮤니케이션 도구와 과학적 소양을 복잡한 기술적 반례들로 윽박지르는 방식으로 말이다.

그러한 정보왜곡 전문가들은 시민들이 서로 상반되는 기술적 주장들의 신뢰성을 자기 힘으로 가려낼 수 없다는 점에 기대고 있다. 이는 흔히 일어나는 일이며 모든 시민들은 그런 일에 익숙해져 있다. 그러나 이는 매우 낭패스런 일이기도 하다. OTA의 스탭들은 이런 식의 전략에 속지 않았고, 국가연구위원회NRC 산하 소위원회나 IPCC의 전문가들도 마찬가지였다. 이들 평가 집단이 하는 일은 서로 상충되는 다양한 주장들의 신뢰성을 평가하는 것이다. 그들이 정책을 결정하는 것은 아니다. 정책결정은 가능한 일단의 결과들에 어떻게 대응할 것인가에 관한 개인적 가치판단 — 우선순위, 위험, 비용에 대한 평가를 포함해서 — 을 전제로 한다. 전문가 평가 팀들은 그러한 확률에 관한 주장들이 믿을 만한 것인지, 혹은 적어도 주관적 확률 추정치가 어떻게 될 것인지(노드하우스가 인터뷰한 전문가들이 그랬던 것처럼)를 결정한다. 이는 일반 시민들 — 기자와 정책결정자들을 포함하는 — 이 쉽게 할 수 없는 일이다.

내가 시민의 역할과 전문가의 역할을 분리시키는 것은 바로 이 지점이다. 일반적인 경우 확률은 전문가가 평가하지만, 다양한 종류의 위험을 어떻게 받아들일 것인가를 선택하는 것은 시민들이다. 우리가 메타-기구를 시민과 과학자를 매개하는 어떤 기구로 설립한다면, 그 기구는—특수 이해집단들을 포함한—모든 시민 집단들에게 개방되어 있고 투명한 특징을 갖는 것이 절대 필수적이다. 신뢰성을 위해 평가자들은 폐쇄된 밀실에서 만나서는 안 된다. 그렇게 할 경우 과학적 엘리트주의나 개인적 가치 편향이 외견상 균형잡힌 것처럼 보이는 그들의 과학적 판단에 슬쩍 끼어들 위험이 크기 때문이다. 불행히도 과학자들 중에는 고도의 불확실성이 내포된 쟁점을 공개적으로 논의하는 것마저도 부적절하다고 믿는 이들이 있다. 나는 이것이야말로 진짜 엘리트주의적 입장이라고 생각한다. 그런 입장은 곧 어떤 일이 일어날 수 있고 확률은 얼마인지를 대중에게 언제 얘기할 것인지 우리 과학자들이 결정해야 한다는 얘기이기 때문이다. 나는 개방성이 핵심이라고 생각한다. 기자들, 특수 이해집단들, 일반 시민들 모두가 평가 과정 그 자체에 대한 증인으로서 그곳에 있어야 한다(Edwards & Schneider, 2000). 시민들의 역할은 다양한 주장들의 확률이 얼마인지를 결정하는 것이 아니다. 그것은 그들이 유능성을 발휘할 수 있는 영역이 아니기 때문이다. 시민들의 역할은 평가 과정이 개방적인지를 확인하고 올바른 질문을 던지는 것이다.

"과학에서의 FED"?

가장 어려운 부분은 이러한 "과학 평가 법정"에 앉힐 사람을 어떻게 선택해야 하는가 하는 것이다. 이는 유죄냐 무죄냐를 평가하거나 정책제언을 내놓는 법정이 아니라, 주장들의 확률을 평가할 수 있다는 의미에서의 법정이다(Kantrowitz, 1967도 보라). 나는 평가 팀의 구성원들을 일차적으로 과학 학회들의 목록(〈미국과학원〉 National Academy of Sciences, 〈미국물리학회〉, 〈생태경제학회〉 등)으로부터 선정할 것을 제안한다. 아마도 몇 자리 정도는 정치인들이 지명한 사람들에게 할애할 수 있을 것이다. 임명된 사람들의 임기는 대통령이나 상원의원의 임기보다 더 길어야 한다. 가령 10년 정도로 잡을 수 있을 것이다. 내가 제안하고 있는 것은 연방준비이사회 Federal Reserve Board, FED와 비슷한 기구이다. 그러나 연방준비이사회는 실제로 경제정책 수립을 담당하는 기구인 반면, 내가 생각하는 "과학에서의 연방준비이사회"는 오직 정보제공만 하는 기구라는 점에서 서로 다르다. 이 기구의 임무는 과장이나 왜곡을 일삼는 사람, 열의만 앞세우는 사람, 자신이 특수 이해집단임을 부인하는 것을 넘어서 앞을 내다볼 수 없는(혹은 내다보려 들지 않는) 사람들을 가려내는 것이다. 아마도 가장 비근한 예는 〈소비자연맹〉 Consumers Union 같은 조직이 될 것이다. 객관적·주관적 검사를 통해 생산자나 서비스 제공자들의 주장을 독립적으로 평가해 상품과 서비스에 대한 감시와 등급 부여 역할을 하는 민간단체 말이다.

이미 제안했듯이, 시민들과 이해집단들은 새로운 기구에서 주요한 의제설정자이자 증인으로서 반드시 역할을 해야 하지만, 평가자의 역할을 도맡아서는 안 된다. 이것이 바로 기술적 쟁점에 관한 논쟁에 대중을 더 많이 참여시키기 위한 나의 구체적인 제안이다.

만약 대중이 혼란스러운 기술적 소동으로 인해 크게 당혹감을 느끼게 된다면, 그들은 가치의존적인 정책 선택 과정에 참여하는 대신 모든 것을 전문가들에게 맡겨 버리려는 경향을 더 많이 보일 것이다. 그런 식으로 시민들이 정책결정 과정에서 빠져 버리면 이 영역은 서로 경쟁하는 특수 이해집단들만이 설치는 장이 될 것이다. 이들은 누가 더 큰소리를 내고, 더 큰 광고를 내다 붙이고, 처리속도가 더 빠른 팩스 기계를 들여놓고, 하원의원들의 선거운동에 돈을 더 잘 대는지 등을 놓고 경쟁하는데, 이 모두는 과학지식을 좀더 자기 이해관계에 유리한 쪽으로 "돌려놓기" 위한 방책이다. 나는 과학적 신용을 평가하는 과정을 정치 영역에서 떼어 내어 메타-기구 쪽으로 옮겨놓고자 한다. 메타-기구는 정책 선택에 대한 책임도 없고 정책결정의 권한도 없지만, 누군가의 진술 — 그것이 대통령의 말이건 아니면 하원 의장의 말이건 간에 — 을 "과학적 견지에서 말도 안 되는 소리"라고 부를 수는 있는 그런 기구이다.

행정부에 고용되어 일하는 전문가가 공개적으로 "미안합니다만, 대통령께서 제시한 사실들은 틀렸습니다"라고 말하는 것은 용기를 필요로 한다. 그러한 용기 있는 행동은 정치적 명령체계가 갖는 위계적인 속성상 좀처럼 나오기가 어렵다. 우리가 독립적인 정보 기구를 필요로 하는 것은 바로 이 때문이다. 특정한 해답에 이미 이해관계를 갖고 있는 사람들에게 정보에 대한 통제권을 통째로 맡길 수는 없다. 모든 이해집단은 과정에 대한 증인이 되어야 하고, 평가자들에게 질문을 던질 수 있어야 하며, 자신들이 선호하는 "새로운 코페르니쿠스"가 평가자들 앞에서 증언할 수 있는 기회를 가져야 하지만, 결론의 신뢰성에 대해 표를 던질 수 있게 해서는 안 된다.

앞서 말했듯이 우리는 과학에 대한 평가를 담당하는 기구를 이미 갖고 있다. 국가연구위원회가 지닌 한 가지 문제는 종종 "엘리트주의적"이라는 정치적 공격을 사람들로부터 받는다는 점이다. 여기서는 시민들이 (연구에 돈을 대는 것을 제외하고는) 과정에 참여할 수 없기 때문이다. 두 번째 문제는, 매우 구체적인 문제들을 심도있게 조사할 수 있을 만큼 충분한 돈을 누군가 제공했을 때에만 국가연구위원회가 활동을 한다는 점이다. 뿐만 아니라 회의들은 보통 비공개이고, 회의 의제는 연구팀 성원들과 자금지원 기구에서 정한다. 내가 구상하고 있는 메타-기구는 새로운 조직으로서, 서로 상충되는 내용이 담긴 신문 특집면의 기사들을 읽고 당혹감을 느낀 일반 시민, 과학자 증인의 발언에 대해 의심을 품은 하원의원, 그 외 환경단체나 산업체 로비 집단 등으로부터 편지를 받고 (가령 6주 정도의 기간 동안) 숙고를 거친 답변을 제공해 주는 곳이다(2년씩 걸리는 집중 연구를 하는 곳이 아니다). 이와 같은 "과학 평가 법정"은 정보수집을 위해 기존의 국가연구위원회 연구들에 부분적으로 의존할 수 있지만, 그것을 그대로 판박이하지는 않을 것이다. 평가자들은 기본적으로 어떤 과학적 진술의 타당성이나 어떤 결과가 일어날 확률에 대한 일련의 주장과 반대주장들의 신뢰성을 재빨리 평가할 수 있어야 할 것이다. 여기에 더해 그들은 국가연구위원회에 연구를 의뢰하거나 적어도 의회에 그렇게 하도록 요청할 수 있을 것이다.

내가 구상하고 있는 것은 덩치가 큰 관료제적 조직이 아니다. 물론 몇 명의 상근 스탭들은 분명 필요할 것이다. 기구의 구성은 전문가들의 네트워크를 강조하게 될 것이다. 이 전문가들은 공식적인 조직체계의 일부가 되지 않으면서도, 급한 기별을 받고 한 달 동안 매주 며칠씩 시간을 들여 특정 쟁점의 신뢰성에 관한 보고서를 기꺼이 작성할 용의가 있는 사람이어야 한다. 전문가들의 회의는 직접 참석해서 혹은 폐쇄회로 TV를 통해 누구나 참관할 수 있게 할 것이다. 나는 올바른 제도적 틀이 어떤 것이 되어야 할지 잘 모르며, 전지구적 환경-개발 지속가능성의 문제를 다룸에 있어 그 제도적 틀이 얼마나 국제화되어야 하는지에 대해서도 답을 갖고 있지 않다. 내가 메타-기구의 개념을 제시한 일차적인 이유는, 주장과 반대주장이 불협화음을 이루고 있는 현재 상황으로 인해 시민들이 과학적 과정에 참여할 권리를 박탈당하고 있다는 판단 때문이었다. 만약 누군가가 보기에 내가 내놓은 구체적인 제안이 제대로 작동하지 않을 것 같다면, 더 나은 안을 부디 제안해 주기 바란다. 현재 상황은 결코 만족스럽지가 못하다.

내가 쓴 첫 번째 책 『창세기 전략』(Schneider & Mesirow, 1976)에서는 미국 정부에 입법부, 사법부, 행정부에 이은 제 4의 부로 "진리와 결과부"Truth and Consequences Branch를 둘 것을 제안한 적이 있다. 여기에 사람들을 20년을 임기로 해 순번제로 임명하자는 것이 내 생각이었다. 당시에 나는 정부가 내놓는 과학적 허위 주장들을 폭로하는 임무를 맡는 훨씬 더 두드러진 관료구조를 구상했던 것 같다. 지금 내게 더 우려스러운 문제는 정책이 너무나도 자주 엉터리

과학에 근거해 제안되고 있다는 것이다(가령 Ehrlich & Ehrlich, 1996).

이러한 아이디어를 공격하는 사람들이 분명히 있을 것이다. 그들은 새로 만들어질 기구가 불필요한 연방 지출을 초래하며, 그러한 기구의 설치는 시민들이 그들 나름대로 인식한 부류의 "진리"를 가능한 한 소리 높여 효과적으로 선전할 수 있는 헌법상의 특권을 부당하게 침해하는 것이라고 반박할 것이다. 그러한 정보광고^{infomercial}의 옹호자들은 결국 "양측 모두"가 자유롭게 자신의 극단적인 관점을 개진할 자유가 있다고 주장할 것이다. 나는 그들이 가진 팩스나 그들이 선전하는 광고를 막아야 한다고 제안하는 것이 아니다. 그러나 그렇다고 해서 논쟁을 둘러싼 쟁점들을 비당파적으로 균형 있게 제시해 주는 시각의 필요성이 사라지는 것도 아니다. 나는 공공자금을 써서 그들의 다양한 주장과 반대주장에 내포된 과학적 요소들의 신뢰성을 평가하는 것이 잘못된 일이라고 생각지 않는다.

특정 입장 대변은 무방하지만 사실에 대한 선별적 무시는 안 돼

나는 법정에서 전문가 증인을 활용하는 방식을 개인적으로 싫어한다. 그것은 진리에 도달하는 아주 나쁜 방법이다. 상대편의 손을 들어주는 것은 자기 일이 아니라고 믿고 있는 극단적인 전문가들을 양측이 골라잡는다는 것을 생각하면 더욱 그렇다. 뿐만 아니

라 나는 그것이 과학적으로 비윤리적인 인식론이라고 생각한다. 정직한 과학자라면 모든 가능한 경우의 수를 조사한 후 생각해 볼 수 있는 각각의 결과에 대한 주관적 확률을 제시해야 하며, 주관적 확률은 각각의 전문가가 가장 신뢰할 만하다고 믿는 범위의 정보를 정직하게 반영해야 한다고 나는 믿고 있다. 그런 다음에 전문가는 이러한 확률 평가를 가지고 무엇을 해야 하는지에 대한 개인적 견해를 가질 수 있다. 이로부터 "과학자-대변자 scientist-advocate는 모순어법인가?"라는 의문이 제기될 수 있다. 나는 이러한 이중의 역할이 모순되지는 않지만 매우 큰 주의를 요한다고 생각한다. 과학자-대변자는 논쟁의 사실 요소들과 가치 요소들을 서로 분리시키려는 노력을 기울여야 한다. 그러나 무의식적인 편견은 의식적인 편견보다 더 나쁠 수 있다. 편견이 무의식적으로 작용한다면 그것을 바로잡으려는 노력조차 기울일 수 없을 테니 말이다. 의식적인 편견은 적어도 그것을 바꿀 기회는 있다. 무의식적 편견이나 이데올로기적 열의를 가진 대변자는 자신이 인식한 부류의 "진리"에 사로잡혀 버릴 수 있다.

　내가 보기에 과학 관련 정책 쟁점에 대한 대중참여를 가장 잘 지켜낼 수 있는 방법은 주관적 확률 평가를 카리스마 넘치는 몇몇 개인들에게 맡기지 말고 과학자 공동체 전체에게 맡기는 것이다. 혹자는 전문가가 정책적 함의를 갖는 대중 논쟁에 관여하면서 동시에 과학에서 객관성을 유지하는 것은 불가능하다고 말할지 모른다. 그러나 나는 꼭 그렇지는 않을 거라고 생각한다. 일부 사람들이 속임수를 쓴다고 해서 모든 사람들이 그러리라고 생각하는 것은 잘못이다. 편견이나 가치로부터 자유로운 사람은 아무도 없다. 이 사실을 알고 있고 편향을 숨김없이 드러내는 사람들은 가치중립을 가장하는 사람들에 비해 그러한 편향을 확률에 관한 자신의 건전한 판단으로부터 분리시킬 가능성이 좀더 높을 것이다. 만약 목표가 수단을 합리화시킨다는 생각에서 특정한 결과가 일어날 가능성이라고 믿는 내용을 고의로 왜곡한다면 그 사람은 과학자도 무엇도 아니며 단지 부정직한 사람일 뿐이다.

그러나 현실 세계 속에서는 전문가건 일반인이건 간에 복잡한 쟁점의 모든 미묘한 차이들을 설명할 수 있을 만큼 충분한 시간을 갖는 건 불가능하다. 우리는 선별적으로 접근하거나 아예 무시되거나 둘 중 하나를 선택해야 한다. 나는 이를 두고 "이중의 윤리적 구속"이라고 이름 붙인 바 있다(가령 Schneider, 1989를 보라). 내 목소리가 주목을 끌게 하면서 과장은 피해야 하는 딜레마를 해결하기 위해, 나는 논쟁에서 긴급성과 불확실성을 모두 전달해 주는 측면들에 초점을 맞추며 은유를 흔히 사용한다. 예를 들어 기후변화 논쟁에서는 이 문제를 암에 걸릴 낮은 확률에 빗대어 설명할 수 있다. 그러나 그 은유는 위험을 과장한다는 것이 내 생각이다. 만약 암에 걸리면 최악의 경우 당신은 죽게 되지만, 지구온난화가 우리 모두를 죽이거나 자연을 송두리째 파괴할 것이라고는 생각되지 않기 때문이다. 지구온난화는 선별적인 위협을 가하는, 잠재적 심각성을 지닌 스트레스라고 보는 것이 더 온당하다. 따라서 좀더 나은 은유는 기생충이나 쇠약 증세 같은 것이 될 것이다. 그러나 이 역시 기후변화의 위험과 정확히 맞아떨어지는 것은 아니기 때문에 사람에 따라서는 이 은유가 부적절해 보일 수 있다. 그래서 우리는 항상 문제의 복잡성을 단순화시키는 은유를 찾으면서 동시에 사안의 위험과 불확실성을 정확히 전달해야 하는 아슬아슬한 윤리적 상황에서 벗어날 수 없다. 만약 과학자들이 커뮤니케이션을 위한 적절한 은유를 찾지 못한다면 대다수의 시민들은 그들의 말을 들으려고 하지 않을 것이다. 대신 그들은 상대편의 손을 들어주는 것은 자기 일이 아니라고 믿고 있는 이들이 온갖 곳에서 기자들에게 팩스로 보내온 정보광고, 선전, 보도자료를 듣게 될 것이다.

어떤 전문가가 은유를 써서 커뮤니케이션을 하고 기자들이 인용하기 쉬운 짧은 문구^{sound-bite}들이 판치는 세계에서 역할을 하려 나선다면, 그 사람은 나처럼 불편함을 느낄지 모르지만 최대한 책임 있는 자세를 취한다는 점에서는 한 걸음 더 나아가게 된다. 또한 공적으로 입장을 밝히는 공공 과학자나 과학 단체들은 그러한 입장을 뒷받침하는 자료들을 여러 단계로 제시할 필요가 있다. 여기에는 신문의 특집 기사용의 짧은 자료(기자들이 인용하기 쉬운 짧은 문구들의 나열)에서 좀더 깊이 있는 내용을 제공하는 『사이언티픽 아메리칸』 길이의 대중적 기사, 그리고 5년에 한 번쯤 나올 만한 단행본 분량의 책 등이 포함된다. 그런 책들은 어떤 쟁점에 관해 잘 이해된 측면들을 상세히 다루면서 이를 좀더 추측적인 측면들로부터 분리시켜야 한다. 책에서는 또한 과학적 증거가 변화를 겪으면서 사람들의 관점이 시간에 따라 어떻게 변화했는지에 대한 상세한 설명을 제공해야 한다. 설사 폭넓은 범위의 질문들에 대한 당신의 구체적인 생각을 진정으로 알고 싶어 하는 대중의 일부가 점점 줄어

든다 하더라도 당신은 최소한 윤리적 자세를 유지할 수 있다. 대중
적 문헌이나 과학 문헌들에 실린 기사나 책을 통해, 관심을 가진 사
람이라면 누구나 알려진 것이 무엇이고 불확실한 것이 무엇인지를
알 수 있도록 최대한 완전하게 공개했기 때문이다. 이는 정직한 과
학의 전제조건이다. 그러나 시간상의 제약이 존재하는 의회나 언론
을 통한 논쟁에서는 완전한 공개라는 것이 가능하지가 않다. 은유
가 역할을 해야 하며, 이 때 여러 단계의 배경 자료들이 완전한 공개
를 위해 필수적이다.

지속적인 재평가

현재 상태의 과학이 잠재적으로 위험하면서 정말 중요한 어떤
문제를 놓쳤거나 우리가 지금 우려하고 있는 어떤 문제가 아무 근
거도 없음이 밝혀졌다면 어떻게 되겠는가? 지금까지의 과정에 또하
나의 요소가 추가되어야 하는 이유가 바로 여기에 있다. 그 요소는
바로 "지속적인 재평가"이다(Schneider, 1997a). 장기적인 위험을
역전시키기 위해서는 즉각적인 행동이 요구되지만 그러한 행동에
는 대가도 따른다. 따라서 우리는 잠재적 비가역성을 가진 대규모
의 피해를 다루는 유연한 관리 체제를 발족시켜야 하며 우리가 해
당 쟁점을 가령 5년에 한 번씩 재고해 볼 수 있도록 해야 한다. 신뢰
성은 정적인 것이 아니다. 새롭게 발견되는 결과들도 있을 것이고,
시간이 지나면서 가능성을 배제할 수 있는 결과들도 있을 것이다.

그와 같은 새로운 지식을 갖추게 되면 — 그러한 지식의 신뢰성은 내가 앞서 제안했던 메타-기구에 의해 부분적으로 재평가될 수 있다 — 정치적 과정을 통해 우리가 애초에 충분히 빨리 행동하지 않았다(혹은 너무 빨리 행동한 것 같다)는 판단을 내리고 그에 맞추어 조정을 할 수 있다. 여기서 문제는 일단 우리가 정책을 시행하기 위해 특정한 종류의 고정된 정치 편제를 만들고 나면 사람들이 기득권에 사로잡혀 정책이나 기구의 조정을 꺼리게 될 수 있다는 점이다.

환경적 소양

　유능한 시민-과학자를 만들기 위한 장기적인 해법으로는 서로 상충되는 주장들의 신뢰성을 평가하는 메타-기구를 설립하는 것 이상이 요구된다. 과학적 평가를 담당하는 메타-기구가 내놓은 평가에 대한 유능한 소비자가 필요한 것이다. 이를 위해서는 교육이 이루어져야 한다. 환경적, 과학적 소양이 필요하다.

　우리는 학교에서 과학적 소양을 거의 가르치지 못하고 있다. "과학관련 교과목 의무수강" 조항을 통해 그렇게 하고 있다고 생각할지 모르지만 이는 착각이다. 단지 어떤 과학 분야들의 **내용**을 알기만 하면(물론 이것도 중요하긴 하지만) 소양이 갖추어지는 것이 아니다. 십여 개에 달하는 관련 분야의 상세한 과학적 내용을 모든 시민들에게 가르치는 것은 실현가능성도 낮고 사실 그럴 필요도 없다. 시민들은 사실 진술과 가치 진술 사이의 차이, 객관적 확률과 주관적 확률 사이의 차이, 패러다임과 입증된 이론 사이의 차이, 법칙과 시스템 사이의 차이, 현상 모델과 회귀 모델 사이의 차이(두 데이터 집합의 단순 연관성과 입증된 이론 사이의 차이를 말한다) 등을 이해할 수 있으면 된다. 많은 사람들은 두 개의 변수 사이에 상관관계가 있으면 이는 곧 인과관계나 예측력을 의미한다고 생각한다. 그러나 상관관계는 법칙이 아니다. 연관성에 의거한 예측이 몇 차례 들어맞았다고 해서 항상 그러하리라는 법은 없다. 신뢰할 만한 예측은 인과적 과정에 대한 모델을 올바르게 만들었을 때 나올 수 있는 것이지, 몇 차례의 상관관계로부터 외삽해 나올 수 있는 것은 아니다. 미래의 조건이 어떤 상관관계가 처음 관측되었던 조건과 달라질 경우 과정 모델은 예측력에 있어 경험에만 전적으로 의존하는 모델을 능가할 것이다. 마지막으로 환경적 소양은 지식 전달의 사회적 과정(즉, 언론)과 결정이 내려지는 정치적 과정에 대한 이해를 그 속에 포함한다(cf. Schneider, 1997c). 여기에는 '1팩스 1표' 선전가들이 제시한 주장과 반대주장들 중 어느 것이 가장 신뢰할 만한지 가려내는 능력도 들어간다. "과학에서의 연방준비이사회" 같은 메타-기구는 여기서 역할을 하게 된다.

시민들은 높은 수준의 환경적, 과학적 소양을 가질 필요가 있다. 그러나 우리는 이를 공식 교육에서는 거의 가르치지 못하고 있다. 나는 초등학교에서 이런 개념들을 가르치는 것을 보고 싶다. 실제 사례나 학생들과의 대화를 통해 사실과 가치를 구별하는 법, 객관적 확률과 주관적 확률의 차이, 효율성과 형평성에 대한 고려의 충돌, 자연 보존과 경제개발의 균형 등을 가르쳤으면 한다. 이는 불가능하지 않다. 나는 환경적 소양이 시민들에게 힘을 불어넣어 정책 과정을 너무나 자주 마비시키는 정치적 소음으로부터 과학적 신호를 골라낼 수 있게 할 것이라고 믿는다.

7장

과학철학은 민주주의의 이상을 코드화해야 하는가?

샌드라 하딩

외부 민주주의 대 내부 민주주의 문제

과학 정보 생산의 경제적 이득과 비용은 한 사회 내에서, 또 사회들 사이에서 어떻게 분배되는가? 누가 사회적, 정치적 이득을 얻고 누가 그 비용을 감당하게 되는가? 그러한 분배를 이뤄내는 결정은 누가 내리는가? 그러한 분배를 이뤄내는 과정은 민주적인가?

근대과학과 민주주의의 기획 사이의 관계를 강화하는 데 관심이 있는 대다수의 사람들은 이러한 종류의 질문들에 초점을 맞추면서 과학의 인지적·기술적 핵심 바깥에 있는 쟁점들을 제기해 왔다. 앞으로 외부 민주주의external democracy라고 칭할 이러한 관점에 따르면, 과학 내부의 핵심 — 자연의 질서에 대한 이론, 모델, 방법, 묘사, 설명 등으로 최선의 검증을 거친 것 — 은 그러한 질문들로부터 면제돼 있다. 이 사람들은 가령 수학, 기술, 과학의 훈련을 누가 받을 수 있는가, 어떤 과학 프로젝트를 지원할 것인지 누가 결정하는가, 연구에서 나온 지식과 기술을 누가 얻을 수 있는가, 과학기술 프로젝트로 인해 발생한 사회적·환경적 위험에 관한 결정을 누가 내리는가와 같은 문제들에 관심을 가져 왔다.

그러한 외부 쟁점들은 일국적 맥락뿐만 아니라 전지구적 맥락에서도 제기된다. 이는 군사적 문제, 환경 파괴, 개발 정책과 시행이 전세계적으로 경제적·정치적 최소수혜 집단들에게 미친 부정적 결과 등에서 과학이 수행한 역할(과학자들의 의도 여부와 무관하게)을 둘러싼 논쟁에서도 나타났다. 예를 들어 자연과학, 특히 물리학에 대한 미국의 자금지원은 국가 안보상의 우선순위와 지나치게 결부돼 있었다. 여기에 더해 그로부터 얻어진 군사 정보와 기술은 라틴아메리카, 중동, 아프리카 등 제3세계 국가 내에서 (혹은 이들 국가에 맞서서) 지나치게 많이 사용되었다. 또 다른 예로, 2차 세계대전 이후의 개발 프로젝트들은 제3세계 국가들이 선진국의 높은 생활수준에 도달하게 만들어 줄 것으로 기대되었다. 개발 프로젝트는 선진국의 과학기술과 그들이 가진 합리적 탐구 및 합리적 조직의 철학을 제3세계에 이전함으로써 성취될 것이었다. 그러나 이러한 프로그램들의 우선순위, 정책, 시행은 선진국과 제3세계 국가들에서 경제적·정치적으로 이미 가장 입지가 탄탄한 집단들을 주로 "발전"시키는 결과를 낳았다. 이는 전세계에서 경제적·정치적으로 이미 가장 취약한 절대 다수의 사람들의 발전을 대체로 저해하거나 잘못된 방향으로 발전시켰다. 대부분의 경우 개발 정책과 시행은 제3세계의 천연자원과 인간 노동의 방향을 바꿔 초국적기업과 선진국 및 개발도상국에 있는 "투자 계층"의 필요에 봉사하게 만들었고, 사회적·환경적으로 파괴적인 생활양식을 그보다 해가 덜한 국지적 관행 대신 가져다 놓았다(Harcourt, 1994; Sachs, 1992; Sparr, 1994). 근대과학의 의제는 종종 일국적 수준에서뿐 아니라 전지구적으로도 반민주적인 기획들과 궤를 같이 하고 있다. 이는 분명 대다수 과학자들이 의도했던 바와 다르며, 많은 경우 — 아마도 대부분의 경우 — 개발 행정가들이 의도했던 바와도 다른데 말이다. 대다수의 사례들에서 바람직한 문화적, 정치적, 환경적 가치들을 보존하거나 진전시키는 것은 개발 기구나 그 후원자들의 의제에 올라 있지도 않다.

외부 민주주의를 촉진하려는 노력은 물론 대단히 중요하지만, 사회적·정치적 중립성이라는 개념이 과학의 내적, 인지적, 기술적 핵심을 특징지을 수 있고, 실제로도 그러하며, 또 그래야 한다는 생각에 도전하지는 않는다. 이는 과학이 가치에서 자유로울 수 있고, 또 그래야 하며, 현존하는 사례들 중에서는 가장 그러하다는 계몽주의적 가정에도 도전하지 않는다. 물론 근대과학은 사회 세계 내에서 수행된다. 과학의 인적, 물적 자원이 더 큰 사회 질서에 의해 제공되어야 한다는 점에서 그렇다. 뿐만 아니라 그러한 자원의 양, 종류, 출처는 시대에 따라서, 또 문화에 따라서 변화해 왔다. 그러나 과학의 초문화적이고 사회적으로 중립적인 이론, 모델, 방법들은 언제 어디서나 동일한 우주의 질서에 관한 사실들을 과학이 찾아낼 수 있게 해 준다고 믿어지고 있다. 외부 민주주의 옹호자들에 따르면, 과학은 사회 안에 있지만, 사회는 과학 안에, 즉 최선의 이론, 모델, 방법 내지 연구 결과 안에 있지 않다.

반면 아래에서 인지 민주주의 cognitive democracy라고 칭할 접근법은 사회적·정치적 우려와 욕망이 일견 순수하게 기술적, 인지적인 것으로 보이는 과학 프로젝트의 핵심에 어떻게 코드화되는가에 관심을 갖는다. 이 글에서 분석하고자 하는 주제는 과학을 민주주의의 기획과 좀더 긴밀하게 연결시키려 할 때 나타나는 이러한 종류의 현상들을 다루는 최선의 방법은 무엇인가 하는 것이다. 그러나 다음 절에서 이에 대해 좀더 상세하게 말하기 전에, 이러한 종류의 기획에 대해 제기될 수 있는 몇 가지 오해들에 먼저 답할 필요가 있겠다.

일부 독자들은 이러한 인지적 접근이 상대주의 인식론을 채택하거나 "이성으로부터의 도피"에 해당하는 것은 아닌가 우려할지도 모르겠다. 하지만 그러한 우려에는 정당한 근거가 없다. 인지 민주주의 옹호자들의 입장은 — 적어도 나를 비롯한 그러한 분석가들 대다수가 발전시킨 형태에서는 — 과학 실천이 사회적·정치적 프로젝트에 "불과하다"거나 과학 실천을 통해 얻어진 자연의 재현이 온전히 그러한 프로젝트에 의해서만 형성된다는 것이 아니다. 그보다는 과학 실천과 그것이 만들어 낸 정보의 기술적, 인지적 요소들이 항상 자연의 질서를 어느 정도 정확하게 나타낸 상이면서, 동시에 사회적·정치적 우선순위, 의미, 이상들을 표상하기도 한다는 것이다. (이러한 접근의 핵심 주장은 아래에서 제시될 것이다.) 경쟁하는 지식 주장들을 평가하는 합리적인 이론적·실천적 기준은 분명 존재한다.

근대과학은 수많은 분명한 방식으로 자연의 질서에 대해 점점 더 오류가 적은 주장들을 얻어 내고 있다.

여기서 "점점 더 오류가 적은"이 "진리"와 같은 것이 아니라는 사실을 간과하기 쉽다. 과학이 절대적인 진리 주장에 도달했는지를 확신할 수 없는 이유에는 두 가지가 있다. 현재의 주장은 추가적인 경험적 증거가 출현했을 때를 대비해 수정할 수 있도록 열려 있어야 하며, 생산적인 개념적 전환의 요구에 대해서도 열려 있어야 한다. 이러한 고려들 — 대문자 진리를 생산했다는 주장을 거부하는 이러한 이유들 — 이야말로 경험과학과 독단적 입장의 구분을 가능케 하는 기준이다. 중세의 천문학자들이 했던 관찰의 대부분은 오늘날의 천문학에서도 여전히 사실로 받아들여진다. 그러나 현대 세계에서 이러한 사실들간에 가정되는 관계와 그것이 갖는 의미는 중세 세계에서 그것에 부여되었던 관계 및 의미와 크게 다르다.

과학철학은 사회적·정치적 우려와 욕망이 드러나는 장소 중 하나이다. 과학철학을 생산하고, 사용하고, 탐구하고, 수정하고, 개선하는 것은 단지 전문 철학자들뿐 아니라, 과학자, 과학정책 결정자, 관리자, 그리고 — 숨 쉬는 공기, 먹는 음식, 일상생활의 기술, 그 외 수많은 다른 방식으로 과학의 산물을 소비하고 있는 — 시민들 모두가 항상 하는 일이다. 다시 말해 어떤 주제에 관한 철학적 사고가 전문직에 의해 독점되는 경우는 드물다. 다른 집단들도 종종 전문 철학자가 직업적으로 초점을 맞추는 인간 활동의 일반적·규범적 이론에 대해 나름의 이해관계를 갖고 있기 때문이다.

여러 독자들에게는 과학철학에 대한 관심이 근대과학과 민주주의 정책 및 실천 사이의 더욱 긴밀한 연결을 촉진하는 현실 속의 프로젝트와는 대체로 관련이 없어 보일지도 모르겠다. 내가 주장하려는 바는 우리의 일상 활동에 강력한 영향을 미치는 것이 바로 그와 같이 코드화된 이상이라는 것이다. 그와 같은 이상은 외부 민주주의 옹호자들에게 우려를 자아내는 바로 그러한 종류의 반민주주의적 정책과 실천을 자연스럽고, 논리적이고, "상식적"이고, 그 외 다른 방식으로 바람직한 것처럼 보이게 한다. 근대과학을 형성하는 외부 반민주주의적 정책 및 실천과 과학의 인지적 핵심의 철학적 측면에서 볼 수 있는 그러한 정책 및 실천의 모델 내지 이상화 사이에는 일치하는 면이 있다. 뿐만 아니라 이러한 논증은 또 다른 점을 지적한다. 그러한 반민주주의적 이상화에는 좀더 분명하게 눈에 띄는 정치적 대가뿐 아니라 중대한 과학적 대가도 수반된다는 것이다.

또 다른 단서조항 하나. 아마도 이러한 관심이 사회적으로 중립인 과학과 그에 대한 설명 속으로 원래 없었던 사회적·정치적 요소들을 도입하는 것처럼 보일지도 모른다. 그러나 이후의 내용에서 분명히 드러나겠지만, 이 문제를 숙고하는 모든 사람들은 근대과학이 바로 그러한 사회적·정치적 우려와 욕망을 이미 코드화한 것임을 알고 있다. 대신 여기서의 문제는 근대과학이 좀더 효과적으로 민주주의의 이상을 코드화해야 하는지, 어떻게 하면 그렇게 할 수 있으며, 어떤 근거에서 그러한 권고를 정당화할 수 있는지 하는 것이다. 과학의 인지적 핵심에서 사회적·정치적 우려와 욕망을 배제하는 무익한(여기서의 논증에 따르면 바람직하지도 않은) 프로젝트에 몰두하게 되면 이러한 종류의 중요한 쟁점들의 의미를 깎아내리고 관심을 다른 곳으로 돌리는 결과를 초래한다.

과학철학이 민주주의의 이상들을 코드화할 수 있는 측면들은 많다. 여기서는 그 중 단 하나에만 초점을 맞출 것이다. 나는 다른 지면을 통해 특히 보편성의 이상universality ideal이 과학적으로, 또 정치적으로 제대로 기능을 하지 못한다고 주장한 바 있다(Harding, 1998, chapter 10). 보편성의 이상을 추구하는 것은 지금도 그렇고 과거에도 항상 지식의 성장에서 중요한 자원이 되어 왔던 인지적 다양성을 평가절하한다. 이어지는 절들에서는 그러한 논증을 요약하고, 이어서 그럼에도 불구하고 오랜 보편성의 이상에서 민주적 과학에 중요한 무언가를 여전히 유지할 수 있고 또 이를 변형시킬 수 있다고 제안할 것이다. 우리는 어떤 사람의 가설을 보편화하려는 시도 — 그것이 인지적·문화적 기원에서 얼마나 멀리 떨어진 곳에서 가치를 갖는지 알아보는 것 — 가 가치 있다는 인식을 계속 유지할 수 있다. 그러나 그러한 과정이 바람직하다는 것 자체도 보편화되어야 한다. 과학철학은 근대과학의 전통과 다른 수많은 과학기술 전통들이 그것이 기원한 장소로부터 멀리 떨어진 곳에서도 가치를 입증할 수 있는 요소를 간직하고 있다는 인식을 의당 고무해야 할 것이다. 뿐만 아니라 어떤 한 문화의 과학기술 전통이 그러한 과정과 그것이 분배하는 인지적 자원의 흐름을 저해하는 역할을 해서는 안 된다는 것도 중요하다. 따라서 인간 지식의 유산을 위해 다양한 문화들에 속한 지식 체계의 독특한 강점을 이해하도록 권장하는 철학적 모델은 과학철학 내에서 민주주의 기풍을 좀더 광범하게 코드화할 때 인지적 미덕과 정치적 미덕을 연결시킬 수 있다.

코드화된 민주주의의 이상

과학 프로젝트에서 문화적, 사회적, 정치적 요소들을 규명하는 작업이 이뤄지면서 그런 요소들에 주목하게 되고 그에 대한 비판적 탐구가 가능해졌다. 과학은 그것이 이뤄지는 역사적 시대와 "일체성"integrity을 갖는다. 이는 토마스 쿤이 지적한 것으로 잘 알려졌고, 뒤이어 쿤 이후의 페미니즘과 탈식민주의 과학기술학에서 보여 준 바 있다(Harding, 1998). 그러한 작업은 우리가 문화적, 사회적, 정치적 요소들에 대해 의식적으로 사고할 수 있게 해 주며, 그럼으로써 이러한 요소들이 어떤 주장이 다른 주장보다 일견 더 합리적임을 보이는 무비판적 증거로 기능하지 못하게 한다. 우리는 연구에 지침을 제공하는 과학철학이 어떻게 이미 정치적 우려와 이상을 코드화하고 있는지를 알 수 있다.

그러나 우리가 그러한 우려나 이상 모두를 제거해야만 하는 것은 아니다. 어떤 우려나 이상은 민주주의에 입각하고 있으며, 이러한 민주주의적 요소들은 지식의 성장을 앞당기는 것으로 생각되고 있다. 예를 들어 과학철학에서 관찰자의 사회적 지위가 과학적 관찰이나 논증의 적절성을 평가하는 기준이 되어서는 안 된다고 주장하면, 누구나 이를 제약이 아닌 강점으로 여긴다. 이러한 의미에서 근대과학은 귀족 정치가 아닌 민주주의가 되어야 한다. 갈릴레오는 누구라도 자신의 망원경을 통해 천상의 사실들을 관측할 수 있다고 주장했다. 마찬가지로 오늘날의 과학 활동은 일개 대학원생도 노벨상 수상자 못지않게 중요한 관찰이나 논증을 해낼 수 있다는 가정을 지지한다. 물론 경험 많은 관찰자가 그렇지 못한 관찰자보다 더 믿을 만한 기여를 할 거라고 기대할 수 있다. 그러나 경험이 적은 관찰자가 가치 있는 관찰이나 주장을 계속 내놓는 것을 보면 이러한 민주주의의 이상이 과학적 가치를 갖는다는 믿음이 정당함을 알 수 있다.

이와 관련해서 연구 결과는 그것을 얻어 내기 위해 필요한 엄격한 절차를 수행할 의사가 있는 어떤 개인이나 집단에 의해서도 재연가능해야 한다. 이는 연구 결과가 공개되어야 함을 의미한다. 연구 결과는 "인류"에 속하는 것이고, 과학적 견지에서 볼 때 그것을 공공이 보지 못하게 숨기는 것은 정당하지 못하다. 이 문제와 혼동할 수 있는, 관련된 외부 민주주의의 문제도 있다. 연구 결과는 또한 누구나 이용할 수 있는 것이어야 한다는 주장이 때때로 공공연하게 제기되어 왔다. 과학지식은 이러한 의미에서도 공공적이어야만 한다는 것이다. 그러한 민주주의 원칙에 대한 호소는 지금도 감지할 수 있다. "인간 지식"의 확장, "인간 복지"의 증진 혹은 "인간 진보"에 대한 기여를 약속하는 프로젝트에 자금을 지원해 달라는 주장에서 이를 볼 수 있다. 과학 연구로부터 혜택은 거의 보지 못하면서 그에 소요되는 비용은 너무 많이 부담하고 있는 집단들이 종종 이러한 주장을 한다. 그러나 오늘날 존재하는 계약, 특허, 사용 허가의 시스템은 사회적 영향력이 매우 큰 과학 연구의 결과가 이러한 의미에서 공공성을 갖지 못하게 만든다. 과학 연구의 결과는 그러한 독점을 강제할 수 있을 만큼 힘센 집단들 — 국가, 대기업, 그들이 후원하는 연구기관 같은 — 에 의해 사유화된다. 이에 따라 많은 점에서 그러한 계약, 특허, 사용 허가의 당사자가 되는 특권을 갖지 못한 시민들은 이제 그들의 삶에 매우 큰 영향을 미치는 연구 결과들에 거의 접근할 수 없게 된다. 그러나 이는 과학 정보의 사회적 "이용과 오용"에 관한 문제이다. 반면 이 글에서 내가 주장하는 바는 연구 결과의 공개가 과학적 방법의 한 부분을 이루는 중요한 민주주의의 이상이라는 것이다. 이는 과학 실천의 인지적, 기술적 핵심의 일부이기도 하다.

다시 한번 과거로 돌아가 보면, 초기 근대과학에서 물질이 어디에나 존재하며 동일한 종류의 질료로 이뤄져 있다는 믿음은 근본적으로 민주주의적인 주장으로 인식되었다. 이는 천상계와 지상계가 서로 다른 종류의 법칙을 따르는, 근본적으로 서로 다른 종류의 물질로 이뤄져 있다는 기독교의 논증에 도전했다. 사물의 위계에 도전하는 것은 기독교의 물질관이 모델로 삼은 정치적 위계에 도전하는 것이기도 했다. 초기 근대과학의 도래 이후 기독교적 위계는 "자연의 질서"에 모델을 제공하는 능력을 잃어버리기 시작했고, 그 역도 마찬가지였다. 지상계와 천상계를 구성하는 물질이 점차 동일하고 동등한 것으로 간주되었기 때문이다. 이 사례 역시, 과학의 인지적 핵심 — 이 경우에는 과학적 존재론 — 에 정치적 이상이 코드화되는 것에는 별반 새로울 것이 없음을 보여 준다. 이는 정치적 중립성이 과학의 정치에 승리를 거둔 사례가 아니라, 하나의 정치가 다른 정치를 대체한 사례로 보아야 할 것이다. "사물의 동등성"equality of material bodies은 페미니즘과 인종 이론가들이 주장해 온 것처럼 민주주의의 정치적 원리이거나 그러한 원리가 되어야 한다. 이 글에서 문제삼는 것은 그것이 아니라, 현재 과학의 인지적, 기술적 핵심에 코드화된 정치적 이상이 우리가 원하고 또 원해야 하는 정치적 이상인가 하는 것이다.

내가 말하고자 하는 바는 "정치적으로 올바른" 과학철학이 자동적으로 더 나은 과학, 더 민주적인 사회 질서, 혹은 그 둘 사이의 좀 더 효과적인 연결을 보증한다는 것이 아니다. 그보다는, 자연에 대한 과학적 사고와 과학에 대한 기술적, 대중적 사고 속에 코드화된 사회적 이상이 외부의 정치적 실천 — 바람직한 정치적 실천을 포함해서 — 에 대한 정당화를 제공해 준다는 것이다. 과학의 인지적 핵심에 나타나는 가치와 이해관계들은 정치적으로, 또 과학적으로 긍정적인 결과를 가져올 수 있다. 예전의 과학철학들이 가정했던 것처럼 부정적인 결과만을 가져오는 것은 아니다. 과학에 긍정적인 영향을 미치는 가치와 이해관계들은 특정한 민주주의의 이상을 매력적인 것으로 만들 수도 있다. 초기 근대과학에서 그러한 가치와 이해관계들은 관찰자의 대등성, 정보의 공개성, 일견 다르게 보이는 사물의 동등성을 자연스럽고 "상식적"이고 바람직한 것으로 보이게 만들었다. 아래에서는 우리에게 친숙한 과학철학에서 또 다른 정치적 요소들이 만들어 내는 정치적으로, 또 과학적으로 부정적인 영향 중 일부를 알아볼 것이다.

그러나 그 전에 먼저, 최대한으로 바람직한 "민주주의의 이상"이란 무엇인지 그 자체가 논쟁적인 쟁점이라는 사실을 지적해 둘 필요가 있다.

민주적 사회관계의 기준들

민주주의 사회의 이상을 과학의 인지적 핵심 속으로 받아들이는 것에는 과학적 기준이 있을 것이다. 그러한 이상은 그것이 가져다 주는 정치적 이점에 더해 (앞서 지적했던 친숙한 이상들이 그렇듯) 과학지식의 성장을 앞당길 것을 약속할 수 있어야 한다. 그러나 그러한 민주주의 사회의 이상을 선택할 때의 정치적 기준으로는 어떤 것을 적용해야 하는가? 한 가지 방법은 (희망컨대 상대적으로 논란이 적은) 민주주의 일반의 원칙을 찾아낸 후, 그것에 부합하는 사회적 실천을 명시하려 노력하는 것이다. 그러한 원칙 중 하나로, 의사결정의 결과를 감내하는 사람들이 그러한 결정을 내리는 과정에서 그에 맞게 발언권을 행사해야 한다는 익숙한 주장을 들 수 있다. 물론 이러한 일반적 규칙에는 예외가 있을 것이다. 예를 들어 유아들이나 그 외 대단히 신중하게 정의된 집단들은 그러한 결정을 내릴 능력이 없다거나 현명하지 못한 결정을 내릴 거라고 예상할 수 있다. 예외를 명시하는 것은 그 자체로 모든 민주적 과정에서 중요한 일부분을 이룰 것이다. 그럼에도 불구하고 일반적 원칙은 대단히 많은 상이한 종류의 효과적인 민주주의 실천을 이끌어 왔다는 점에서 매력적이다. 그에 맞는 발언권을 행사할 수 있는 제도와 절차는 상이한 사회적 맥락에서 서로 다를 것으로 예상할 수 있다. 작고, 균질적이고, 구전적인 문화에 적합한 실천은 크고, 이질적이고, 여러 가지 문자 언어를 사용하는 문화에 적합한 실천과 달라야 할 것이다.

정치철학자들은 그러한 민주주의의 명령에 부합하는 것으로 생각되어 온 세 가지 종류의 좀더 구체적인 원칙들이 민주주의에 미치는 다양한 효과를 지적한다. 그 중 하나는 관련 집단들의 이해관계가 의사결정 과정에서 공정하게 대변되어야 한다고 조언한다. 지역적, 국가적, 초국적 과학 심의회에서는 과학기술 결정이 가져올 결과를 감내하게 될 모든 집단들의 이해관계가 정책결정 과정에서 대변되어야 한다. 민주주의 실천에 대한 이러한 개념은 없는 것보다는 낫지만, 비판자들은 이러한 개념이 민주주의에 미치는 효과가 충분치 못하다고 주장한다. 누가 그러한 이해관계들을 대변할 것인가? (권력을 가진 사람들이 그들의 권력 행사 대상인 사람들의 이해관계를 공정하게 대변할 수 있다고 가정해야 하는가?) 어떻게 하면 그러한 심의회들이, 관련 집단은 누구이고, 그들의 이해관계를 가장 공평하게 대변할 수 있는 방법은 무엇이며, 상충하는 이해관계 사이의 갈등을 민주적으로 해소할 수 있는 방법이 무엇인지 알아내는 일에 책임을 지도록 할 수 있을까? 이 원칙은 명백하게 부당한 사회적·정치적 시스템을 정당화하는 데 쓰여 왔다. 이는 종종 정치적·사회적으로 가장 힘이 약한 집단들의 이해관계를 인식하고 적절하게 고려하는 것을 가로막는 온정주의라는 공격을 받아 왔다.

좀더 강력한 제안은 그러한 관련 이해집단의 구성원들 자신이 의사결정을 하는 심의회에서 자기 집단의 이해관계를 대변할 권리를 가져야 한다는 것이다. 이를 위해서는 과학 기관과 프로젝트를 설계하고 관리하는 집단에 여성과 남성, 백인과 흑인 등이 그 수에 비례해 참여해야 한다. 이러한 실천은 어떤 프로젝트에 내재한 반민주적 성향을 고치는 데서 성공을 거둘 수 있다. 풀뿌리조직, "참여행동연구"participatory action research, "아래로부터의" 설계, 그 외 과학기술 프로젝트의 설계에서 "최종 사용자"에게 중요한 발언권을 주는 다른 방법들을 통해 과학기술상의 이득뿐 아니라 정치적 이득도 누릴 수 있다는 풍부한 증거가 있다. 그럼에도 불구하고 이러한 접근은 과학과 정치에 주는 이득을 모두 감소시키는 지나치게 보수적인 방식으로 실행될 수도 있다. 이전까지 여성과 소수집단이 배제되어 왔던 작업장과 정책 집단에 "여성과 소수집단을 추가"하면서 얻은 폭넓은 경험은 그러한 한계를 잘 보여 준다. 어떤 집단이 그렇게 대변될 권리를 갖는지 결정하는 사람은 누구인가? 소수집단 중에서도 가장 덜 위협적인 사람들만 과학정책 심의회에 참여가 허용되는 것은 아닌가? 과학기술 기관 내의 조직 행태에 대한 지배적인 기준 하에서 효과적으로 기능하기 위해 그들이 자신들의 "차이"를 억눌러야 — 자신들의 요구에 대해서는 침묵하거나 지배적 개념이나 관행에 잘 부합하는 일부 주장만을 제시해야 — 하는가? 개인들이 다수 집단의 지배적 담론, 제도, 관행에 효과적으로 맞서면서 자기 집단의 이해를 대변할 수 있을 정도로 강력한 담론을 생산할 수 있을까? 이른바 개발이라는 것이 이미 혜택받은 집단에게 주로 이득을 제공하고 가장 혜택을 받지 못한 사람들의 발전을 저해하거나 잘못된 방향으로 발전시키고 있다는 증거를 내놓는 데만도 수많은 다양한 집단들의 수십 년에 걸친 정치적·지적 작업이 요구되지 않았던가? 이러한 이해는 개발 정책으로 인해 처음부터 불이익을 받은 사람들이 저절로 갖게 된 것이 아니다.

민주적 기준을 달성하기 위한 가장 강력한 제안은 가장 혜택을 받지 못한 사람들이 그러한 결정이 내려지는 제도나 사회 속에서 집단들 간의 진정한 평등을 요구하는 것이다. 성차별주의, 인종주의, 계급 시스템이 사회적, 정치적, 경제적 자원을 더 이상 불공평하게 분배할 수 없게 될 때, 그러한 사회의 제도는 최대한으로 민주적인 의사결정 과정을 비로소 달성할 수 있다. 뿐만 아니라 "진정한 평등"에는 "물질적" 자원뿐만 아니라 상징적 자원도 포함된다. 따라서 어떤 문화의 자민족중심적 기준 — 여러 집단들과 그들이 지닌 사고 및 전통이 동등하지 않다고 보는 — 이 과학의 인지적 핵심에서 이상적 모델로 간주된다면, 우리는 과학의 제도와 문화에서 그러한 집단들의 구성원들 사이에 진정한 평등을 기대할 수 없을 것이다. 거시 사회의 정치가 과학의 인지적 핵심에서 모델로 간주되는 한, 그러한 [자민족중심적] 기준이 다른 방식으로 과학의 실천을 형성하지 못하게 막으려는 노력은 실패로 돌아갈 것이다. 과학 제도 내에서 좀더 민주적이고 공개적인 의사결정 과정을 시도하려는 노력은 반민주적 메시지를 널리 퍼뜨리는 이상적 과학 실천의 모델에 의해 좌절되고 만다. 이상적 과학 실천의 모델은 — 사회적 영향과 비판적인 사회적 분석의 가능성에서 면제되어 있다고들 하는 — 과학의 인지적, 기술적 핵심 속에 숨겨져 있을 때 더욱 강력해진다.

이러한 견해에 따르면, 비민주적 사회에서는 "더 많은 과학기술"이 연구에 따른 이득과 비용을 민주적으로 전달할 것으로 기대할 수 없다. 그러한 조건에서는 "더 많은 과학기술"이 (개별 과학자나 정책결정자의 의도에도 불구하고) 사회적 불평등을 증가시킬 것이 확실하다. 과학의 제도, 문화, 실천만으로는 사회의 다른 제도들에 내재한 비민주적 권력 배분에 대항할 수 없다. 그러한 비민주적 권력 배분은 정치적, 경제적, 사회적으로 이미 혜택받은 사람들만이 과학기술 연구에서 얻어지는 정보를 활용할 수 있는 위치에 있게 만든다. 과학의 제도, 문화, 실천이 서로 충돌하는 정치적 메시지들을 만들어 내는 경우, 그것이 민주적 사회관계를 앞당기고 있다고 기대하는 것은 더욱 더 불합리한 일이다. 그처럼 민주적이지 못한 조건에는 과학적 대가가 따르는데, 이어지는 절들에서는 이 문제를 다룰 것이다. 이러한 상황은 더 많은 과학기술이 "인류에게" 적어도 약간의 이득이나마 항상 가져다 주었다 — 설사 이미 지나치게 혜택을 입은 사람들이 그 밖의 많은 이득을 모두 빨아들였다 하더라도 — 고 생각했던 우리들 대부분에게 다소 침울한 시나리오를 예견하고 있다.

다음 절에서는 현대 과학철학에서 친숙한 한 가지 요소에 대해 검토해 볼 것이다. 반민주적인 가치와 이해관계를 코드화하고 있다는 주장이 제기되어 온 요소, 바로 보편성의 이상이 그것이다. 이러한 이상에서는 어떤 점이 반민주적인가? 그것은 정치적으로, 또 과학적으로 어떻게 기능장애를 일으키는가? 그럼에도 불구하고 민주주의를 추구하는 프로젝트에서 그것의 일부를 되살리려 하는 이유는 무엇인가?

하나의 세상, 하나의 진리, 하나의 과학?

"통일과학"unity of science 명제는 보편성의 이상이 그 속에서 중심적인 역할을 담당한 중요한 사고 체계 중 하나이다. 과학과 그것이 기술하고 설명하는 세상에 대한 이러한 모델은 19세기 말과 20세기 초에 인기를 누렸고, 20세기 전반기에 일종의 지적 운동으로 발전했다. 이러한 모델을 다소 수정한 판본은 지금까지도 많은 철학자, 과학자, 일반 대중에게 대단히 큰 호소력을 가지고 있다. 그러나 오늘날 이는 과학철학자와 과학사학자들이 상당히 회의적인 태도를 보이는 대상이기도 하다(Dupre, 1993; Galison & Stump, 1996).

이러한 논증에 따르면, 하나의 세상이 있고, 그것에 대한 참된 설명은 오직 하나만 가능하며, 자연 그 자체의 질서를 좀더 정확하게 반영한 하나의 진리를 포착할 수 있는 과학도 하나뿐이라는 것이다. 통일성 명제에 대한 대다수의 설명에는 상대적으로 눈에 띄지 않는 네 번째 가정이 있다. 오직 하나의 인간 집단, 이상적 인간에 대한 하나의 문화적 모델이 있고, 그들이 자연의 참된 질서를 분명하게 꿰뚫어 볼 수 있다는 것이다.[8] 근대 초의 과학자나 철학자들이 보기에 이상적인 인간 인식자는 새롭게 교육받은 계층의 구성원 중에서 찾을 수 있었다. 그러한 개인들은 특유의 지식 추구 절차를 사용할 수 있었고, 따라서 그들의 이론은 신의 정신이 창조해 놓은 자연의 참된 질서를 반영할 수 있었다. 마치 신의 정신이 "그 자신의 형상대로" 인간의 정신도 창조한 것처럼 말이다. 과거에 영혼이 기독교 사상에서 차지했던 장소를 현대철학에서 이상적인 인간 정신이 차지하게 되면서, 합리적 인간은 세상의 질서에 대한 유일한 참

---

8. 정치철학자 밸 플럼우드가 내게 이 점을 지적해 주었다.

된 전망의 선택받은 수혜자로서 영적 인간을 대체했다.

통일과학 명제와 거기 내포된 보편적 과학의 이상은 숱한 역사
적 문제들을 안고 있다. 우선 근대과학은 하나가 아니라 여럿이다.
서로 양립불가능한 존재론, 방법, 자연에 대한 모델과 연구 과정에
대한 모델을 가진 수많은 독특한 근대과학들이 존재한다. 만약 "통
일성"이 단순한 조화가 아닌 단일성을 의미한다면, 그것들을 — 방법
론적, 존재론적, 이론적, 언어학적으로 — 하나로 "환원"할 가능성은 더
이상 20세기 초에 가졌던 매력을 발산하지 못하고 있다(Hacking,
1996). 예를 들어 오늘날 대다수의 철학자나 과학자들은 생물학에
서 관심을 갖는 현상을 설명하는 데 있어 물리학에서 유용하게 쓰
이는 종류의 자연적 사물만을 언급하거나, 물리학에서 유용한 방법,
모델, 언어만을 사용하는 것이 합당하다고 보지 않는다. 또한 과학
의 방법을 단일한 것으로 간주해도 무방하다는 주장에서는 어떤 흥
미로운 점도 찾을 수 없다.

이 말은 다양한 과학 분야들이 연구 기법, 모델, 언어, 기타 요소
들 중 일부를 유용하게 공유할 수 있음을 부인하는 것이 아니다. 그
러한 차용은 모든 분야에 새로운 통찰을 지속적으로 제공해 주는
원천이 되어 왔다. 또한 다양한 과학 분야들이 서로의 차이를 뛰어
넘어 의사소통을 하는 효과적인 방법을 찾아낸다는 사실을 부인하
는 것도 아니다(Pickering, 1992). 아마도 "통일성"은 — 통일성 명제
의 초기 옹호자들이 염두에 두었던 것처럼 — 오직 조화만을 의미하는
것으로 받아들여야 할지 모른다. 그러나 수많은 종류의 그러한 조
화가 과학 분야들 사이에 분명 존재함에도 불구하고, 통일성을 그

렇게 해석할 경우 과학의 인지적 핵심의 요소로 보편성을 내세우는 시도는 약화될 수밖에 없다. 보편성을 성취하는 요소들이 전혀 없이도 상이한 요소들간에 온갖 종류의 "조화들" ― 공유, 차용, 의사소통 ― 이 있을 수 있기 때문이다.

뿐만 아니라 전세계적으로 보면 수많은 유효한 과학기술 전통들이 존재한다. 이러한 전통의 요소들은 유럽 과학에 차용되어 왔고, 그 역도 성립한다(Goonatilake, 1984; Needham, 1954ff; Petitjean, Jami, & Moulin, 1992; Sabra, 1976). 어떤 문화에 속한 그 누구건 간에, 통일(단일)과학 명제가 제시하는 것처럼 오직 하나의 과학 전통에만 접근하는 ― 그럼으로써 그러한 복수의 전통들이 제공해 줄 수 있는 자원을 상실하는 ― 것에 높은 가치를 부여해야 할 이유가 무엇이 있겠는가? 아마도 그러한 가치 체계를 유지하는 데는 좋은 이유가 있을지도 모른다. 그러나 그 전에, 인간의 지식 전통에서 인지적 다양성이 어떻게 나타나는지, 또 그러한 다양성이 어떤 점에서 가치 있는지를 성찰해 볼 필요가 있다.

인지적 다양성의 원천

과학기술 전통에서 다양성이 나타나는 이유를 이해하기는 쉬운 일이다. 또한 그러한 다양성이 인간의 과학기술 유산에 가치 있는 자원이 되는 이유를 이해하는 것도 어렵지 않다(Harding, 1998). 우선 문화는 자연의 이질적 질서 속에서 서로 다른 시공간적 위치를 점유하고 있다. 어떤 사람들은 사막에 사는 반면, 다른 어떤 사람들은 비옥한 평원에 산다. 어떤 사람들은 높은 고도에서 사는 반면, 다른 어떤 사람들은 해수면 근처에 산다. 따뜻한 기후와 추운 기후, 척박하고 연약한 환경과 일견 풍족하고 강인한 환경 등 사람들이 살아가는 환경은 다양하다. 어떤 사람들은 제노바에서 카리브해에 이르는 바닷길을 따라서, 다른 어떤 사람들은 케이프 케네디에서 달까지 하늘길을 따라서 자연과 상호작용을 한다. 각각의 문화가 살아남으려면 그 문화가 위치한 환경 내지 그것이 이동하는 환경에 대해 생존과 관련된 질문을 던져야 한다.

뿐만 아니라 문화는 그것이 상호작용하는 환경에 대해 서로 다른 관심을 가지고 있다. 심지어 겉보기에 동일한 환경도 — 예를 들어 사막의 경우 — 상이한 문화에서는 서로 다른 질문의 대상이 될 수 있다. 어떤 문화는 모래땅을 가로지르는 무역로를 통과하는 방법과 낙타와 그것을 탄 사람이 어디서 물을 찾을 수 있는지, 또 낙타와 사람이 모래폭풍에서 어떻게 살아남을 수 있는지를 알고 싶어 할 것이다. 다른 어떤 문화는 인간의 정착과 더 나아가 대규모 농기업의 활동을 위해 인근에 있는 강에서 물을 끌어와 사막에 관개를 하는 방법을 알고 싶어 할 것이다. 또 다른 문화는 특정한 사막을 핵무기 시험장으로 사용하기 위해 이 지역의 지질 구조와 인구에 관한 정보를 원할 것이고, 그와 다른 어떤 문화는 사막의 지표면 아래에 있는 광물이나 석유를 채굴하는 방법을 알고 싶어 할 것이다. 문화들이 자연의 질서 속에서 점하고 있는 서로 다른 위치와 환경에 대한 서로 다른 관심은 그들로 하여금 서로 다른 질문을 던지게 하며, 자연의 질서에 관해 서로 다른 지식의 보고를 발전시키게 한다. 어떤 문화가 일단의 환경적 사안에 몰두하게 되면 다른 환경적 사안들은 무시하게 되므로, 일군의 체계적 지식은 항상 일군의 체계적 무지를 수반하게 된다. 이 둘은 항상 공동생산된다.

　다양한 문화들이 상이한 일단의 지식과 무지를 만들어 내는 경향이 있다는 지금까지의 서술은 어떤 방식으로도 과학의 단일성 명제singularity thesis와 그것이 내포하는 보편성 주장에 대해 도전하는 것처럼 보이지 않는다. 결국 단일성 명제에 따르면, 그처럼 다양한 지식 더미를 하나의 그림틀에 맞추려 노력함으로써 자연의 단일한 질서에 대해 하나의 진리를 제공하는 것이야말로 과학이 추구하는 프로젝트이니 말이다. 여기서 제시되는 모델은 조각그림 맞추기 퍼즐이다. 서로 다른 과학, 과학적 시대 내지 문화가 서로 다른 세부사항을 담은 조각들을 보태서 점점 더 완전한 재현을 이루는 것이다. 그러나 이어서 설명할 인지적 다양성의 두 가지 원천은 앞서 설명한 처음 두 가지 원천을 그것이 일어난 사회적 맥락으로부터 추출하는 것이 얼마나 단순한 분석인지를 보여줄 것이다. 단일성 명제에 아무런 문제도 일으키지 않는 것처럼 보이는 문화적 차이의 처음 두 가지 측면들이 실제로는 지식 체계에서 다른 종류의 양립불가능한 요소들과 뒤얽혀 분리할 수 없는 것으로 나타난다. 이처럼 양립불가능한 요소들은 지식 체계들 사이의 조화(공유, 차용, 의사소통)에 극복불가능한 장애물을 만들지는 않지만, 단일성의 가능성 ― 그리고 바람직함 ― 은 봉쇄한다.

　다양한 문화들이 점유하기에 바람직한 것으로 인식하는 자연의 일부분은 어떤 곳인지, 그러한 문화들은 어떻게 자신들의 이해관계를 개념화하며 또 실제로 어떤 질문을 던지는지 같은 문제들 역시 문화들이 지닌 국지적 담론 자원 — 문화들이 자기 자신과 주변 환경을 이해하는 데 사용해 온 은유, 모델, 서사 — 에 의해 형성된다. 예를 들어 유럽인들이 지난 5세기 동안 자신들의 주위에 있는 세상을 개념화하면서 그러한 환경에 대해서 물어 왔던 여러 다른 종류의 질문들을 생각해 보라. 무한한 자원을 공급해 주는 풍요의 뿔을 가능케 하는, 살아 있는 유기체("어머니 지구")로서의 자연에 대한 모델이 과학 연구를 이끌었다. 아울러 자연을 신의 정신이 만들어 낸 산물로 여기는 기독교적 개념도 그런 역할을 했다. 근대과학의 방법을 실천하는 것은 신의 정신을 좀더 자세히 이해할 수 있는 기회를 제공해 주었다. 이는 오로지 신이 자신의 형상대로 창조해 낸 인간에게만 주어진 기회였다. 이와 동시에 과학 연구는 자연을 마치 시계와 같은 간단한 기계 장치로 보는 표상에 의해 인도되기도 했다. 그로부터 수 세기가 지난 오늘날에는 자연의 질서를 생체되먹임biofeedback 컴퓨터 같은 복잡한 기계 장치로 표상하고, 환경과학에서는 구명선이나 우주선으로 표상하는 것을 볼 수 있다.

이러한 자연의 모델은 과학자들이 자연의 질서에서 서로 다른 측면에 주목하게 했고, 그들의 이론이 적용될 수 있는 영역을 효과적으로 확장하는 법을 제시했으며, 익숙한 "사실"들을 좀더 만족스러운 설명 패턴에 들어맞도록 재조직하는 길을 제공했다. 물론 혜성, 행성, 항성의 운동에 대한 중세의 관찰 대부분이 오늘날의 천문학에도 남아 있는 것은 사실이다. 그러나 이러한 운동들 사이의 관계나 그것을 어떻게 설명해야 하는지, 또 그것이 사람들에게 의미하는 바가 무엇인지는 이후에 나타난 과학 이론들 및 그와 동시에 출현해 함께 구성된 사회적 프로젝트들에 비추어 변화를 겪었다. 실제로 많은 "사실"들은 언제 어느 곳에 가더라도 동일하지만, 그것이 과학적, 사회적 사고에 갖는 중요성은 엄청난 변화를 겪을 수 있다. 여기에서 중요한 것은 조각그림 맞추기 퍼즐의 이미지가 이러한 역사의 중요한 측면들을 가려 버린다는 점이다. 근대 초 자연에 대한 과학적 모델에서 만들어진 자연의 풍족한 질서에 관한 사실들은 오늘날의 환경 연구에서 얻어진 사실들과 충돌한다. 이처럼 충돌하는 일군의 지식들은 자연의 질서에 대해 단일한 과학적 상을 만들어 낼 수 있도록 서로 깔끔하게 합치시킬 수 없다.

마지막으로 상이한 문화들은 주위의 세상에 대한 지식의 생산을 서로 다른 방식으로 조직하며, 이를 조직하는 방식은 그들이 얻을 수 있는 지식에 영향을 미친다. 이는 물론 과학적 방법의 기본 원칙이다. 자연과 상호작용을 하는 방식이 다르면 얻어지는 지식도 달라진다는 것이다. 이러한 맥락에서 "방법"의 관념은 어떤 집단이 주변 환경과 효과적으로 상호작용하기 위해 필요로 하는 일단의 정보를 조직하는 독특한 방식을 포함하도록 유용하게 확장된다. 오늘날 해양학자와 기후학자들은 연구 프로젝트를 통해 독특한 일단의 지식을 만들어 낸다. 태평양의 섬 주민들은 항성, 바람, 구름, 물결의 패턴을 유심히 관찰해서 지붕이 없는 카누로 수천 마일의 공해상을 거쳐 가령 뉴질랜드와 오스트레일리아까지 항해한 후 다시 안전하게 집으로 돌아갈 수 있었다(Watson-Verran &

Turnbull, 1995). 북극 주민들은 눈 덮인 지역을 여행할 때 비슷한 지식을 발달시켜 왔다.

결국 자신들의 계획에 필요한 유형의 지식을 탐색하도록 명할 수 있는 권력과 자원을 지닌 문화 집단이라면 그 누구라도 독특한 지식의 보고를 발전시킬 것이다. 이러한 보고는 변화하는 환경 조건, 새로운 사회적 관심사, 그리고 다른 문화나 그것의 지식 체계와 교환해 얻은 인지적 자원들에 맞추어 계속해서 수정되어야 한다. 뿐만 아니라 근대과학이든 다른 지식 체계든 간에 그러한 일단의 지식 각각에는 그에 상응하는 일단의 체계적 무지가 수반된다. 따라서 자연의 규칙성에서 일군의 패턴에 — 아울러 지식 생산에서 일군의 관심, 담론, 방법에 — 초점을 맞추는 쪽을 선택하면, 그 문화는 다른 패턴들, 그리고 그러한 패턴들에 대해 다른 관심, 담론, 방법들이 만들어 낼 수 있는 사고방식들을 검증하지 않은 채로 남겨두게 된다. 탈식민주의 과학기술 이론가들은 종종 이런 질문을 던진다. 근대과학이 팽창주의적인 유럽이 아니라 중국, 인도, 중동, 아프리카 같은 세계의 다른 지역에서 발전했다면 어떤 모습을 하고 있을까? 그러한 지역의 문화들에서는 다른 관심사, 다른 담론, 인간 활동을 조직하는 특유의 방식이 나타나지 않는가? 그러한 질문에 대한 답은 알 수 없겠지만, 이 문제를 곰곰이 생각해 보면 이러한 인지적 다양성의 여러 가지 원천들이 제공해 주는 자원들을 인식할 수 있을 것이다.

지금까지의 얘기를 배경에 놓고 보면 보편성의 이상이 왜 정치적, 과학적으로 기능장애를 일으키는지 이해하기가 더 쉬울 것이다.

보편성 이상이 치르는 대가

이제 보편성의 이상이 치러야 하는 정치적, 과학적 대가들을 하나하나 따져볼 수 있게 되었다.

정치적 대가

앞선 절들에서의 논증을 통해 이미 보편성의 이상이 치러야 하는 가장 중요한 몇몇 정치적 대가들이 드러났다. 보편성의 이상은 다른 문화들에서 가치 있는 것으로 입증된 지식추구 형태의 평가절하를 옹호한다. 그러한 지식추구 형태들이 오늘날 국제적 과학기술의 혜택으로부터 사실상 유리돼 있는 집단들의 생존에 매우 긴요한 것인데도 말이다. 예를 들어 아프리카와 남아메리카의 수많은 문화들은 국제적 과학기술에 거의 혹은 전혀 접근을 하지 못하고 있지만, 국지적 지식 전통이 갖는 힘 덕분에 생존을 영위하고 — 경우에 따라서는 번창하고 — 있다.

뿐만 아니라 이러한 전통을 평가절하하는 것은 그것을 사용하는 사람들과 문화를 평가절하하는 것이다. 이는 이러한 집단들을 서구의 군사적 혹은 상업적 프로젝트에 강제로 종속시키려는 계속적인 시도를 정당화한다. 만약 선진국들이 자신들의 지식 체계를 인류가 지닌 집합적 지식의 현재와 미래를 위해 귀중한 요소로 인식한다면, 이른바 경제적 진보를 위해 제3세계 문화를 희생시키는 데 대해 별다른 도덕적 가책을 느끼지 않게 되는 것은 아닐까? 이러한 시각에서 보면 근대과학은 "인류의" 진보라는 미명 하에 최악의 대량학살을 유발한 몇몇 사회적 프로젝트에 대체로 뜻하지 않게 공모해 온 셈이 된다. 만약 선진국의 문화가 인류의 인지적 진보의 중심을 오직 하나 — 바로 자신들의 문화 — 만 상정하는 대신 수많은 다른 중심들을 갖는 것으로 개념화했다면 이런 일이 그토록 쉽게 일어났을까? 보편성 명제는 천연자원에 대한 접근을 이미 정치적, 경제적으로 가장 취약한 사람들로부터 이미 그러한 접근을 활용하기에 가장 좋은 위치에 있는 사람들에게로 계속 이동시키는 것을 정당화한다.

여기에 더해 보편성의 이상은 비유럽적인 것, 경제적으로 절약하는 것, 여성적인 것으로부터 거리를 두는 식으로 합리적인 것, 객관적인 것, 진보적인 것, 문명화된 것, 그리고 훌륭하게 인간적인 것에 대한 모델을 구성하는 것을 옹호한다. 뿐만 아니라 이는 권위주의를 사회적 이상으로 끌어올린다. 하나의 문화("국제적 과학 문화")가 세상에 대한 유일하게 참된 설명을 제공한다는 주장의 정당성을 모든 이들이 인정하는 것이 바람직하다고 단언하기 때문이다. 보편성의 이상이 갖는 권위는 두드러지게 합리적, 진보적, 문명적, 인간적인 것을 위해 없어서는 안 되는 것으로 제시된다. 이러한 측면에서 보면 보편성의 이상은 정치적으로 전혀 중립적이지 않다.

그러나 보편성의 이상이 요구하는 대가는 그러한 정치적 대가 말고도 또 있다.

과학적 대가

우선 보편성의 이상은 인지적 다양성의 감소를 정당화한다. 모든 문화의 과학기술 프로젝트의 성장에 지속적인 자원을 제공해 온 것이 바로 그러한 다양성인데도 말이다. 지역의 환경과 그것이 줄 수 있는 자원에 대한 새로운 이해를 차용할 수 있는, 아울러 자연과 그 속에서 인간의 위치에 대한 은유, 모델, 서사와 새로운 탐구 기법 및 지식의 생산을 조직하는 새로운 방법을 차용할 수 있는 다른 지식 체계를 이용할 수 없다면, 그 어떤 지식 체계도 오직 그 자신의 "문화" 안에서 생길 수 있는 것에 옴짝달싹 못하고 갇히게 될 것이다. 만약 유럽인들이 접했던 다른 문화들의 지식 전통으로부터 수집해 온 자원들이 없었다면, 근대과학은 대단히 빈곤해졌을 것이다. 뿐만 아니라 우리는 미래에 어떤 지식을 필요로 하게 될지를 미리 알 수 없다. 사회적, 자연적 환경이 변화하고 새로운 필요와 욕망이 발달할 것이기 때문이다. 서로 다른 문화들이 자연과 사회관계에 대해 사고하는 방식은 끊임없이 진화를 거듭할 것이고, 이는 서로의 프로젝트에 가치 있는 자원을 계속해서 제공할 것이다. 인지적 다양성을 감소시키는 것은 생물다양성을 감소시키는 것만큼이나 어리석은 짓이다.

둘째, 많은 사례들에서 보편성의 이상은 잠재적으로 더 강력한 주장 대신 그보다 덜 지지되는 주장을 받아들이는 것을 정당화한다. 만약 어떤 주장의 존재론(그것이 초점을 맞추는 세상의 측면들), 그런 주장에 대한 증거를 수집하는 데 사용된 방법, 혹은 그런 주장에 접근하는 모델과 서사가, 지배적인 존재론·방법·모델·서사에 들어맞지 않는다면, 이는 경험적 증거는 훨씬 더 약하지만 지배적인 과학 모델에 부합하는 주장보다 덜 그럴듯한 것으로 평가를 받을 수 있다. 여기서 내가 "덜 지지되는 주장"이나 "'약한 경험적 증거"
같은 표현을 쓴다고 해서 내가 과학적 주장에 대해 보편적으로 받
아들여지는 기준이나 경험적 보고의 오류불가능성을 가정하는 것
으로 이해해서는 안 된다. 내가 말하고자 하는 바는 문화적으로 탈
맥락화된 일단의 기준들을, 증거를 평가하는 유일한 잣대로 정당화
하게 되면 과학적으로 많은 대가를 치를 수 있다는 것이다. 물리과
학의 분석에 전적으로 의지하는 환경 연구는 사회과학자들이 환경
연구에 도입한 유형의 분석을 "최선의 설명"을 위한 가치 있는 요소
로 인식하지 못할 것이다. 물론 각각의 문화가 자체적인 지식 체계
의 자원 내에서 다른 문화들의 주장을 "검증"하는 것은 가치 있는 일
이다. 문제가 되는 것은 그러한 절차가 선호하는 지식 체계 내에서
어떤 주장이 갖는 능력을 확인했다고 보는 대신, 그러한 주장의 가
치를 올바르게 파악해 냈다고 가정하는 것이다. 어떤 주장이 틀렸
다는 압도적인 증거가 있는 경우와 어떤 주장이 아직 공정한 검증
을 받지 못한 경우, 혹은 자연적 내지 사회적 질서에 특정한 유형의
개입이 영향을 미치는지에 대해 아직 적절한 설명이 존재하지 않는
경우 사이에는 중요한 차이가 있다.

이 때문에 셋째로, 보편성의 이상은 특정한 과학적 주장에 대한
가장 심오하면서도 설득력 있는 몇몇 비판들에 저항하는 것을 정당
화한다. 과학적 논의의 잘 확립된 경계 내에서 나온 것으로 인식되
지 못한 비판들은 정당하게 평가절하되고 무시될 수 있기 때문이다.
그래서 페미니스트 분석들은 끊임없이 과학의 외부에서 온 것으로
개념화된다. 가령 페미니스트 생물학자들이 진화 이론에 대한 표준

적 해석과 여성의 신체 과정에 대한 의학적 재현을 비판할 때처럼 비판자들이 존경받는 과학자들인 경우에도 말이다. 마찬가지로, 서구의 과학기술 전문성에 대한 탈식민주의 비판들은 비판자들이 서구 과학의 훈련을 받은 사람들인 경우에도 종종 과학의 외부에서 온 것으로 거부된다. 비판자들의 목표가 서구의 과학 전문성들을 통째로 거부하는 것이 아니라 이를 국지적 지식 체계들로부터 나온 통찰과 더 잘 통합하는 것인 경우에도 그렇다. "엄밀한 논박"을 감지하는 능력은 그러한 엄밀함을 실재하는 유일한 과학이 독점한 것으로 간주될 경우 약화될 수밖에 없다.

다음으로, 보편성의 이상은 자연과 과학 모두에 대해 협소한 개념만을 촉진한다. 물리학이 모든 과학을 위한 모델이라고 가정하는 한 — 그 근거가 역사적이건, 존재론적이건(즉, 일차 성질에 초점을 맞추느냐 이차 성질에 초점을 맞추느냐), 방법론적이건, 그 외 다른 것이건 간에 — 자연의 질서를 이해하는 다른 방식들은 평가절하될 것이다. 한 가지 예만 들자면, 이는 그저 자연적, 과학적, 기술적 변화일 뿐이라고 종종 제시되는 것에서 사회적 요소들에 초점을 맞추는 능력을 가로막는다.

또 다른 한계는 하나의 참된 과학이라는 이상이 어떤 지식 체계도 체계적인 지식의 패턴뿐 아니라 무지의 패턴도 만들어 낸다는 사실을 가려 버린다는 것이다. 모든 지식 체계는 그 나름의 한계를 갖는다. 그것의 우선순위가 자연의 질서에서 어떤 측면을 연구할지, 어떤 질문을 던질지, 어떤 은유, 모델, 서사, 그 외의 담론 자원들을 사용할지, 어떤 방식으로 지식의 생산을 조직할지 등을 선택하기 때문이다. 이러한 점에서 지식 체계는 토머스 쿤의 패러다임과 유사하다. 지식 체계는 그것이 만들어진 장소에서 멀리 떨어진 곳에서도 도움이 될 수 있지만, 모두 나름의 한계를 가지고 있으며 머지않아 그로부터 얻어 낼 수 있는 것은 눈에 띄게 줄어든다.

마지막으로, 자연과학에 대한 그러한 모델은 물리주의 심리학, 경제학·정치학·국제관계에서의 합리적 선택이론, 실증주의 사회학 같이 자연과학을 모델로 삼은 사회과학 분야들에서 유사한 문제들을 부추긴다. 뿐만 아니라 사회과학에서 그러한 모델의 유행은 또 다른 측면에서 나쁜 영향을 미친다. 그러한 모델에 반대하는 사회과학자들이 미시적인 것과 국지적인 것에 전적으로 초점을 맞추는 것 외에는 아무런 대안도 찾지 못한다는 점에서 그렇다. 보편성의 이상이 유일한 대안인 상황에서는 상대주의적 인식론의 입장이 너무나 매력적인 것으로 비치기 시작한다. 자연주의적 사회과학이 국지적인 것을 평가절하하는 데 반발해, 이처럼 다른 사회 연구 프로젝트들은 국지적인 것 내에 머무른다. 보편주의자와 상대주의자의 입장은 실로 동전의 양면 같은 존재이다. 그 결과 보편주의의 개념적 세계는 상대주의적 입장을 통해 모호한 형태로 개진된다.

결국 보편성의 이상을 고수하는 것은 정치적, 과학적으로 큰 희생을 치르는 결과를 가져온다.[9]

---

9. 여기서 열거한 기능장애의 몇몇 결과들은 존 두프레(Dupre, 1996)가 "통일 과학주의"(unity of scientism) 명제라고 부른 것과 관련해 지적한 여러 문제들에도 나타나고 있다.

보편화를 보편화하기

　　그러나 보편성의 이상은 국제적 과학문화건 그 외 다른 문화에서건 보존될 만한 가치가 있는 과학 연구의 몇 가지 특징들을 포착해 내고 있다. 나의 주장은 그 이상을 완전히 포기해야 한다는 것이 아니다. 우선 이는 우리가 속한 서구 계몽주의 유산의 일부로 너무나 깊숙이 뿌리내리고 있어서 그렇게 쉽게 포기할 수는 없다. 우리가 그런 엄청난 과업을 달성할 수 있을 거라고 상상하는 것은 도피주의자의 환상이다. 서구의 지배적인 자기 이미지의 핵심 부분을 포기하는 데 착수하는 것은 여행객에게 어울리는 "방탕아"의 지위를 확인시켜 줄 뿐이다. 대신 내가 가진 목표는 이러한 이상의 어떤 부분이 여전히 가치가 있는 것인지, 또 어떻게 하면 그것을 적절하게 재개념화할 수 있는지를 규명하는 것이다.

　　여기서 한 가지 유용한 아이디어는 비록 모든 믿음과 기술적 실천들이 어떤 지역적 문화의 프로젝트 속에서 만들어지긴 하지만 그 중 일부는 다른 것보다 훨씬 더 유용한 것으로 판명될 수 있다는 것이다. 믿음은 단지 그것이 "지역적"이기 때문에 자동적으로 더 가치 있는 것이 되는 것은 분명 아니다. 결국 개인과 문화가 심한 추위와 더위, 허리케인, 홍수, 화재, 오존 구멍, 치명적인 질병에 대한 노출, 니코틴이나 독성 폐기물에 의한 오염 등으로부터 피해를 입지 않는 방법을 알아내지 못한다면, 그들은 더럽고, 짧고, 야만적인 삶을 살아갈 수밖에 없다. 어떤 믿음들은 다른 곳으로 잘 전파되며, 그것이 처음 생겨난 것과는 매우 다른 장소 및 시간, 맥락 속에서도 계속 살아남아 유용한 것으로 자리 잡는다. 그래서 하나의 믿음을 **보편화하**는 시도는 바로 그것이 어떠한 맥락에서 경험적 증거를 모으고 유용성을 입증할 수 있는지 알아보는 시도라고 할 수 있다. 이 용어를 언어적 형태로 제한하면 단순히 모든 지식 체계에 공통된 어떤 활동을 가리키게 된다. 이를 위해 세상에 대한 진리는 하나뿐이고 그러한 진리를 포착할 수 있는 과학도 단 하나라는 주장까지 받아들일 필요는 없다.

아울러 통일과학 주장의 네 번째 가정 — 그러한 과학을 발전시킬 수 있는 집단 내지 인간 문화는 오직 하나뿐이라는 — 을 받아들일 필요도 없다. 과학사가 잘 보여 주는 바와 같이, 수많은 서로 다른 문화에 속한 과학기술 전통의 요소들이 특정한 역사적 시점에서 서구과학 — 지금의 "국제적" 과학 — 속에 자리를 잡았고 반대로 서구과학의 요소들도 다른 지식 체계 속으로 통합되었다. 모든 지식 체계는 잡종이며, 그것이 계속해서 성장할 수 있는 능력은 지속적으로 새로운 인지적, 물질적 — 자연적, 기술적 — 자원들에 접하는 데서 나온다. 따라서 이러한 보편화 과정은 동시대에 존재하는 수많은 서로 다른 지식 체계들에서 일어날 수 있고 또 실제로도 일어나고 있다. 우리는 이러한 과정이 오직 근대 서구과학에서만 일어난다고 보는 대신, 서로 다른 문화들의 보편화 실천을 보편화하는 것을 가치 있는 것으로 개념화할 수 있다. 프톨레마이오스 천문학의 요소들이 그와는 크게 다른 코페르니쿠스 천문학의 개념적 세계에서도 여전히 가치 있었던 것처럼, 수많은 서로 다른 문화들의 탐구 전통에 속한 중요한 요소들이 그와는 다른 현대 생의학 지식체계 속에서 가치 있는 것이 되어 왔다.

그러한 시각은 단 하나의 완벽한 체계를 발전시키는 것보다 서로 크게 다른 지식 체계들을 발전시키는 것에 우선순위를 두는 결과로 이어질 수 있다. 이는 현대 과학철학이 민주주의의 이상을 좀 더 효과적으로 코드화할 수 있는 — 그럼으로써 민주주의 사회운동에도 도움이 되고, 모든 지식 체계가 융성하기 위해 필요로 하는 인지적 자원을 유지하는 데도 도움이 되는 — 한 가지 방법이라 할 것이다.[10]

---

10. 이 글에서 제시한 몇몇 주제들은 Harding(1998)에도 개진되어 있다.

8장

과학기술의 민주화

대니얼 리 클라인맨

과학기술에서의 민주적 참여에 대한 논의는 불분명함과 그에 따른 오해로 인해 종종 훼손되고 있다. 이 장에서 나는 이처럼 종종 모호한 논의를 어느 정도 명료하게 하고 과학기술 영역의 시민참여를 전반적으로 옹호하는 주장을 펼치려 한다. 이를 위해 내가 하려는 일은 세 가지이다. 첫 번째로 기존의 사례연구와 분석에 의거해 과학기술 사안에서 시민참여의 몇 가지 형태를 구분할 것이다. 이와 같은 설명을 통해 과학기술 영역의 시민참여라는 쟁점에 관한 생산적 논의를 위해서는 용어에 대한 합의가 중요하다는 사실이 분명하게 드러날 것이다. 논쟁 참가자들이 과학기술 사안에 대한 민주적 참여에 반대하는 것도 분명 있을 법한 일이다. 그러나 만약 토론자들이 서로 다른 정의에 입각해 발언을 한다면, 견해 차이는 상이한 가치나 평가가 아닌 오해의 결과일 수도 있다. 토론에서 사용되는 용어들을 명확하게 정의하면 논쟁에서 과장된 수사나 단순화를 넘어 실질적 차이가 구체적으로 드러날 수 있을 것이다.

이 장의 두 번째 임무는 증거를 제시하는 것이다. 과학기술 영역에서 시민참여에 대한 반대의 많은 부분은 대체로 일반인들이 과학의 미묘한 기술적 차이와 방법론적 복잡성을 이해할 능력이 없다는 주장에 근거를 두고 있다(cf. Levitt & Gross, 1994b). 그러나 내가 여기서 묘사하는 사례연구들에 따르면 항상 그런 것은 아니며, 따라서 그러한 단언은 과학기술에 관한 의사결정에서 일반인들을 배제하는 선험적 기초를 제공할 수 없게 된다.[1]

시민들이 과학기술에 대한 논쟁에서 지적인 참여를 할 능력이 있다면, 핵심적인 질문은 '어떠한 조건 하에서 그러한가?'가 된다. 이것이 내가 고려한 세 번째 사안이다. 나는 앞선 장들에서 다뤄진 사례들을 돌아보면서, 최적의 시민참여는 적절한 시간과, 기타 자원들, 깊숙이 자리 잡은 가정들을 검토할 기회, 사회적으로 중요한 불평등 형태의 영향을 약화시키는 메커니즘 등에 달려 있다고 주장할

---

1. 나는 많은 과학자들이 자신들의 연구의 핵심으로 생각하는 "기술적" 문제에 대한 시민들의 이해가 중요하다는 생각을 진지하게 받아들이지만, 이와 동시에 전통적인 "과학적 소양"(scientific literacy) 개념의 정의를 확대할 필요가 있다며 이 개념을 비판하는 이들의 견해에도 동의한다(Claeson, Martin, Richardson, Schoch-Spana, & Taussig, 1996, p. 102). 윈은 이렇게 말한다.

   대중의 과학이해와 관련된 쟁점과 문제는 …… 지식의 사회적 목적, 그리고 서로 다른 맥락에서 무엇을 "견실한 지식"으로 간주할 것인가 하는 인식론적 쟁점들과 …… 분리될 수 없다. 이는 다시 과학의 제도 — 과학의 소유, 통제, 실천의 형태 — 에 관한 질문들을 부각시킨다. 이러한 쟁점들을 대중 논쟁에서 배제하게 되면 효과적인 대중의 과학 수용과 문화의 가능성은 약화된다.(Wynne, 1996b, pp. 43, 44)

것이다. 이러한 맥락에서 나는 과학기술 사안에 대한 민주적 참여를 강화할 수 있는 제안의 개요를 간략하게 제시할 것이다.[2]

민주화된 과학의 다양한 유형들

기술과학 영역에서 시민참여의 사례들은 여러 가지 차원으로

---

2. 민주적 참여를 왜 촉진해야 하는가 — 설사 그것이 가능하다 하더라도 — 라는 질문은 이 장에서 다루지 않았다. 이 질문에 대해서는 단일한 답변이 있는 게 아니다. 기술관료적 논증에 따르면, 과학기술 영역에 대한 시민참여의 증대는 그러한 참여의 결과가 의사결정을 전문가들에게로 국한했을 때 얻어진 결과보다 우수하다는 사실이 입증되지 않는 한 아무런 의미도 없다(cf. Breyer, 1993). 시민참여에 관한 문헌들은 이 점에 있어서 단일한 입장을 보이고 있지 않다. 그러나 Krimsky(1984), Epstein(1996) 등의 연구는 특정한 조건 하에서 시민참여가 "더 나은 과학"을 만들어 낼 잠재력을 가진 것으로 제시하고 있다. 민주적 참여를 옹호하는 가장 흔히 볼 수 있는 논증은 일반 시민들이 "납세자들의 돈으로 지원을 받고 광범위한 사회적 영향을 미치는" 과학 연구에 관한 의사결정에 참여할 권리가 있다는 것이다(Goggin, 1984, p. 29). 이러한 논증의 계보는 멀리 미국혁명까지 거슬러 올라간다. 과학기술 영역에서 시민참여를 옹호하는 좀더 근본적인 수준의 정당화는 "강한 민주주의자"(strong democrat)가 제시하고 있다. 그들은 "사람들이 [과학기술 문제를 포함해서] 자신들의 삶에서 기본적인 사회적 조건들에 영향을 미칠 수 있어야 한다"고 주장한다(Sclove, 1995, p. 25). 강한 민주주의자들은 대의제 민주주의에서 그치지 않고 참여민주주의를 요구한다. 물론 국가가 지원하는 경제개발과 사회복지 같은 사안들에 관한 의사결정은 국가가 지원하는 과학을 둘러싼 숙의와 중요한 점에서 다르며, 따라서 후자에 관한 의사결정은 다른 방식으로 다뤄져야 한다는 주장도 있을 수 있다. 마찬가지로, 과학기술 문제에 대한 참여민주주의적 관여는 한마디로 비현실적이라는 주장도 있다.

이런 문제들에 대한 논의는 이 글의 범위를 훌쩍 넘어서는 것이다. 그러나 그러한 논의가 우리 사회에서 전문가들의 역할이나 과학기술 영역에서 시민참여의 적절한 성격과 정도에 대한 대중적 토론의 범위를 넘어서는 것은 분명 아니다. 이 문제에 관한 상이한 입장들의 개관은 Jennings(1986)를 보라. 시민참여, 대중논쟁, 민주주의 이론에 대한 좀더 일반적인 논의는 Bachrach(1975), Barber(1984), Bohman(1996), Garson & Smith(1976), Gelhorn(1972), Heberkin(1976), Pateman(1970) 등을 보라.

구분할 수 있다.[3] 먼저 시민참여의 성격이 어떤 것인지 물어야 한다. 참여 과정에서 전문가들의 배타적인 영역으로 통상 이해되는 활동과 의사결정에 시민들이 어느 정도까지 관여하는가? 시민들은 어떤 시점에서 이러한 과정에 관여하는가? 둘째, 전문가 관여의 성격을 이해해야 한다. 셋째, 시민-과학자 상호작용의 조직적 동학을 고려해야 한다. 시민과 전문가 집단 각각의 관여의 성격을 누가 정하는가? 토론 내지 참여의 조건을 누가 정하는가? 시민들은 데이터, 측정 수치, 분석 등에서 전문가들에게 어떤 방식으로, 또 어느 정도로 의존하는가? 마지막으로 관련된 행위자들이 "기술적" 고려와 "비기술적"(즉, 사회적 내지 윤리적) 고려를 얼마나 분리된 것으로 보며, "기술적" 문제는 시민들이 고려하기에 얼마나 적합한 것으로 보는가를 평가해야 한다.[4] 과학자 공동체가 취해 온 고전적 입장에 따르면, 기술적 사안들은 전문가들의 고유한 영역이며 오직 비기술적

---

3. 여기서 시민참여의 사례들을 구분하는 가능한 모든 차원들을 열거한 것은 아니다. 다만 이러한 차원들을 통해 서로 다른 사례들을 구분할 수 있고, 과학자들이 보이는 저항의 성격과 성공을 가로막는 실천적 장벽을 이해할 수 있으리라고 기대하는 것뿐이다. 시민참여의 형태들을 평가하고 구분하는 데 쓰이는, 이와 다르면서도 관련이 있는 기준들은 Arnstein(1969), Krimsky(1984b), Laird(1993)에서 볼 수 있다.
4. 과학기술의 사회적 연구에서 폭넓은 일련의 작업들은 기술적인 것과 비기술적인 것 — 과학적인 것과 사회적인 것 — 사이의 경계가 본질적이거나 자연적인 것이 아니라 사회역사적 과정에서 빚어진 결과임을 보여 주고 있다. 현실 속에서는 대중논쟁이나 과학자들간의 토론에서 이 둘은 선명하고 확연하게 구분되는 것으로 흔히 가정된다. 기술적 문제는 과학자들이 연구 내지 연구 관련 활동에서 다루는 실질적 고려들이고, 사회적 문제는 그 밖의 모든 것에 해당한다. 수용가능한 위험, 도덕적 적절성, 납세자들의 돈을 연구에 할당하는 폭넓은 사회적 우선순위의 결정 등은 보통 이러한 후자의 범주로 분류되는 쟁점이다. 이 글에서는 내가 다루는 사례의 참여자들이 설정한 구분을 수용하고, 이 문제에서의 사회적 상식에 관한 내 판단을 덧붙이겠다.

사안들만이 온당한 시민들의 영역이라는 것이다.[5]

이런 차원들을 고려하면, 과학에서 시민참여의 사례들을 하나의 연속선상에 위치시킬 수 있다. 그렇게 위치시키는 것은 그리 정확한 것은 못 된다. 그 이유는 부분적으로, 연속선상은 하나의 차원만을 다루는 반면 이 글에서는 네 가지 차원을 다루기 때문이다. 그렇지만 이것이 전혀 무의미한 시도라고 할 수는 없다. 이러한 네 가지 차원들이 실제 사례에서는 매우 긴밀하게 상호 연관되는 경향을 보이기 때문이다. 뿐만 아니라, 실제 사례들을 그러한 연속선상에 위치시키고 내가 개관한 네 가지 차원으로 평가를 해 보면 각각의 사례들의 독특한 특성을 더 잘 이해할 수 있다.

모든 사례들은 과학자의 자기통치self-governance라고 이름 붙일 만한 개념과의 대비 하에 정의되어 있다. 마이클 폴라니는 이 개념을 훌륭하게 정의내렸다. 폴라니에 따르면, 그러한 환경에서는 "주제의 선택과 연구의 실제 수행이 전적으로 개별 과학자의 책임이며, 발견에 대한 주장을 인정하는 것은 과학자들 전체가 표현하는 과학적 견해의 관할 하에 있다"(Polanyi, 1951, p. 53). 좀더 일반적인 차원에서, 이러한 경향은 오직 전문가들만이 과학과 그것의 궤적에 관해 결정을 내릴 능력이 있고 "대중의 의지"는 그러한 숙의 과정에 전혀 기여할 수 없다고 가정한다(Polanyi, 1962, pp. 67, 72).

연속선상에서 가장 덜 논쟁적인 끝부분에는 어떤 문제의 사회적 차원을 과학자들이 인정하고, 이는 마땅히 비과학자의 영역이

---

5. 가령 이 장 후반부에 나오는 데이비드 볼티모어의 인용구를 보라.

되어야 하지만 기술적 문제는 전문가들이 고려할 사안이라는 데 모든 당사자들이 동의하는 사례가 있을 것이다. 연방 정부의 연구비 지원 우선순위를 결정하는 전통적 과정을 여기에 위치시킬 수 있다. 선출된 대표자들은 어떤 연방기구가 연구비를 받아야 하고 어떤 프로그램에 그러한 연구비가 할당되어야 하는지를 결정한다. 과학자들은 실현가능한 연구를 가려내고 구체적인 연구 제안서의 "기술적" 장점을 평가한다.[6]

반대쪽 끝부분에는 일반 시민들이 과학적 방법의 규칙들에 도전해서 지식의 생산과 평가에 참여하는 사례들이 있을 것이다. 그러한 사례들은 민주화의 급진적 유형에 해당한다. 전통적으로 훈련된 과학자들의 고유한 영역이라고 여겨져 온 의사결정과 그 외 실천들에 시민들이 관여하기 때문이다. 여기에 더해 그러한 사례들은 기술적인 것과 비기술적인 것이 서로 분리된 영역임을 고수할 때의 어려움을 부각시킨다. 시민들은 적절한 연구 설계와 데이터 수집 절차

---

6. 이러한 정리는 실제 과정을 크게 단순화한 것이다. 의회의 예산배정 결정은 과학자들과 그 외 다른 이해당사자들이 의회에서 하는 공식 증언에 비추어 이뤄진다. 또한 의회의 과학정책 지도자들은 종종 과학자들을 보좌역으로 두고 평가 과정을 돕도록 한다. 여기에 더해 의회는 대통령으로부터 예산 요청도 받는데, 대통령은 자금지원 우선순위에 관해 자문을 하는 행정부 내의 과학 문제 "전문가"들에 의지한다. 아울러 이러한 정리에는 의원들이나 행정부 각료들이 다양한 이해집단과 개인들로부터 받는 비공식 자문이 포함되어 있지 않다. 그러나 중요한 점은 결국 선출된 관리들 — 전문가라고는 볼 수 없는 — 이 **사회적** 우선순위의 측면에서 예산배정 결정을 내릴 것으로 기대된다는 것이다. 물론 "전문가"들이 **기술적으로** 가능하다고 주장하는 것에 비추어 그런 결정을 내려야 하지만 말이다. 보통의 경우라면 기술과학 공동체가 동료심사를 거쳐야 한다고 주장했을 과학기술 프로젝트에 대해 의회가 예산지원 결정을 내리는 일도 간혹 일어난다. 이는 종종 정부가 기술적 영역에 간섭하는 것을 둘러싼 논쟁과 함께 정치적 고려에 따른 예산지원이라는 비판을 불러일으키곤 한다.

가 비기술적 고려에 의해서 형성되어야 한다고 주장할 수도 있다.[7]

과학정책의 민주화

내가 제시할 "민주적 과학"의 사례들이 연속선상의 모든 지점들을 포괄하는 것은 아니다. 대신 나는 기존의 문헌들에서 잘 알려진 몇몇 사례들을 선정했고, 과학 영역의 시민참여에서 중요한 쟁점을 이해하려 할 때 감안해야 하는 독특하면서도 중요한 요인들을 부각시켰다.

앞서 언급한 것처럼, 연속선상의 한쪽 끝에는 연구 우선순위 설정 과정이 위치해 있다. 이 사례에서는 선출된 대표자들이 사회적 관심사를 명시하고 과학자들이 기술적 실현가능성과 장점을 정의

---

7. 혹자는 이러한 연속선이 민주화된 정도가 가장 높은 쪽 끝부분에서 충분히 확장되지 않았다고 주장할지 모른다. 내가 과학과 지식에 대한 전통적인 정의와 기술-사회 이분법을 활용했기 때문에(각주 5를 보라), 지식생산의 민주화에서 좀더 급진적인 선택지를 떠올릴 수 없었다는 것이다. 이러한 입장에서 내 논문을 비판하는 사람들은 내가 받아들인 것처럼 보이는 시민-전문가 지식 분리를 문제삼으면서, 과학지식은 다양한 가치, 이해관계, 가정들을 체화하고 있다고 지적할 것이다. 나는 시민/국지적/토착적 지식을 폄하하거나 무시할 경우 우리가 많은 것을 잃게 될 거라는 논평자들의 견해에 동의하며, 과학지식에는 항상 일련의 "비기술적인" 가치, 가정, 이해관계들이 스며들어 있다는 지적을 받아들인다(이 책에 실린 하딩의 글을 보라). 내가 내놓은 개혁 제안이 이 문제들을 직접적으로 다루고 있지는 않지만, 나는 그것이 실행에 옮겨진다면 이러한 쟁점들에 관해 당연한 것으로 간주되는 태도들을 바꿀 수 있으리라고 믿고 있다. 뿐만 아니라 내가 제시한 연속선의 한계들은 비전통적 인식론을 촉진하는 실험을 배제하고 있지 않다. 이러한 쟁점들을 다루는 과학학의 최근 연구로는 Collins & Pinch(1993), Jasanoff, Markle, Petersen, & Pinch(1995), Wynne(1996a) 등이 있다.

한다. 이 사례 바로 옆에 과학 연구를 위한 자원 배분을 결정하는 데 시민참여를 늘리려는 NIH의 사례를 놓을 수 있다. 1980년대 중반에 NIH는 연구 제안서의 평가 책임을 맡은 자문위원회에 소비자들을 포함시키는 프로그램을 시작했다. 이러한 사례들에서 연구 제안서의 평가는 두 단계를 거쳤다. 먼저 과학자들이 제안서의 기술적 장점에 대한 판단을 내리면, 이어서 과학자와 일반인들로 구성된 자문위원회가 앞 단계의 과학적 평가뿐 아니라 NIH의 우선순위와 사회적 고려에 근거해 특정 연구 프로젝트에 대한 지원 여부를 결정했다(Dickson, 1988, p. 327).

나는 이 사례를 이와 관련된 과정에서 국회의원들이 하는 역할과 구분했다. 의회가 연방 예산을 배분하는 공인된 헌법상의 책임을 지고 있긴 하지만, 일반 시민들은 대표자를 선출하는 간접적인 방식으로만 이 권리를 보장받기 때문이다. 뿐만 아니라 예산배정 문제에 관한 의회의 결정은 법률적 구속력이 있지만, 이러한 위원회들에서 시민들이 내리는 결정은 자문 역할로 한정돼 있다. 흥미로운 것은 이러한 경우에서 기술적 기준이 폭넓은 사회적 고려보다 높은 우선순위를 부여받았다는 점이다. 우리는 평가의 순서를 바꾸는 방법을 생각해 볼 수 있다. 이 경우, 일반 시민 기구가 먼저 사회적 우선순위를 결정하면 그 뒤를 이어 과학자들이 사회적 기준을 만족하는 제안서들 중 어떤 것이 기술적으로도 수용가능한지를 파악해낼 것이다.

이 사례가 과학을 민주화하려는 노력들 중에서 가장 덜 근본적인 것으로 평가받는 이유는 과학자의 자기통치 원칙을 받아들이면서, — 오직 공인된 전문가들만이 판단할 수 있는 것으로 가정되는 — 연구 제안서의 기술적 장점과 사회적 우선순위라는 가치적재적 질문 사이에 명확한 구분을 두기 때문이다. 의사결정 과정은 일반인들이 비기술적 사안을 다루고 과학자들은 기술적 사안을 평가하는, 전통적인 책임의 분업을 전제로 하고 있다. 뿐만 아니라 과정상의 문제라는 측면에서 보면 과학자들은 비기술적 사안에 대한 결정을 내릴 때도 일정한 역할을 하지만, 그 역은 성립하지 않는다. 마지막으로, 과학자의 자기통치라는 전통적 관점에 심각한 도전을 제기하는 사례들과는 달리, 이 사례에서는 기술적인 것과 사회적인 것을 명확하게 구분할 수 있고 또 그렇게 하는 것이 적절하다는 사고를 당연하게 받아들인다.

1970년대 말과 1980년대 초에 유전공학 내지 DNA 재조합recombinant DNA 연구의 잠재적 위험을 놓고 벌어진 논쟁은 과학 연구의 규제에서 시민참여의 문제에 대중이 주목하는 계기가 됐다(Krimsky, 1982; Wright, 1994). 몇몇 두드러진 사례들에서는 일반 시민들이 유전공학 연구에 대한 지침을 제정하는 데 참여했다. 이러한 사례들은 연속선상에서 방금 논의한 우선순위 설정의 사례와 가까운 곳에 위치하긴 하지만, 과학자의 자기통치로부터는 좀더 떨어진 곳에 있어야 한다. 우선순위 설정의 사례에서는 비과학자들이 비기술적 기준에 입각해 세금 배분을 결정하는 것을 정당한 것으로 널리 받아들이면서도, 기술적 차원과 비기술적 차원에 대한 평가를 서로 별개의 행동으로 간주해 일반 시민들은 기술적 평가에서 아무런 역할도 하지 못한다.

반면 시민들이 연구 지침 제정에 참여하는 사례들에서는 일반 시민들이 기술적 자료와 씨름을 해야만 한다. 여기서의 고려는 "사회적" 혹은 윤리적 사안에 국한되지 않으며, 아래에서 설명할 두 가지 사례에서는 오히려 사회적 고려를 논의에 끌어들이는 것이 정당하지 못한 것으로 간주되었다. 이러한 사례들은 다분히 전통적인 노동 분업 — 과학자들은 무엇이 위험으로 간주되는지 결정하고, 시민들은 어떤 수준의 위험을 수용할 수 있는지 결정하는 — 을 여전히 보여 주고 있다.

연방 정부 수준에서는 1974년에 NIH가 재조합 DNA 자문위원회Recombinant DNA Advisory Committee, RAC(이하 RAC로 표기)를 설립해 DNA 재조합 연구에 대한 연방 지침을 만들고 그 시행을 감독하는 임무를 부여했다. RAC를 설립하는 책임을 맡았던 NIH 관리들은 이 것의 위상을 전문가 위원회로 상정했다(Wright, 1994, p. 165). 언론에 크게 보도된 유전공학 연구에 관한 초기의 논쟁을 보면 사회적 영향이나 윤리적 고려의 문제는 제쳐 두어야 하고 오직 과학자들만이 잠재적인 보건 및 환경 위해를 둘러싼 기술적 고려에서 판단을 내릴 자격을 갖춘 것처럼 보였다(Wright, 1994; Krimsky, 1982).

1976년 4월에는 대중적 압력에 따라 비과학자 한 사람이 위원회에 참여하게 되었고 그 해 9월에 또 한 사람이 추가되었다. 이를 분석한 학자에 따르면 이러한 일반인 참여자들의 견해는 대체로 주변화되었고(Wright, 1994), DNA 재조합 연구의 규제에 관한 NIH 공청회는 "주요 정책 쟁점들에 관한 합의가 이미 도출된 후에 정책결정 과정에서 뒤늦게" 열렸다(Wright, 1994, p. 214). 결국 1976년 6

월에 NIH가 발표한 최초의 공식적인 DNA 재조합 연구 지침은 생의학 연구자 공동체의 시각을 반영하게 되었다(Krimsky, 1982, p. 154~164; Wright, 1994, p. 190).

이후 NIH 지침이 RAC에 의해 개정될 때, 정치적 항의를 받은 위원회는 참여하는 위원들의 폭을 확대할 것을 규정한 조항을 새로운 지침에 포함시켰다. 이에 따라 위원들 중 20퍼센트는 "관련 법률, 전문직의 품행과 실천 기준, 공중보건 및 직업보건, 환경안전 등의 사안들에 식견을 갖춘 사람들"로 충원되었다(RAC 문서를 Wright, 1994, p. 310에서 재인용). 이처럼 위원회의 참여 폭이 확대되었음에도 "거기서 가장 규모가 크고 영향력이 강한 세력은 [지침의 추가적인 완화를 지지]할 거라고 예상할 수 있었고, 오직 소수만이 좀더 신중한 입장을 취했다"(Wright, 1994, p. 354). 뿐만 아니라 대다수의 위원들은 연구에 있어 절대적인 자기규제를 분명히 선호했고, 노동자들과 환경에 새로운 위해가 가해질 수도 있다는 주장을 편 위원은 소수에 불과했다(Wright, 1994, p. 356). 마지막으로, 설사 위원회가 이런 식으로 분열되지 않았다 하더라도, RAC의 의제를 결정하는 것은 NIH 원장과 위원회에 있는 동맹군들이었고, 의사진행 과정은 위원회의 주류 견해에 도전하기가 어렵게 되어 있었다.

어떻게 보면 과학 연구에 대한 시민참여의 사례로서 RAC는 별로 언급할 가치가 없다. RAC를 분석한 연구자들은 대중참여의 외양을 띠면서도 시민들이 실제로 영향력을 크게 행사할 수는 없도록 조직적 결정이 내려졌음을 지적했다(Krimsky, 1982; Dutton, Preston, & Pfund, 1988; Wright, 1994). 실제로 처음에 RAC는 전문가 자기통치 기구였고 따라서 민주적 참여의 연속선상에서 아예 벗어나 있었다. 그럼에도 불구하고, 얼마 후 비과학자들이 위원회에 참여하게 되었고, 이로써 비록 약한 형태이긴 하지만 시민참여의 사례가 되었다. 반복컨대, 이는 연속선상에서 자기통치 쪽 끝부분에 가까운 곳에 속해 있다. 공식적으로는 아니지만 사실상 과학자 자기통치의 사례에 가까웠기 때문이다. 과학자들이 의제를 결정했고, 시민들의 의견을 주변화시켰으며, 비기술적 사안들을 진지한 고려 대상에서 제외해 버렸다.[8]

매사추세츠 케임브리지 실험심사위원회Cambridge Massachusetts Laboratory Experimentation Review Board, CERB(이하 CERB로 표기)는 RAC처럼 DNA 재조합 연구 규제의 문제에 대처하기 위해 만들어졌다(Krimsky, 1982; Krimsky, 1986a; Goodell, 1979; Lear, 1978; Waddell, 1989; Dutton, Preston, & Pfund, 1988을 보라). 그러나 이 기구는 RAC보다 더 민주적이었다고 할 수 있다. 의도적으로 생물학자가 아닌 사람들로만 구성되었기 때문이다. 그러나 위원회가 맡은 임무는 RAC가 연구했던 것처럼 제한된 기술적 사안들을 조사하는 것이었다.

1976년 봄에 하버드대학에서 실험실 하나를 개조하는 문제를

---

8. 아이러 카르멘의 연구(Carmen, 1992; 1993)는 초기 RAC 논쟁 사례와 비교할 때 최근 인간 유전자치료에 관한 RAC의 논의에서는 생물학자가 아닌 사람들이 좀더 실질적인 역할을 담당했음을 보여 준다. 그렇다면 이제 RAC는 연속선상에서 내가 제안하고 있는 것과는 다른 지점에 위치시켜야 하는가? 이는 그리 중요한 문제가 아니다. 내가 여기서 제시한 사례들은 단지 "범례"에 불과하며, 모든 경험적 사례들을 연속선상에 위치시키는 데 있어 절대적 정확성을 기하기 위한 것이 아니다.

둘러싸고 논쟁이 시작되었다. 이 실험실에서는 당시 "다소 위험" moderately risky으로 분류된 등급의 유전자 접합 실험을 하려고 했다. 캠퍼스에서의 논쟁은 인근 도시로 확산되었고, 케임브리지 시장은 이 문제에 대한 청문회를 열었다. 결국 케임브리지 시 의회는 대중의 우려를 감안해 높은 수준의 봉쇄를 요하는 DNA 재조합 연구에 대해 선의에 따른 일시중지를 요청했고, 유전자 접합 연구의 규제에 관한 시 당국의 정책을 제안할 심사위원회를 설립하도록 결정했다.

위원회의 구성은 케임브리지 시 행정 담당관이 정했는데, 그는 위원회에서 생물학자를 배제하기로 했다. 이 사안을 놓고 생물학 공동체 내부가 분열돼 있었고 그들이 이미 이해당사자로서 모습을 드러냈다는 이유에서였다. 위원들은 케임브리지 지역 전체에서 고르게 선출되었고 다양한 정치적 입장을 망라했다. 위원들의 직업은 건축 엔지니어, 의사, 과학철학자, 간호사/병원 행정가, 간호사/사회복지사, 지역 활동가, 전직 시의원, 기업가, 전직 시장 등이 포함되었다.

위원회는 1976년 하반기에 넉 달 동안 매주 2회 모임을 가졌고, 대략 100시간에 걸친 회의를 했다. 시민배심원 시스템을 활용해서 그 시간의 4분의 1 정도는 DNA 재조합 연구의 옹호자와 반대자들로부터 증언을 듣고 질의응답을 하는 데 할애했고, 나머지 시간은 집단 학습을 하는 데 활용했다. 여기에 더해 위원들은 배포된 광범위한 자료들을 읽고 해당 쟁점들에 대한 이해를 기해야 했다. 위원회의 보고서에는 RAC가 개발한 NIH의 봉쇄 지침에서 제안한 것보다 약간 더 엄격한 조례 초안과 함께 지역의 실험실을 감시할 시市

생물위해위원회의 설립을 요청하는 내용이 담겨 있었다. 과학자들을 비롯해 이를 지켜본 많은 사람들은 위원회의 활동 과정과 작업한 최종 결과물에 대해 크게 갈채를 보냈다. 당시 국립 암 연구소National Cancer Institute의 분과장 중 한 사람은 위원회의 보고서가 "복잡한 기술적 쟁점을 지적이면서도 단도직입적으로 다룰 수 있는 일반 대중의 능력에 대한 의구심을 확실히 잠재웠을 것"이라고 썼다(Singer, 1977, p. 30; 아울러 Jennings, 1986도 보라).

이 사례는 RAC와 비교하면 연속선상의 자기통치 쪽 끝부분에서 분명 더 멀어졌지만, 연속선상의 반대쪽 끝에 접근하지는 못했다. 위원회가 생물학자가 아닌 사람들로 구성됐음에도 과학자들의 판단에 전적으로 의지했기 때문이다. 뿐만 아니라 위원들이 받아든 위원회의 임무는 과학자 공동체가 가장 마음에 들어하는 용어로 정의되었다. 지침의 수립 과정에서 고려된 것은 기술적 사안으로 이해된 인간 건강에 대한 위험 문제뿐이었다.

유럽의 "합의회의"는 과학기술 발전과 관련된 "기술적" 사안과 "사회적" 사안을 동등하게 다룬다는 점에서 연속선상에서 과학자 자기통치로부터 좀더 멀어진 시도로 볼 수 있다. 여기에 더해 의제 설정을 직·간접적으로 과학자들이 도맡아 했던 RAC나 CERB와는 달리, 합의 패널은 적어도 이론적으로는 일반인들을 숙의 과정의 중심으로 삼으면서 "이미 정해진 '전문가' 의제에 단순히 답하는 것이 아니라" 비전문가들이 의제를 통제할 수 있게 한다(Barns, 1995, p. 200).

이 책의 2장에서 리처드 스클로브가 논의한 것처럼, 합의회의는

1980년대 말에 의회 산하기구로 기술영향평가의 책임을 맡고 있는 덴마크 기술위원회가 선구적으로 개척했다. 지난 10년 동안 기술위원회는 유전공학에서 자가용 자동차의 미래에 이르는 다양한 주제들에 관해 10여 차례의 합의회의를 조직했다. 주제들은 폭넓은 사회적, 입법적 중요성을 근거로 해서 선정되며, 결론 도출을 위해 회의 참여자들은 고려 대상이 되는 쟁점의 다양한 차원들을 탐구해야 한다.

주제가 선정되면 기술위원회는 합의회의를 조직하기 위해 덴마크의 다양한 사회적 이해관계와 지역들을 대변하는 시민들로 위원회를 구성한다. 이어 기술위원회는 일반인 자원 참여자를 모집하는 광고를 낸다. 지원자들은 자신의 관심사를 서면으로 제출하고, 덴마크의 사회적 다양성을 대표할 수 있도록 선발된다. 참여자들은 전문가에게 의뢰해 만든 배경 문서, 폭넓은 관점을 대변하는 "전문가패널"과의 회의, 공개 포럼 등으로부터 정보를 얻는다. 최종적으로 시민패널은 회합을 거쳐 그간 검토한 정보에 근거해 결론을 도출한다.

영국 합의회의를 분석한 글에 따르면, "이 영역에 대한 사전 배경지식이 전혀 없었음에도 불구하고, [합의회의 참가자들은] …… 넓은 범위에 걸친 복잡한 쟁점들에 대해 상당한 정도의 이해와 통제력을 발휘하였다. 이러한 그들의 능력은 그들이 '전문가들'을 다루는 방식이나 상대적으로 빡빡하고 스트레스를 주는 환경 속에서도 대단히 인상적이고 명료하며 일관된 보고서를 작성해 낸 것에서 특히 두드러졌다"(Barns, 1995, p. 202).

다양한 유전공학 자문기구들에 비해 분명 과학자 자기통치로부터 한 걸음 더 멀어지긴 했지만, 그럼에도 시민 참석자들은 공인된 전문가들이 그들에게 제공한 정보에 크게 의지했다. 영국 합의회의의 사례에서 이언 반스는 한 걸음 더 나아가 "기술영향평가의 작업이 과학자들이 소유한 전문적, 기술적 숙련에 우선적으로 의존한다는 것은 [회의 참가자들 사이에서] 대체로 당연시되었다"고 말한다. 반스에 따르면, 이러한 가정은 " '일반인' 지식과 '전문가' 지식 사이에 존재하는 뚜렷한 위계적 차이를 효과적으로 유지했다"(Barns, 1995, p. 203).

지식생산의 민주화

연속선상을 따라 과학자 자기통치로부터 더 멀리 떨어진 곳으로 이동하면 필 브라운과 에드윈 미켈슨(Brown & Mikkelson, 1990)이 "대중역학"popular epidemiology이라고 부르는 실천이 있다. 역학은 질병의 분포 내지 이러한 분포를 설명하는 물리적 조건과 요인들을 다루는 분야이다. 역학적 현상을 연구하는 기법들은 훈련된 과학자들에 의해 개발된 것인 반면, 대중역학은 "일반인들이 질병의 역학을 이해하기 위해 과학적 데이터와 기타 정보를 수집하고 전문가들의 지식과 자원을 총괄하고 동원하는 과정이다"(Brown & Mikkelson, 1990, pp. 125~126).

위해가 존재하는 공동체에 사는 시민들은 종종 과학자들을 비롯한 외부인들이 알기 전에 자신들과 그 주변의 환경에 대한 정보를 얻게 된다. 일상 업무를 수행하는 과정에서 얻어진 관찰을 통해 주민들은 공동체 내의 질병 발생과 모종의 오염물질 사이의 관계에 대한 가설을 발전시킬 수 있다. 이후 주민들은 자체적으로 연구를 하거나 훈련받은 연구자들과 공동으로 연구를 수행할 수 있다.

예를 들어 매사추세츠 주 우번의 주민들은 지역 내에 백혈병 환자들이 모여 있다는 사실을 처음으로 알아냈다(Brown & Mikkelson, 1990을 보라; 아울러 Krimsky, 1984a, pp. 253~255도 보라). 주민들은 지역의 수돗물에서 악취가 나고 싱크대에 얼룩이 남는 것을 알아챘고, 수돗물과 백혈병이 관련돼 있다는 가설을 세운 후 정부 관리들에게 검사를 촉구했다. 검사 결과 수돗물에서 발암물질이 발견되었고, 이 검사와— 주민들이 하버드대학의 생물통계학자들과 협력해 진행한— 공동체 건강 조사는 수돗물과 백혈병이 관련돼 있다는 주민들의 가설을 확인해 주었다. 조사 도구와 조사 설계를 준비하는 과정에서 학자들은 시민들에게 통계학과 역학의 방법을 가르쳤고, 주민들은 질문을 일반인들이 이해하기 쉽게 표현하는 데 조언을 하고 탐구해야 할 추가적인 쟁점들을 지적했다.

대중역학은 "질병의 인과적 연쇄의 일부로 사회구조적 요인"을 강조한다는 점에서 전통적인 역학과 차이가 있다(Brown & Mikkelson, 1990, p. 126). 이것이 구체적으로 의미하는 바는, 지역 주민들이 전통적인 역학자들에 비해 정치경제적 요인들(가령 기업들이 오염을 유발하지 않도록 하는 적절한 유인의 결여, 규제당국과 오염 유발 기업 사이의 밀월관계, 정부의 감시예산 부족 등)에 좀더 주목하고, 역학적 발견에 따라 기업의 관행과 정부 정책의 변화를 요구하는 경향을 좀더 많이 보인다는 것이다.

자신들의 공동체에 위험이 닥쳤을 때, 대중역학의 옹호자들은 변수들간의 연관이 있는데 실수로 이를 간과하기보다는 변수들과의 연관이 없는 데서 그런 연관을 주장하는 쪽을 택한다. 전통적 연구 방법의 용어를 빌리면, 대중역학자들은 잘못된 부정false negative(유형 2 오류)보다는 잘못된 긍정false positive(유형 1 오류)을 선호한다. 직업적 역학자들은 유형 2 오류를 선호하는데, 이러한 선호는 그들이 연구 과정에 특정한 이해관계를 가짐을 말해 준다. 뉴욕 주 보건국의 베벌리 페이건은 이렇게 말한다.

어떤 사람이 이런저런 유형의 오류를 기꺼이 범하려는 정도는 가치 판단의 문제이며, 그 사람이 오류를 범할 때의 결과를 어떻게 인식하는가에 달려 있다. 어떤 것이 실재하지 않는데 실재한다고 결론을 내리는 것은 과학자가 잘못된 실마리를 쫓았거나 나중에 틀린 것으로 판명된 논문을 발표했다는 것을 의미한다. 이는 당혹스러운 일이고 과학자의 명성에 해가 될 수 있다. 반면 실재하는 어떤 것의 존재를 무시한 것은 과학자가 발견을 해내지 못했음을 의미한다. 이는 실망스러울 수 있지만 과학자의 명성에 해가 되지는 않기 때문에 과학자들은 유형 2의 오류를 좀더 기꺼이 범하려 한다(Brown & Mikkelsen, 1990, p. 126에서 재인용).

대중역학은 민주적 과학이라는 연속선상에서 과학자 자기통치의 반대쪽 끝부분 근처에 위치하는데, 이는 두 가지 이유에서 그렇다. 첫째, 일반인들이 흔히 공인된 과학자들의 전유물로 여겨졌던 실천에 관여한다. 그들은 사회적 우선순위에 대한 결정을 내리고 무엇이 사회적으로 수용가능한 위험인지를 판단할 뿐 아니라 가설 수립, 연구 설계, 데이터 수집, 데이터 분석에도 관여한다. 둘째, 대중역학은 기술적인 것과 비기술적인 것 사이에 불가침의 경계를 세울 수 있다는 관념 그 자체에 도전한다. 대중역학 옹호자들은 전통적인 역학에서의 연구 설계와 데이터 수집 및 분석이 연구자들이 이전에 갖고 있던 가정과 신념들로부터 영향을 받지 않고 이뤄진다는 가정에 도전해 왔다. 여기에 더해 대중역학 연구에 참여한 시민들은 종종 자신들이 수행하는 작업에 대단히 개인적인 이해관계를 갖고 있고, 이러한 투자가 그들이 던지는 질문과 그들이 수용할 수 있는 확실성의 기준에 영향을 미친다는 사실을 알고 있다.

이러한 노력이 연속선상에서 반대쪽 극단 — 공인된 과학자들의 연구와 전혀 관련을 맺지 않고 일반인들에 의해 "지식"이 생산되는 — 에 위치하는 것은 아니다. 대중역학에 참여한 시민들은 보통 전통적 역학자들과 협력을 했다. 이러한 일반인들의 지식 생산 실천은 전통적 역학자들의 실천과 달랐지만, 대체로 전통적 역학의 기준에서 벗어나지 않았다.

대중역학과 마찬가지로, 에이즈 치료 활동가들이 생의학 지식의 생산과 평가에서 수행한 역할 역시 연속선상에서 과학자 자기통치라는 극단으로부터 멀리 떨어진 민주화된 과학의 사례이다. 이 책의 1장에서 스티븐 엡스틴이 설명한 것처럼, 에이즈 치료 활동가들은 전통적으로 공인된 과학자들에게 국한되었던 실천(실험 설계,

데이터 수집 등)에 참여했고, 때로는 과학자들과의 협력 하에서, 때로는 그런 협력 없이 그 일을 해 왔다. 여기에 더해 활동가들은 기술적인 것과 비기술적인 것 — 여기서는 과학적인 것과 윤리적인 것 — 은 쉽게 분리되지 않는다는 주장을 놓고 과학자들과 논쟁을 벌여 때로 승리를 거두었다.

1980년대 중반에 활동가들은 실험적 에이즈 치료법의 승인 비율과 "주류 연구의 속도 및 범위"를 보면서 점차 좌절감을 느끼게 되었다(Indyk & Rier, 1993, p. 6; 아울러 Epstein, 1995도 보라). 그들은 전통적인 임상 연구에 비판적인 목소리를 내기 시작했다. 일례로 활동가들은 AZT[9]의 제2상 임상시험에서 플라시보(위약)를 사용하는 것은 윤리적으로 의문스러운 행위라고 주장했다. 왜냐하면 "연구가 성공을 거두기 위해서는 충분한 수의 환자들이 죽어야 했다. 플라시보 집단에 생긴 사망자들을 지적하는 방식을 통해서만 연구자들은 실제 치료를 받는 환자들이 상대적으로 상태가 호전되었다는 사실을 확인할 수 있었다"(Epstein, 1996, p. 202). 대신 활동가들은 치료 집단을 그와 흡사한 다른 에이즈 환자 코호트[10]의 의료 기록과 비교하는 방법을 권고했다. 아니면 치료 집단에 속한 환자들을 임상시험에 참여하기 이전 기간의 환자 자신의 의료 기록과 비교해 볼 수도 있었다. 이러한 종류의 실천들은 생의학의 다른 분

---

9. [옮긴이] 에이즈 치료제로 쓰이는 약물 아지도티미딘(azidothymidine)의 약어로, 미국에서 에이즈 치료제로는 가장 빠른 1987년에 사용 승인을 받았다.
10. [옮긴이] cohort, 정해진 기간 동안 공통된 특징이나 경험을 공유하는 사람들의 집단을 가리키는 말.

야들에서 임상시험에 이미 사용되고 있었다.

이러한 주장은 플라시보 사용을 단지 윤리적으로 문제삼는 데서 그치지 않았다. 활동가들은 임상시험에 참가한 환자들이 플라시보를 받게 될 것을 우려해 약을 얻을 수 있는 수단을 찾아나설 것이고 따라서 대조군의 "순수성"이 훼손될 거라고 단언했다. 활동가들은 어떤 종류의 임상시험이 HIV 보균자나 에이즈에 걸린 사람들의 지지를 얻을 수 있는가에 대해 통찰력을 보여 줌으로써 수많은 연구자들 — 특히 생물통계학자들 — 로부터 존중받게 되었고, 임상시험의 설계에 대한 논의에서도 점차 중요한 역할을 담당하게 되었다(Epstein, 1996, p. 249).

에이즈 치료 활동가들은 연구 프로토콜을 바꾸도록 압력을 행사하는 것을 넘어, 공동체 내의 의료 전문직 종사자들과 힘을 합쳐 공동체기반 약물 임상시험을 설계했다. 암 연구에서 확립된 전통에 따라 샌프란시스코 지역의 카운티 공동체 컨소시엄County Community Consortium이 점차 공동체기반 임상시험을 조직하는 메커니즘으로 자리 잡게 되었다. 엡스틴의 말을 빌리면, "아이디어인즉슨 의사들이 약을 배포하고 환자의 상태를 점검하고 데이터를 수집하는 일을 환자들에 대한 정규 임상 치료 속에 통합된 일부로 하자는 것이었다"(Epstein, 1996, pp. 216~217).

뉴욕에서 〈공동체 연구계획〉Community Research Initiative, CRI이 했던 작업은 공동체 임상시험 모델의 독특한 변형태를 보여 준다. 이 프로그램에서 에이즈에 걸린 사람이나 HIV 보균자들은 어떤 임상시험을 수행해야 하며 이를 어떻게 설계해야 하는지에 관한 의사결정에 참여했다. 제약회사들은 〈공동체 연구계획〉에 관심을 갖게 되었고, 이 단체와 공동체기반 연구 수행과 관련해 여러 건의 계약을 맺었다(Epstein, 1996, p. 217). 중요한 것은 미국 식품의약청이 공동체 연구계획과 카운티 공동체 컨소시엄의 임상시험에서 수집된 데이터에 근거해 신약 펜타미딘에 대한 승인 결정을 내렸다는 사실이다. 식품의약청장은 〈공동체 연구계획〉의 임상시험 모델을 칭찬하기까지 했다. 이후 이 모델은 NIH가 지원한 몇몇 임상시험에서 활용되었다. 그러나 중요한 것은, 이것이 FDA 역사상 공동체기반 임상시험에서 얻은 데이터에만 근거해서 신약을 승인한 최초의 사례였다는 사실이다(Epstein, 1996, p. 218).

에이즈 치료 활동가들이 성공을 거둔 데는 의료과학의 언어와 문화에 대한 실용적 지식을 갖춘 것이 중요하게 작용했다(Epstein, 1995, p. 417). 이 책의 1장에서 엡스틴이 설명한 것처럼, 이러한 활동가들 중 많은 수는 과학의 배경 지식이 거의 없었음에도 에이즈에 관련된 생의학의 기초를 학습할 수 있었다. 치료 활동가들은 에이즈 연구와 임상 실천을 이해하게 되면서 이 분야의 전문가들로부터 존중을 받을 수 있었다(Epstein, 1995, p. 419; Epstein, 1996, pp. 230~232).

치료 활동가들은 공인된 전문가만이 생의학의 일상적 연구 실천에 참여할 수 있다는 관념에 도전하는 데 성공을 거두었다.[11] 그

---

11. 이 책의 1장에서 엡스틴은 이러한 활동가들이 결코 전형적인 일반인은 아니었음을 강조하고 있다. 대신 그들은 "새로운 종류의 전문가"였다.

들의 경험은 공인된 과학자가 되지 않고도 임상 실천의 추론 양식
과 언어에 능통하는 것이 가능하다는 증거를 제시했다. 여기에 더
해 이러한 활동가들은 기술적인 것(연구 방법)과 비기술적인 것(윤
리의 문제)을 선명하게 구분하는 것이 문제가 있다는 주장을 펼쳤
고, 그들의 노력은 이 둘 간의 흐릿한 경계에 주목함으로써 "더 나은
과학"으로 나아갈 수 있음을 보여 주었다.[12]

과학의 민주화를 가로막는 장벽

지금까지 설명한 사례들은 민주화된 과학을 반대하는 이들이
사용하는 주된 논증 ― 일반인들은 반드시 고려해야 하는 복잡한 기술적
자료를 이해할 능력이 없다(Levitt & Gross, 1994b) ― 을 선험적으로 받
아들여서는 안 됨을 말해 준다.[13] 그러나 일반인들이 종종 전문가들

---

12. 그러나 엡스틴이 이 책의 1장에서 지적한 것처럼, 에이즈 치료 활동가들의 성공에는
의도하지 않은 결과들이 뒤따랐다.

13. 때때로 일반인들도 과학기술적 사안에 관한 의사결정에서 고려되어야 하는 기술적
자료를 이해할 수 있다는 말은 어떤 특정한 사례에서 일반인들의 이해를 보장할 수 있다
거나 그런 이해를 쉽게 얻을 수 있음을 뜻하는 것이 아니다. "인지적 추단법"(cognitive
heuristics) 연구는 자기의 전문 영역 바깥에서 개인들이 종종 미심쩍은 추론에 빠져든
다 ― 특히 통계나 확률 문제에서 ― 는 사실을 보여 준다. 실제로 "이전의 확률에 충분
히 주의를 기울이지 않은 채 데이터를 가장 잘 재현하는 결과를 예측하는 경향은 통계학
에서 충분한 훈련을 받은 개인들의 직관적 판단에서[도] 관찰되었다"(Tversky &
Kahneman, 1982, p. 18). 유사한 맥락에서 스티븐 브레이어도 "사람들은 시종일관 작
은 확률을 과대평가한다"고 지적했다(Breyer, 1993, p. 36).
브레이어는 연방 정부의 보건 및 안전 규제에 우려를 표하면서 시민들의 오해가 문제라
고 보고 있다. 위험분석에 근거해 보건 및 안전 정책을 결정해야 하는 정부 관리들이 시

의 전유물이었던 사안들에 지적인 참여를 할 수 있는 잠재적 능력을 가졌다 해도, 진정으로 민주화된 과학기술을 가로막는 장벽의 존재는 그리 만만한 것이 아니다.

이러한 장벽은 미국의 사회조직에서 핵심적인 일부분을 이룬다. 미국은 대단히 다양한 종류의 사회적, 경제적 불평등과 불공평으로 특징지어지며, 공인된 전문가들의 판단이 우월하다는 널리 퍼진 믿음이 지배적인 사회이다.[14] 이러한 맥락에서 시민참여는 종종 자유

민들의 입김에서 자유롭지 않으며, 그 결과 위험에 대한 대중의 오해로부터 영향을 받은 정책을 만들어야 하기 때문이다. 브레이어에 따르면 이는 보건 및 안전 규제의 악화로 귀결될 수 있다. 브레이어는 해법을 더 많은 시민참여에서 찾는 대신, 장기적 전망을 가지고 조율된 보건 및 안전 정책을 수립할 수 있는 중앙집중화된 정부 기구의 설립에서 찾고 있다.

브레이어는 기술관료적 정책결정을 옹호하는 설득력 있는 논증을 제시하고 있다. 그러나 내가 보기에 그가 동원한 자료들은 위험평가와 관련된 정책결정에서의 시민참여가 항상 최적의 정책에 못 미치는 결과를 낳는다는 것을 보여 주고 있지 못하다. 그는 시민들이 확률적 추론에 대한 이해를 학습할 수 없다고 말하는 것이 아니다. 다만 확률적 문제에 대한 상식적 추론은 잘못된 결과로 이어진다고 말할 뿐이다. 분명 일반인들은 확률적 추론을 학습할 수 있으며, 위험평가의 가정들이 어떻게 만들어지고 그러한 가정들이 함의하는 바가 무엇인지도 배울 수 있다. 문제는 보건 및 안전 규제에서의 위험분석에 대한 이해를 갖춘 일반인들의 참여에서 얻어질 "이득"이 일반인들에게 교육의 기회를 제공하는 "비용"만큼의 값어치를 하는가 하는 것이다. 이러한 질문은 이 장에서 다루는 내용의 범위를 벗어난다. 이 장에서 나의 목표는 과학기술 영역에서 민주적 참여가 가능함을 보이는 데 맞춰져 있다. 각주 3도 보라.

여기서 브레이어가 옹호하는 유형의 전통적 위험분석에 비판적인 다수의 문헌이 있음을 언급해 두어야겠다. 예를 들어 윈은 "위험에 대한 대중의 인식과 반응은 전문가 기구, 즉 관련된 위험한 과정을 통제하는 일을 맡고 있는 사람들의 행동과 신뢰성에 대해 합리적 근거를 가진 판단을 담고 있다"고 주장한다(Wynne, 1996a, p. 57). 이러한 논법에 따르면 시민들이 확률적 분석을 이해하는가 그렇지 못한가는 핵심을 벗어난 질문이다. 만약 전문가들의 위험평가가 암암리에 "비기술적" 고려를 담고 있거나 한마디로 정직하지 못하다면, 위험의 확률을 제시하는 것은 어떤 경우에도 신뢰받지 못할 것이다. Dutton, Preston, & Pfund(1988, p. 329)도 보라.

14. 더튼과 그녀의 동료들도 이와 관련된 지적을 하고 있다.

시간(Krimsky, 1984b, p. 48)과 시민들이 접근할 수 있는 경제적 자원(Nelkin, 1984, p. 34)으로 인해 제약을 받을 것이다. 여기에 더해 일반 시민들로 구성된 숙의 기구에서는 성별 불평등 같은 힘들에 뿌리를 둔 사회적 동학이 숙의 과정을 방해할 가능성이 있다(Bohman, 1996).

케임브리지 실험심사위원회CERB와 관련해 앞서 살펴본 사례는 이러한 종류의 장벽을 잘 보여 준다. 우선 위원들은 협소하게 정의된 책임의 범위를 받아들였다. 그들은 전문성에 대한 전통적 시각을 따라(cf. Goggin, 1986b, p. 264; Kleinman & Kloppenburg, 1991) 명확하게 기술적인 쟁점과 비기술적인 쟁점을 선명하게 나누는 구분을 받아들였다. 그들은 다양한 유전자조작 유기체의 안전성과 그것의 유출을 막을 수 있는 적절한 물리적 구조물에 관한 쟁점만을 다루었다. 위원들과 관찰자들이 윤리적, 사회적 쟁점으로 이해했던 문제들은 공식적 논의에서 배제되었다. 이처럼 선명한 구분은 바로 이 분야의 지도적 과학자들이 원했던 결과였다. 예를 들어 유전공학 논쟁에 적극적으로 참여했던 생물학자 데이비드 볼티모어는 "가치와 정치적 동기로 가득 찬" 질문들을 논의에서 제외해야 한다고 말했다(Krimsky, 1982, p. 106에서 재인용). 이 말은 가치와 정

과학자, 전문직, 기업 집단은 혁신의 진전에 강력한 기득권을 갖고 있고, 흔히 그러한 이해관계를 추구하는 데 투입할 수 있는 상당한 재정적, 조직적, 기술적 자원도 갖고 있다. 반면 대부분의 대중 집단, 더 나아가 사회 전체는 주어진 정책 선택의 결과에 훨씬 덜 직접적인 이해관계를 가지고 있고, 제한된 경제적, 제도적 자원만을 이용할 수 있는 경우가 대부분이다.(Dutton, Preston, & Pfund, 1988, pp. 343, 344)

치적 동기에서 자유로운 모종의 영역이 존재함을 암시한다. 그러나 논의를 제한하기로 한 결정이야말로 "가치와 정치적 동기로 가득 찬" 것이었음이 분명하다. 뿐만 아니라 수용가능한 위험의 수준이나 위험과 편익의 균형에 관한 결정은 필연적으로 가치적재적일 수밖에 없다(cf. Krimsky, 1986b). 그러나 이러한 쟁점들은 고려되지 못했다.

과학자들이 정의한 논쟁의 조건들을 받아들인 것에 더해, CERB의 설립은 전문성 관념 그 자체에 도전하기보다는 오히려 이를 강화하는 결과를 낳았다. 위원회는 거의 전적으로 공인된 과학자들의 증언만을 들었다. 이러한 절차상의 결정은 위원회의 결론에 분명 영향을 줄 수 있었다. 뿐만 아니라 위원들 자신의 사고는 통상적으로 받아들여지는 전문성 관념에서 탈피하지 못했다. 위원들도 인정한 것처럼, 그들의 결정이 증언에 나선 전문가들이 말한 **내용**뿐 아니라 전문가들의 **자격 증명**에 의해서도 중요한 방식으로 영향을 받았다는 사실은 매우 의미심장하다(Goodell, 1979, p. 40).

일반인들이 몇몇 개인들의 전문가 자격을 인정했고 이를 근거로 그들이 내놓은 주장의 타당성을 의심 없이 수용했음을 지적한다고 해서 전문가들의 말을 반드시 거부해야 한다는 뜻은 아니다. 사실 스티븐 셰핀의 책(Shapin, 1994)이 분명히 보여 주는 것처럼, 신뢰는 지식이 존재할 수 있는 기반을 이룬다. 우리는 다른 사람들의 "말"에 의지해야만 한다. 셰핀에 따르면, 지식을 획득하는 과정에서 "우리는 다른 사람들에게 의지하며, 그렇게 의지하지 않고서는 살 수 없다. 이는 우리가 지식을 소유하고 유지하는 관계가 도덕적 성격을 지니고 있음을 의미하며, 그러한 도덕적 관계를 나타내는 단어가 곧 신뢰이다"(Shapin, 1994, p. xxv). 따라서 우리는 우리가 의지하는 사람들이 "평판이 좋고 정직한 정보원으로서 자신들의 증언과 관련해 적절한 행동을 하는" 정도만큼 믿을 만한 지식을 가질 수 있을 뿐이다(Shapin, 1994, p. 9).

과학자들의 경우, 우리는 그들이 대변하는 제도를 신뢰할 것을 요구받는다. 그 제도를 관장하는 규범들이 일상적 위반을 억제한다고 하는 이유에서다. 그러나 단순하고 분명한 규범 위반이 문제가 아닐지도 모른다. 옛말에 이르기를, "어떤 사람이 한 말은 오직 그 말이 억지로 한 것이 아닐 때만 믿을 수 있었다. 자유 행동의 포기는 오직 그 과정이 자유롭게 결정되었을 때만 유효하고 믿을 만한 것으로 간주되었다"(Shapin, 1994, p. 39). 우리가 고려하는 사례에서 무조건적 묵인이 문제가 있는 이유는 자기규제self-policing가 불충분하기 때문이 아니라, 제도에 속한 세계에서는 어떤 사람이 한 "말"이 결코 "자유롭게" 주어지지 않기 때문이다. 대중역학과 에이즈 치료 운동에 대한 앞서의 논의에서 보여 준 것처럼, 무엇을 의미있는 발견으로 간주할 것인지, 또 무엇이 정당한 연구 프로토콜인지는 구체적인 제도의 역사를 통해 형성되며, 과학자의 말에 대한 일반인들의 확신에 근거를 제공한다고 하는 바로 그 규범들에 의해 강화된다.[15]

물론 일관되게 쉼없이 회의적 태도를 취하면 일상생활이 참을

---

15. 목양농과 방사능에 대한 윈의 논의(Wynne, 1996a)도 관련된 내용을 지적하고 있다.

수 없을 정도로 힘들어질 수 있다. 대부분의 시간 동안에는 검토를 해 보지 않고 그냥 신뢰하는 것이 실용적으로 적절한 대응임이 분명하다. 그러나 공동체, 가족, 개인의 미래가 달려 있는 경우라면 일정한 수준의 회의주의를 표방하는 것이 건강한 태도일 것이다. 의사에게 진단을 내려 달라고 채근하고, 제2, 때로는 제3의 의사로부터 의견을 들어 보는 것은 전적으로 합당한 행동으로 보인다. 시민들은 단지 어떤 과학자가 자격증명을 갖고 있다는 이유로 그가 문제를 틀짓거나 데이터를 해석하는 방식이 타당하고 적합하다고 가정해서는 안 된다.

외부 전문가의 지위 문제 외에, 위원회 그 자체의 내부에 작동하던 권력의 동학에도 역시 사회 전반에 존재하는 권력의 동학이 반영돼 있었다. 케임브리지 시 행정 담당관은 위원들을 선정할 때 부분적으로 그들이 가진 전문성을 근거로 해서 뽑았다. 그래서 CERB에는 건강 위해 문제에 대해 이론적으로 발언할 수 있는 의료 전문직 종사자와 제안된 봉쇄 시설의 구조적 유효성을 평가할 수 있는 엔지니어가 포함되었다. 이러한 결정은 위원들 스스로가 다른 위원들에 보인 태도에 의해 강화되었다. 위원들은 일반인의 영역과 전문가의 영역 사이에 일반적으로 받아들여지는 경계의 정당성을 당연한 것으로 간주했고, 전통적 정의에 따른 전문가들에게 특권적 지위를 부여했다. 이 기구의 역사를 서술한 한 분석가에 따르면, 위원들이 지닌 확신의 정도는 "이내 연구의 열렬한 옹호자가 된 두 명의 의사로부터 '선의의 비판자' 노릇을 했던 터프츠대학의 과학철학자, 그리고 거의 발언을 하지 않던 간호사와 수녀에 이르기까지"

매우 다양했다. 이 분석가에 따르면 CERB의 모든 사람들은 "기술적 어려움에 대한 판단은 두 명의 의사에게, 자신들의 논리에 숨은 허점을 찾고 싶을 때는 …… [철학자에게] 각각 의지했다"(Goodell, 1979, p. 39). CERB 위원이었던 철학자 셸든 크림스키는 이 위원회에 관해 서술하면서 "위원회에서 의료계 인사들의 [강력한 영향력은] 그들이 가진 지식에 의해 정당화되었다"고 썼다(Krimsky, 1982, p. 302). 여기서 크림스키는 의료전문직이 가진 사회적 지위의 타당성을 당연한 것으로 받아들이면서, 정보에 대한 전문가의 평가조차도 일련의 이해관계(가령 과학 연구에서 얻을 수 있는 분명한 이득), 신념(가령 의사는 상대적으로 오류를 저지를 수 없다는 생각), 가치(가령 위험과 이득 사이에서 적절한 균형점을 찾는 문제)에 의해 영향을 받을 수 있는 가능성을 무시하고 있는 듯 보인다. 여기에 더해 위원회의 내부 동학은 전문가들에게 부여된 사회적 지위에 의해서만 형성된 것이 아니었다. 이에 대한 연구에 따르면, 가장 많은 발언을 했던 위원들은 남성이었고 여성들은 거의 발언을 하지 않았다(Goodell, 1979). 결국 성별에 따른 동학도 작동하고 있었던 것으로 보인다.

케임브리지 사례에서 진정으로 개방적인 — 따라서 민주적인 — 논쟁은 다른 두 가지 요인들에 의해 방해를 받았다. 첫째, 위원회의 임무와 연관된 것으로 생각되는 지식을 가진 사람들이 위원회의 다른 사람들과 그러한 지식을 체계적으로 공유하려는 노력을 기울이지 않았다(Krimsky, 1982, p. 302). 둘째, 고려중인 사안에 대한 포괄적인 이해를 얻고자 하는 시민들은 공통의 장애물에 부딪쳤다.

반대의견을 가진 과학자들이 좀처럼 자신들의 견해를 제시하려 하지 않았기 때문이다. 구델(Goodell, 1979)은 CERB 사례에서 과학자들이 동료들을 소외시킬 것을 우려했다는 사실을 밝혀냈다. CERB 사례 외에도, 브라운과 미켈슨(Brown & Mikkelsen, 1990, p. 139)은 시민들을 도운 과학자들이 때로 처벌을 받았음을 알아냈다. 심각한 제재의 위협이 없다 하더라도, 긍정적 유인 역시 존재하지 않았다. 공동체 집단에게 실천적 중요성을 지닌 쟁점에서 대학의 과학자가 공동체 집단에게 실천적 중요성을 지닌 사안을 위해 그들과 협력하는 일은 정년보장을 받거나 승진을 하거나 동료로부터 좋은 평판을 얻는 데 도움이 될 가능성이 낮았다.

연속선상에서 가장 멀리 끝부분에 위치한 에이즈 치료 활동가들은 민주화된 과학에서 좀더 급진적인 사례처럼 보이지만, 이 역시도 미국에서 사회관계를 구성하는 전문성의 정치와 권력의 동학을 벗어날 수는 없었다. 엡스틴이 이 책의 1장에서 지적한 것처럼, 에이즈 치료 활동가 운동의 중핵을 이뤘던 경제적으로 부유한 게이 백인 남성들의 사회적 지위는 그들이 에이즈 의료 전문직으로부터, 또 "지지 기반"인 환자 공동체 내에서 존중을 받는 토대를 제공했다 (아울러 Epstein, 1996, p. 294도 보라). 에이즈의 인구학적 분포가 변화해 중산층 게이 집단에서 에이즈의 확산이 둔화되고 정맥주사를 통한 마약 사용자나 유색인종 사이에서 에이즈가 증가하면서, 후자의 집단들이 과거 게이 백인 남성들이 생의학계에 진입할 때 갖추었던 것과 동일한 역량을 갖추게 될 가능성은 낮아 보인다 (Epstein, 1995; Epstein, 1991).

마지막으로, 성공적인 치료 활동가가 될 수 있는 위치에 있는 사람들이 너무나 적은 — 사람들이 시간이 없거나 경제적 자원을 결여하고 있거나 사회적 지위를 갖추지 못해서이기도 한 — 상황에서는 에이즈 치료 운동이 에이즈에 걸린 사람들의 공동체, 혹은 좀더 좁혀서 에이즈 활동가 공동체 내에서 사회 전반에 존재하는 일반인/전문가 동학을 재생산할 가능성이 매우 높다(Epstein, 1991, pp. 52, 53, 60; Epstein, 1996, p. 294). "과학의 전당"에 진입할 수 있는 위치에 있는 소수의 사람들이 있을 것이고, 정보와 자문, 그리고 자신을 대변해 줄 목소리를 활동가들에게 의지해야 하는 사람들이 있을 것이다. 사실 엡스틴은 이런 일이 이미 일어나고 있다고 말한다(Epstein, 1996, p. 288). 물론 다른 분석가들이 지적한 것처럼(Indyk & Rier, 1993, p. 11; Epstein, 1995), — 민주주의의 문제와 밀접한 관련이 있는 — 대표의 문제는 중산층 게이 백인 남성이 경우를 막론하고 에이즈에 걸린 모든 사람들을 대변하는가, 아니면 오직 활동가들만 대변하는가 하는 중요한 문제를 제기한다. 에이즈 치료 활동가 운동에서 여성과 유색인종들은 치료 운동의 지도자들이 에이즈에 걸린 사람이나 HIV 보균자들 내부의 "소수집단" 공동체가 관심을 가진 문제들에 무관심하다고 비판해 왔다(Epstein, 1996, p. 291).[16]

---

16. 이러한 장벽들 외에 엡스틴은 이 책의 1장에서 다음과 같이 지적하고 있다. "역설적인 것은, 활동가들이 환자가 아닌 과학자와 같은 방식으로 생각하기 시작하면서, 임상시험의 과학에 대한 그들의 독특한 기여의 기반이 허물어질 위험에 처했다는 사실이다"(57쪽)

장애물 극복을 위한 전략

기존 사회질서 내에 있는 과학 민주화의 장애물은 결코 만만치 않으며, 그 중 일부는 결국 극복할 수 없을지도 모른다. 그러나 장벽을 완전히 초월할 가능성은 낮지만, 이러한 장애물을 적어도 부분적으로나마 극복하고, 과학을 민주화하려는 노력에서 나온 결과물의 질을 향상시킬 가능성을 높여 줄 다양한 전략들이 존재한다.

대중역학에서 노동계급에 속한 시민이 참여했던 사례가 있긴 하지만, 자원의 결여는 시민자문위원회에서 에이즈 치료 운동에 이르는 과학의 민주화 노력에서 폭넓은 사회적 대표성을 가로막는 중요한 장벽 중 하나이다. 참여를 하기 위해서는 직장이나 가족에서 벗어나 시간을 낼 수 있어야 하는데, (에이즈 치료 운동처럼) 폭넓은 기술적 숙달이 요구되는 사례에서는 시민들이 공인된 전문가의 증언을 그냥 청취해야 하는 사례에 비해 요구되는 자원이 훨씬 더 많을 것이다.

미국에서는 민사 및 형사재판의 배심원으로 참여하는 것이 시민권에 따르는 책임으로 널리 간주되고 있고, 배심원들에게는 일당이 지불된다. 연방 정부의 자문 패널도 마찬가지로 일일 경비를 지급한다. 배심원 활동에 대해 주어지는 액수는 결코 충분한 보상이 못 된다. 그러나 그러한 아이디어 자체는 중요한 것이다. 정부, 경제 지도자, 대중 일반에 대해 자문을 제공하는 다양한 시민 기구들 — 공동체 위원회나 합의회의 같은 실험을 포함해서 — 에서 일정한 유형의 일당 체계는 광범한 시민참여를 가로막는 경제적 장벽을 약화시킬 수 있었다. 이 책의 2장에서 리처드 스클로브는 미국에서 전국 규모의 합의회의를 개최하는 데 50만 달러 내외의 비용이 들 것으로 추산했다. 이는 연방 예산 전체에 비하면 상대적으로 적은 액수에 불과하다. 따라서 우리는 선출직 대표자들이 소액의 자금을 확보해서 다양한 종류의 민주적 기술과학 실험을 시작하는 광경을 떠올릴 수 있다. 재정적 제약이나 정치적 장벽 때문에 정부가 그러한 체계에 기여할 수 없는 영역에서는 공공정책의 민주주의와 대중 이해, 그리고 사회적으로 적절한 과학기술을 사명으로 하는 민간재단의 지원이 정부 지원을 대신하는 가능한 대안이 될 수 있다.

우번의 대중역학 노력이나 에이즈 치료 활동가들의 작업 같은 사례를 위해서는 시민들이 더 많은 시간을 할애해야 하고 그에 따라 더 많은 대가를 치러야 한다. 시민들이 "다른 공동체들의 다양한 필요를 인식하고, 자신들이 속한 사회의 전반적 관심사를 이해할 수 있는 폭넓은 경험적 기반을 [얻을 수 있게 하는] …… " 하나의 방편으로 리처드 스클로브는 "시민 안식년"citizen sabbatical을 제안했다. 스클로브는 이 제도를 대학교수들의 안식년이나 미국 평화봉사단과 흡사한 것으로 보았다. 그러한 안식년은 "사람들이 매년 한 달씩, 혹은 매 10년마다 1년씩 자신이 속한 공동체에서 휴가를 얻어 또 다른 공동체, 문화, 지역에서 거주하며 일하는 것을 장려할" 것이다(Sclove, 1995, p. 43).

유사한 맥락에서 과학지식과 기술의 생산 및 평가에 시민들의 참여를 증진시키기 위해 시민 특별연구원citizen fellowship 제도를 만들수도 있다. 여기서도 정부의 지원이 없는 경우에는 민간재단이 기금을 설립해 제한된 수의 시민들이 휴직을 하고 장기간에 걸쳐 과학 관련 프로젝트에서 일할 수 있도록 자금을 제공할 수 있을 것이다. 과학기술 관련 연구를 하는 비영리기구, 영리추구 기업, 정부 및 대학의 연구소와 과학 관련 부서 등은 기금을 감독하는 기구에서 관리하는 데이터베이스에 그러한 기회들을 등록하고, 시민들은 그 중에서 하나를 선택해서 지원서를 제출한다. 그러면 다양한 관심사와 사회적, 경제적, 직업적 배경을 대표하는 사람들로 구성된 위원회에서 지원서를 평가해 시민들을 선발한다.

민주주의 강화라는 시각에서 볼 때, 그러한 프로그램이 가진 미덕에는 의문의 여지가 없다. 시민들과 참여 기관들이 무엇을 얻게 될 것인지는 열려 있는 문제이며 경우에 따라 다양할 것이다. 그러나 우리는 그러한 특별연구원으로 뽑힌 농부가 인근의 대학 캠퍼스에 있는 농생물학 연구소로 가서 일하는 모습을 상상해 볼 수 있다. 농부와 과학자들은 서로에 대해 알 수 있는 기회를 갖게 될 것이다. 모든 참여 당사자들은 친밀한 관계와 존중을 발전시킴으로써 프로젝트가 끝날 때쯤에는 상상컨대 서로의 관심사와 필요에 더 많이 공감하게 될 것이다. 여기에 더해 이 연구소에서 이후에 수행되는 연구는 농부가 연구소에 가져다 준 농업에 대한 깊은 지식과 연구소의 연구자들이 통상적으로 수행하는 좀더 전통적인 생물과학의 동반 상승효과로부터 이득을 얻을 수 있다(cf. Krimsky, 1984a). 에이즈 연구자 앤서니 파우치는 치료 활동가들이 연구소에서 보냈던 시간에 대해 열정적인 옹호 발언을 했다. 활동가들은 "실험실 과학"bench science에 대해 더 나은 이해를 얻었고, 연구자들은 질병의 현실을 직시해야만 했다. 몇몇 과학자들이 기꺼이 인정한 것처럼, 에이즈 기초 연구에 대한 활동가들의 참여는 서로 다른 전문분야에 속한 과학자들 사이에도 대화를 촉진하는 결과를 가져왔다(Epstein, 1996, pp. 321, 322).

과학 영역에서 시민참여가 성공을 거두려면, 참여자들에게 최대한 넓은 "지식 기반"을 얻을 수 있는 기회를 주고, 참여자들이 그간 당연시해 왔던 전문성에 대한 태도를 반성하도록 촉진하며 (Laird, 1993, p. 354), 모든 참여자들이 동등한 역할을 할 수 있는 가능성을 극대화하는 메커니즘을 제도화하려는 노력을 기울여야 한다. 공평한 참여를 촉진하기 위한 기존 메커니즘의 사례로는 캐나다에서 상대적으로 원시적인 자연이 보존된 지역에서, 천연가스를 채굴하겠다는 제안의 비용과 편익을 탐구한 캐나다 청문회가 기울인 노력을 들 수 있다. 무엇보다도 청문회 조직가들은 1천 명에 가까운 원주민 증인들의 집 근처까지 가서 증언을 청취했다. 한 분석가에 따르면 "친숙한 지역 환경에서 가족 및 이웃이 동석한 자리가 원주민 증인들의 자발성과 솔직함을 끌어 낼 수 있었다"(Sclove, 1995, p. 29).

이와는 다른 맥락에서, 대학의 일부 교육자들은 학생들이 구조적으로 참여에서 배제되지 않는 학습 환경을 촉진하려 노력해 왔다. 예를 들어 흔히 볼 수 있는 방식은 강의를 듣는 다수의 수강생을 더 작은 규모의 토론그룹으로 나누는 것이다. 이 그룹들은 교사의 감독 없이 일정 시간 동안 작업을 하고, 나중에 각각의 그룹들이 전체 수강생을 대상으로 발표를 한다. 그러한 절차는 전체 수강생 앞에서 자신의 견해를 표현하는 것을 두려워하는 학생들에게 용기를 줄수 있다는 장점이 있다. 그러한 방식을 조금 변형하면 시민 과학기술 위원회로 작동할 수 있다.

때때로 강의실에서 쓰이는 또 다른 방식으로 역할극이 있다. 시민 기구에서는 어떤 주어진 쟁점에 대해 가능한 다양한 입장들을 전체적으로 개관한 후, 그룹 구성원들에게 무작위로 입장을 정해주고 그 입장을 옹호하도록 할 수 있다. 이러한 접근법은 발표력과 언어 구사력이 뛰어나거나, 여러 사람 앞에서 말하는 데 좀더 자신이 있거나, 모종의 자격증명을 가지고 있다는 이유로 — 그것이 자동으로 존중을 보장하는 것은 아님에도 불구하고 — 존중받는 그룹 구성원들이 항상 자신이 가장 선호하는 입장을 옹호하면서 그룹의 숙의를 지배하지는 못하도록 하는 장점을 갖고 있다.[17]

훈련된 모니터 담당자가 그룹의 숙의 과정을 지켜볼 수도 있고, 그룹 모임에서 일정한 시간을 떼놓았다가 집단적 자기반성에 할애할 수도 있다. 모니터 담당자는 그룹 내 동학을 유심히 살펴보면서 누가 토론을 주도하는지, 왜 그런 일이 생기는지 알아낼 것이다. 일부 참여자들이 특정한 입장을 즉각 거부하는 일이 있는지, 또 아무런 평가도 거치지 않고 수용되는 입장이 있는지 알아내는 데 특별한 주의를 기울여야 한다. 물론 모니터링과 평가를 위한 방법론도 개발될 필요가 있지만, 유사한 실천들이 교수의 효율성을 높이고

---

17. 이것은 조금 다른 문제에 관해 스티브 슈나이더와 대화를 하다가 슈나이더가 제안한 아이디어에서 빌려온 것이다. 슈나이더는 과학자들 간의 논쟁에서 토론을 공평하게 만드는 방법으로 이를 제안했다.

학생들의 좀더 공평한 참여를 끌어 내기 위해 미국 전역의 강의실에서 이미 사용되고 있다(Sadker & Sadker, 1994).

기술과학에 대한 참여에 관심을 갖고 있는 시민들이 지식을 획득하는 문제는 아마도 유용하고 성공적인 참여를 이뤄내는 데 가장 힘든 문제를 야기할 수도 있다. 에이즈 치료 운동의 사례가 특히 흥미로운 이유는 이러한 시민들이 외부인으로서 과학자들이 기각하고, 간과하고, 무시하기 쉬운 연구 접근법을 제안했다는 데 있다. 그들은 그동안 빠져 있었던 시각을 더해 주었다. 내가 이 장에서 개관한 스펙트럼 중에서 과학자 자기통치라는 극단에 가까운 기술과학에서의 시민참여 사례들은 새로운 해법을 만들어 낼 가능성이 낮다. 그러한 사례들은 종종 전문가들의 개념틀을 받아들이도록 구조화되어 있고 시간상의 제약으로 인해 비판적 시각을 발전시킬 가능성이 낮기 때문이다. 그럼에도 나는 앞서 제시한 실천 방식들이 새로운 지향점을 드러나게 할 가능성이 있다고 믿는다.

그러나 에이즈 치료 운동 같은 사례는 훨씬 더 복잡하다. 엡스틴이 이 책의 1장과 자신의 책(Epstein, 1996)에서 지적하는 것처럼, 일단 시민들이 상당한 수준의 지식 기반을 획득하고 나면 점차 주류 과학자들처럼 생각하기 시작할 가능성이 높다. 그들은 이제 외부인의 통찰을 가져다주지 못한다. 이러한 딜레마를 쉽게 극복할 수 있을 것 같지는 않다. "일반인 전문가" ― 전문가로서의 자격증명은 없지만 상당한 "기술적 지식"을 갖고 있는 ― 의 참여를 통해 민주적 기술과학이 가져다 줄 수 있는 이득을 최대한 실현시키는 한 가지 방법은 내가 앞에 설명한 것과 같은 메커니즘을 만드는 것이다. 다만

이 경우에는 지식을 덜 갖춘 참여자들이 일반인 전문가의 시각에 도전할 기회를 갖게 되고, 일반인 전문가들은 자신이 가진 시각에 대해, 또 자신이 좀더 공식적인 지식을 획득함에 따라 그러한 시각이 어떻게 바뀌었는지에 대해 반성할 수 있는 구조화된 기회를 갖게 된다는 점이 다르다.

위에서 개관한 "교정법"들은 과학의 민주화 실천에서 시민참여를 가로막는 장벽만을 언급하고 있다. 그러나 이러한 방향의 모든 성공적인 노력들 — 합의회의에서 대중역학, 에이즈 연구에 이르기까지 — 은 과학자와 일반인들 사이의 협력이 절대적으로 중요함을 시사하고 있다. 때로는 과학자들이 시민들과 함께 작업함으로써 자신의 대중적 정당성을 강화할 수 있지만, 그러한 협력을 저해하는 요인들도 있을 수 있다. 참여한 과학자들이 동료들로부터 따돌림을 당하지 않도록 보호하기 위해 공식적으로 해줄 수 있는 일은 별로 없을지도 모른다. 그러나 교수들이 시민단체와 협력한 기록을 대학 과학자의 종신재직권 심사나 승진 결정에서 고려하는 봉사 항목의 일부로 포함시킨다면 과학자들은 기꺼이 협력을 하려 할 것이고 적대적인 동료들로부터 어느 정도 보호받을 수도 있을 것이다. 시민-과학자 협력 연구에 대한 정부와 재단의 지원은 과학자가 일반인들과의 공동 작업에 참여할 가능성을 더욱 높여줄 것이며, 특히 이러한 연구가 전통적으로 학문 공동체에서 가치를 인정받는 결과물(가령 동료심사를 받은 논문)로 이어진다면 더욱 그러할 것이다.

일반 시민과 대학 과학자들 사이의 협력 증진이라는 측면에서, 민주화된 과학의 지지자들이 참고할 수 있는 현재적, 역사적 유산들이 있다. 대학 당국은 대학의 생물학자들과 산업체 간의 협력을 점점 더 호의적인 시각에서 보고 있고, 이러한 협력이 대학교수의 승진 전망을 더 높여 줄 수도 있다. 뿐만 아니라 "봉사"가 종종 평가 절하되기는 하지만 대다수 대학의 승진 결정에서 공식적으로 고려되고 있으며, 특히 토지양허 대학은 농촌 공동체를 지원해 온 오랜 전통을 가지고 있다. 물론 산업체와 대학 과학의 관계에 관심을 갖는 것은 종종 재정적으로 힘든 시기를 맞은 대학에 금전적 도움이 될 거라는 기대감 때문이며, 시민들이 대학에 재정적으로 줄 수 있는 도움은 거의 없는 것이 보통이다. 그러나 시민들은 유권자이며, 주립대학들은 주 의회 의원들의 선의에 의지하고 있다. 사실 대학 당국의 입장에서는 의원들의 호의를 얻는 것이 교수들의 승진 정책에서 시민들과의 협력을 좀더 중요하게 고려하는 유인이 될 수 있고, 연방 토지양허 대학들에서는 현재의 지원 관행을 변화시키는 데 이용될 수도 있다.

지금까지 과학기술의 민주화를 가로막는 만만치 않은 장벽들에 맞서기 위한 몇 가지 실천적 전략들을 제시했다. 그러나 내가 내놓은 제안들이 실행하기 쉽다거나, 이를 제도화하면 일반인-전문가 협력, "더 나은" 과학, 더 역동적인 민주주의를 가로막는 장벽들로부터 곧장 탈피할 수 있다는 얘기는 아니다. 민주주의의 이론과 실천에 대한 책들은 대학 도서관의 서고를 가득 메울 정도로 많으며, 여기서 지난 수 세기 동안 맹위를 떨쳤던 주장들과 논쟁의 대상이 되었던 딜레마들을 무시하려는 것은 아니다. 그러나 이 글에서의 논의가 논쟁 조건의 변화에 조금이나마 기여할 수 있다면, 이 글은 소기의 목적을 다한 것이다.

결론

이 장에서 나는 과학기술 영역에서의 시민참여 문제에 관한 대화에 기여하고자 했다. 이를 위해 먼저 과학기술을 민주화하려는 여러 시도들을 구분하고, 논의의 몇 가지 조건들을 분명하게 했다. 여기에 더해 나는 과학 영역에서 몇 가지 형태의 시민참여가 실현 가능함을 보였다. 마지막으로 나는 과학기술의 전문적 성격이 항상 시민참여를 가로막는 극복할 수 없는 장벽은 아님을 보였고, 시민참여가 최대한 잘 이뤄지기 위해 극복해야 하는 다른 장벽들이 있음을 지적했다.

과학기술은 우리의 사회적, 경제적 지형도에서 핵심적인 특징으로 자리를 잡았고, 과학기술의 발전은 가까운 미래에 모든 사람들의 삶에 크건 작건 긴밀한 영향을 미칠 것이다. 현실이 그렇다면, 우리가 과학기술 영역에서의 시민참여 문제에 관한 합리적인 논의에 참여하는 것은 절대적으로 긴요한 일일 것이다. 이는 논의 조건에 대한 합의를 전제로 분명하게 초점을 맞춘 토론을 통해 가능할 것이다.

감사의 글

이 장은 『정치와 생명과학』*Politics and Life Sciences*에 실린 대니얼 리 클라인맨의 「과학전쟁을 넘어 : 과학민주화에 대한 숙고」[18]를 수정한 것이다. 이 장의 초고들에 대해 유용한 논평과 제안을 해 준 수전 번스틴, 로렌스 코언, 스튜어트 그린, 게리 존슨, 제럴드 클라인맨, 스티븐 발라스, 학술지 『정치와 생명과학』과 뉴욕주립대학 출판부의 심사위원들에 감사를 전한다. 재너 론버거의 연구 조력도 큰 힘이 되었다.

18. Daniel Lee Kleinman, "Beyond the Science Wars : Contemplating the Democratization of Science," *Politics and the Life Sciences*, 17(1998) pp. 133~145.

옮긴이 후기

과학기술과 민주주의에 대한 논의가 한국에 소개된 지도 제법 되었고 이 주제를 직접적으로 다루는 가톨릭대학교 이영희 교수의 『과학기술과 민주주의』(문학과지성사, 2011)라는 제목의 단행본도 출간되었다. 이러한 성취는 『과학과 민주주의』(국회사무처입법조사국, 1985)나 『현대의 과학기술과 인간해방』(한길사, 1984) 등의 선구적인 작업들에서 비롯된 것이라고 볼 수 있다. 이렇게 과학과 민주주의에 대한 논의가 25년이 넘었지만 아직 과학기술과 민주주의, 과학기술 영역에서의 민주주의의 실현을 둘러싼 논의에 대한 보다 많은 경험연구와 이론적인 작업, 그리고 실천적인 노력이 수행될 필요가 있다고 생각하며 이번에 소개하는 『과학, 기술, 민주주의』가 긍정적인 기여를 할 수 있기를 바란다. 수록된 개별적인 논문들은 편자인 클라인맨이 서론에서 꼼꼼하게 소개하고 있기 때문에 책 내용에 대한 별도의 소개는 췌언이 될 것이고 『과학, 기술, 민주주의』가 갖고 있는 장점과 단점들을 소개하려고 한다.

『과학, 기술, 민주주의』의 미덕은 과학기술과 민주주의에 대한 다양한 관점, 때로는 어울리지 않는 입장들, 새롭게 생각할 수 있는 질문들을 함께 보여 주고 있다는 점이다. 우선, 과학기술학 science and technology studies의 입장에서 과학기술과 민주주의의 관계에 대해서 생각할 수 있다. 혹자는 과학기술학의 논리적 귀결을 과학기술의 민주주의로 생각하면서 과학기술학에 우호적이기 때문에 과학기술의 민주주의를 옹호하거나, 또는 과학기술학에 우호적이지 않기 때문에 과학기술의 민주주의 역시 거부하기도 한다. 그러나 논리적으로 반드시 두 가지가 연결되어야만 하는 것도 아니며 실제로 과학기술학 연구자 모두가 과학기술과 민주주의에 우호적인 입장인 것도 아니다. 오히려 과학기술학에 근거하지 않으면서도 과학기술 영역에서의 민주주의에 대한 주장을 전개할 수 있다는 점을 기후과학자인 스티븐 슈나이더가 6장에서 보여 주고 있다. 다시 말해, 과학기술과 민주주의는 시민 또는 사회과학자들의 독특한 지위에서 기반한 주장이 아니라 과학자들 역시 취할 수 있는 입장이라는 것이다.

둘째, 편자인 클라인맨이 8장에서 말하는 것처럼 과학기술과 민주주의에 대한 논의는 단일한 입장이 아니라 다양한 형태로 가능하다. 『과학, 기술, 민주주의』는 극단적인 견해를 제외하면 민주주의 사회에서는 어떤 형태로든 과학기술은 민주주의 또는 시민과 관계를 맺을 수밖에 없음을 다양한 형태로 보여 주고 있다. 가장 쉽게는 납세자로서 연구비 배분에 대해서 발언권을 가질 수 있어야 한다는 주장에서부터 일반인들의 삶에 과학기술 지식이 작동하면서 이러한 지식생산에 기여하는 하나의 주체가 되기도 하는, 다시 말해 실질적으로 시민들이 지식생산의 의사결정에 참여할 수 있다는 의미에서 과학기술 '내'에서의 민주주의가 관철될 수 있음을 보여 주고 있다.

이런 미덕에도 불구하고 『과학, 기술, 민주주의』가 출간된 시점(2000년)에서 비롯되는 한계가 있다. 과학기술학 및 인근 분야에서는 "참여적 전환"participatory turn이라고 할 정도로, 2000년대에는 시민과 과학기술의 관계, 민주주의 사회에서의 과학 거버넌스에 대한 논의가 활발했고, 광우병, 유전자조작식품 등이 사회적인 문제가 되면서 1980년대와 1990년대에는 '실험'으로 간주되었던 합의회의 등 참여민주주의적인 의사결정 방식이 공식적인 기구에서 실행되는 것이 정상적인 절차로 간주되었다. 이런 긍정적인 현상에도 불구하고 2장에서 스클로브가 말했던 과학기술의 민주주의에 대한 낙관적인 전망이 쉽게 성취되는 것은 아니며 전문가-대중의 구분이 참여민주주의적인 실험에서도 마찬가지로 재연될 수도 있음을 보여 주는 연구도 있다. 또한 이러한 참여민주주의적 제도들이 연구자들에게는 높게 평가되지만 실제로 의사결정과는 거리를 둔 채, 기존의 공식적인 의사결정제도들에서 장식품이 되는 경향이 관찰되기도 했다. 그 외에도 기존의 정치철학이나 민주주의 이론에 구성주의적인 인식론이 어떠한 기여를 할 수 있는가에 대한 논의들도 제기되고 있지만 『과학, 기술, 민주주의』에서는 아쉽지만 다뤄지지 않고 있다.

*

많은 역자들이 후기를 통해서 자신들의 게으름을 고백하지만 이 책은 특히 오랜 게으름의 소산이다. 비록 대표역자로는 김명진, 김병윤, 오은정이 이름을 올렸지만 보다 많은 사람들이 이 책을 만들어 내는 작업에 참여했다. 2001년 1월, 서울대학교 자연대와 공대에서 과학기술과 관련된 사회적 이슈에 대해서 관심을 갖고 활동을 해오던 개인들이 대학원에 진학하거나 새로운 공간으로 이전하면서 과거의 문제의식을 이어가기 위해서 "do it project team(이하 DIP)"이라는 학습모임을 만들었다. DIP에 참여한 이들은 학부에서 이공계열을 전공했고 '현대 사회에서의 과학기술의 역할은 무엇인가'라는 질문에 대한 느슨한 공유는 이뤘지만 각자의 진로는 사뭇 달라졌다. 물리학, 재료공학 등을 계속 전공해서 연구자의 길을 걷고 있는 이들도 있지만 인류학, 과학기술정책, 기술사, 경제학 등을 전공하는 외도를 하기도 하는 등, 모임이 유지되는 시기 동안 개인적으로 진로를 고민하는 시기였다.

당시 함께 읽었던 책들로는 과학정책의 정치학을 비판적으로 다룬 데이비드 딕슨의 『과학의 새로운 정치학』*The New Politics of Science*, 대학원에서 과학기술자들의 사회화 과정을 신병 훈련 과정에 빗대어서 설명한 제프 슈미트의 『이데올로기 청부업자들 : 권력과 체제 지킴이로 사육되는 전문가들의 정치적 본질』*Disciplined Minds : A Critical Look at Salaried Professionals and Soul-Battering System that Shape Their Lives*, 배리 카머너의 『지구와 평화롭게 지내기』*Making Peace with the Planet* 등이 있었다. 이 중『이데올로기 청부업자』는 당시에는 DIP에 참여하지 않았던 배태섭이 마무리 작업에 참여하면서 2012년에 출판되었고,『과학, 기술, 민주주의』는 DIP의 두 번째 책이 된다.

『과학, 기술, 민주주의』의 번역초고는 함께 공부했던 사람들이 중심이 되어 만들었다. 1장은 김태곤, 2장은 한재각, 3장은 김영철, 4장은 노윤호, 7장은 오은정, 서문과 8장은 김병윤이 담당했다. 그러나 일부 논문은 초고가 없었을 뿐 아니라 초고를 만들고 다듬는 작업을 맡기로 한 김병윤과 오은정의 작업은 속절없이 길어졌다. 지근거리에서 작업을 지지해 주던 이종민이 보다 못해 초고가 없던 5장을 마무리하고 김명진에게 당시까지 진행되었던 마무리 작업을 넘기면서 멈추어 있던 번역작업이 재개되었다. 김명진은 미완성으로 있던 6장의 초고를 만들고 번역초고들을 전체적으로 검토하는 작업을 했다. 자칫하면 묻혀 버릴 초고들이 빛을 보게 해 준 이종민과 김명진에게 DIP모임을 대신해서 감사를 표한다.

2012년 11월

김병윤

:: 참고문헌

한국어판 서문

Harrison, Jill. (2011). *Pesticide Drift and the Pursuit of Environmental Justice*. Cambridge, MA: MIT Press.

Kleinman, Daniel Lee, Jason Delborne, and Ashley Anderson. (2011). Engaging Citizens: The High Cost of Citizen Engagement in High Technology, *Public Understanding of Science*, 20:2: 221-240.

Suryanarayanan, Sainath and Daniel Lee Kleinman. Forthcoming. Epistemic Dominance and the Politics of Expertise: The Case of Colony Collapse Disorder in Honey Bees, *Social Studies of Science*.

서론

Barnes, B. (1974). *Scientific knowledge and sociological theory*. London : Routledge and Kegan Paul.

Bloor, D. (1976). *Knowledge and social imagery*. London : Routledge and Kegan Paul. [데이비드 블루어, 『지식과 사회의 상』, 김경만 옮김, 한길사, 2000]

Branscomb, L. M. (1998). Statement for candidate of Board of Directors. Election 98. Washington, DC : American Association for the Advancement of Science.

Doble, J., & Richardson, A. (1992, January). You don't have to be a rocket scientist ……. *Technology Review*, 51-54.

Fish, S. (1996, May 21). Professor Sokal's bad joke. *The New York Times*, p. A11.

Freudenburg, W. R. (1996). Gross, Levitt, waste wars and witches : Diversionary reframing and the social construction of superstition. *Technoscience*, 9(2), 26-29.

Gieryn, T. F. (1999). *Cultural boundaries of science : Credibility on the line*. Chicago : University of Chicago Press.

Gross, Paul R. and Levitt, N. (1994). *Higher superstition : The academic left and its quarrels with science*. Baltimore, MD : John Hopkins University Press.

Gross, P. R., Levitt, N., & Lewis, M. W. (Eds.). (1996). *The flight from science and reason*. New York : New York Academy of Sciences.

Guston, D. H. (1995). The flight from reasonableness. *Technoscience*, 8(3), 11-13.

Hilgartner, S. (1997). The Sokal affair in context. *Science, Technology, and Human Values*, 22(4), 506-522.

Kevles, D. J. (1998). *The Baltimore case : A trial of politics, science, and character*. New York : W. W. Norton and Company.

Kleinman, D. L. (1999). Defining disagreements : From intolerance to civil dialogue in the science wars. *Configurations*, 7, 101-108.

Kleinman, D. L. (1995a). *Politics on the endless frontier : Postwar research policy in the United States*. Durham, NC : Duke University Press.

________. (1995b, September 29). Why science and scientists are under fire — and how the profession needs to respond. *The Chronicle of Higher Education*, B1-B2.

Kleinman, D. L., & Kloppenburg, J. (1991). Aiming for the discursive high ground : Monsanto and the biotechnology controversy. *Sociological Forum*, 6, 427-447.

Kleinman, D. L., & Solovey, M. (1995). Hot science/Cold war : The National Science Foundation after World War II. *Radical History Review*, 63, 110-139.

Knorr-Cetina, K. (1981). *The manufacture of knowledge : An essay on the constructivist and contextual nature of science*. Oxford : Pergamon.

Latour, B., & Woolgar, S. (1979). *Laboratory life : The social construction of scientific facts*. Beverly Hills, CA : Sage.

Lawler, A. (1996, May 31). Support for Science Stays Strong. *Science*, 272, 1256.

Lederman, L. (1991). *Science : The end of the frontier*. Washington, DC : American Association for the Advancement of Science.

Levine, G. (1996, July/August). Contribution to The Sokal hoax : A forum. *Lingua Franca*, 64.

Levitt, N. (1996). Response to Freudenburg. *Technoscience*, 9(2), 29-30.

Levitt, N., & Gross, P. (1994a). *Higher superstition : The academic left and its quarrels with science*. *Baltimore*, MD : Johns Hopkins University Press.

________. (1994b, October 5). The perils of democratizing science. *The Chronicle of Higher Education*, B1, B2.

Lewenstein, B. V. (1996, July 21). Science and society : The continuing value of reasoned debate. *The Chronicle Higher Education*, B1.

Nelkin, D. (1996a). The science wars : Responses to a marriage failed. *Social Text*, 14, 1/2 : 93-100.

________. (1996b, July 26). What are the science wars really about. *The Chronicle of Higher Education*, A52.

Scott, J. (1996, May 18). Postmodern gravity deconstructed, slyly, *The New York Times*, pp. 1, 11.

Sokal A. (1996a). Transgressing the boundaries : Toward a transformative hermeneutics of quantum gravity. *Social Text*, 14, 1/2 : 217-252.

Sokal, A. (1996b, May/June). A physicist experiments with cultural studies, *Lingua Franca*, 62-64

Sokal, A., & Bricmont, J. (1998). *Intellectual impostures*. London : Profile Books, Ltd. [앨런 소칼·장 브리크몽, 『지적 사기』, 이희재 옮김, 민음사, 1999].

Willis, E. (1996, June 25). My Sokaled life. *Village Voice*, pp. 20, 21.

1장 민주주의, 전문성, 에이즈 치료 운동

Adam, B. D. (1987). *The rise of a gay and lesbian movement*, Boston : Twayne Publishers.

Altman, D. (1982). *The homosexualization of America*, Boston : Beacon Press.

________. (1986). *AIDS in the mind of America*. Garden City, NJ : Anchor Press/Doubleday.

________. (1994). *Power and community : Organizational and cultural responses to AIDS*. London : Taylor & Franscis.

Anonymous. (1991). *ACT UP/New York capsule history*. New York : AIDS Coalition to Unleash Power.

Antiviral Drugs Advisory Committee of the U.S. Food and Drug Administration. (1991, February 13-14). Meeting transcript. Bethesda, MD : Food and Drug Administration.

Arno, P. S., & Feiden, K. L. (1992). *Against the odds : The story of AIDS drug development, politics and profits*. New York : HarperColins.

Balogh, B. (1991). *Chain reaction : Expert debate and public participation in American commercial nuclear power, 1945-1975*. Cambridge, England : Cambridge University Press.

Barinaga, M. (1992). Furor at lyme disease conference. *Science*, 256, 1384-1385.

Barns, B. (1985). *About Science*. Oxford : Ban Blackwell.

Barnes, B., & Edge, D. (1982). Science as expertise. In *Science in context : Readings in the sociology of science*, B. Barns & D. Edge (Eds.), (pp. 233-249). Cambridge, MA : MIT Press.

Bayer, R. (1981). *Homosexuality and American psychiatry : The politics of diagnosis*. New York : Basic Books.

________. (1985). AIDS and the gay movement : Between the specter and the promise of medicine. *Social Research*, 52, 581-606.

Blume, S., Bunders, J., Leydesdorff, L., & Whitley, R (Eds.). (1987). *The social direction of the public sciences*. Dordrecht, Holland : D. Reidel.

Boston Women's Health Book Collective. (1973). *Our bodies, ourselves : A book by and for women*. New York : Simon & Schuster. [보스턴여성건강서공동체, 『우리 몸 우리 자신』, 또문몸살림터 옮김, 또하나의문화, 2005].

Bourdieu, P. (1990). *The logic of practice*. Stanford, CA : Stanford University Press.

Brown, P (1992). Popular epidemiology and toxic waste contamination : Lay and professional ways of knowing. *Journal of Health and Social Behavior*, 33, 267-281.

Bull, C. (1988, October 16-22). Seizing control of the FDA. *Gay Community News*, 1, 3.

Cohen, C. J. (1993). Power, resistance and the construction of crisis : Marginalized communities respond to AIDS. Unpublished doctoral dissertation, University of Michigan.

Collins, H & Pinch, T. (1993). *The golem : What everyone should know about Science*. Cambridge, England: Cambridge University Press. [해리 콜린스·트레버 핀치, 『골렘 : 과학의 뒷골목』, 이충형 옮김, 새물결, 2005].

Corea, G. (1992). *The invisible epidemic : The story of women and AIDS*. New York : HarperCollins.

Cotton, P (1991, March 20). HIV surrogate markers weighed. *Journal of the American Medical Association* 265:11, 1357, 1361, 1362.

Cozzens, S. E. (1990). Autonomy and power in science. In S. E. Cozzens & T. F. Gieyn (Eds.), *Theories of science in society*, (pp. 164-184). Bloomington : Indiana University Press.

Cozzens, S. E., & Woodhouse, E. J. (1995). Science, government, and the politics of knowledge. In S. Jasanoff, G. Markle, J. C. Petersen, & T. Pinch (Eds.), *Handbook of science and technology studies*, (p. 533-553). Thousand Oaks, CA : Sage.

Crimp, D., & Rolston, A. (1990). *AIDS demographics*. Seattle : Bay Press.

Crowley, W. F. P. III. (1991). Gaining access : The politics of AIDS clinical drug trial in Boston.

Unpublished undergraduate thesis, Harvard College.

DeRanleau, M. (1990, October 1). How the "conscience of an epidemic" unraveled. *San Francisco Examiner*, A-15.

Di Chiro, G. (1992). Defining environmental justice : Women's voices and grassroots politics. *Socialist Review* 22, 93-130.

Elbaz, G. (1992). The sociology of AIDS activism, the case of ACT UP/New York, 1987-1992. Unpublished doctoral dissertation, City University of New York.

Emke, I. (1993). Medical authority and its discontents : The case of organized non-compliance. *Critical Sociology*, 19, 57-80.

Epstein, S. (1995). The construction of lay expertise : AIDS activism and the forging of credibility in the reform of clinical trials. *Science, Technology, & Human Values*, 20, 408-437,

________. (1996). *Impure Science : AIDS, activism, and the politics of knowledge*. Berkeley : University of California Press.

________. (1997a). Activism, drug regulation, and the politics of therapeutic evaluation in the AIDS era : A case study of ddC and the "surrogate markers" debate. *Social Studies of Science*, 27, 691-726.

________. (1997b). AIDS activism and the retreat from the genocide frame. *Social Identities*, 3, 415-438.

Fauci, A. (1994, October 31). Interview by author. Bethesda, MD.

FDA allows AIDS patients to import banned drugs. (1998, July 24). *The Los Angeles Times*, p. 18.

Fee, E. (Ed.). (1982). *Women and health : The politics of sex in medicine*. Farmingdale, NY : Baywood.

Ferraro, S. (1993, August 15). The anguished politics of breast cancer. *The New York Times Sunday Magazine*, pp. 25-27, 58-62.

Gamson. J. (1989). Silence, death, and the invisible enemy : AIDS activism and social movement "newness." *Social Problems*, 36, 351-365.

Garrison, J. (1989, September 5). AIDS activists being heard. *The San Francisco Examiner*, pp. A-1, A-8.

Geltmaker, T (1992). The queer nation acts up : Health Care, politics, and sexual diversity in the county of angels. *Society and Space*, 10, 609-650.

Gladwell, M. (1992, October 15). Beyond HIV : The legacies of health activism. *The Washington Post*, p. A-29.

Gross, J. (1991, January 7). Turning disease into political cause : First AIDS, and now breast cancer. *The New York Times*, p. A-12..

Harrington, M. (1993). *The crisis in clinical AIDS research*. New York : Treatment Action Group.

Harrington, M. (1994, April 29). Interview by author. New York City.

Hilts, P. J. (1990, May 22). 82 held in protest on pace of AIDS research. *The New York Times*, p. C-2.

Indyk, D., & Rier, D. (1993) Grassroots AIDS knowledge : Implications for the boundaries of science and collective action. *Knowledge : Creation, diffusion, utilization*, 15, 3-43.

Irwin, A., & Wynne, B. (1996). *Misunderstanding Science? The public reconstruction of science and technology*. Cambridge, England : Cambridge University Press.

James, J. S. (1986, May 9). What's wrong with AIDS treatment research? *AIDS Treatment News*.

Jasper, J. M., & Nelkin, D. (1992). *The animal rights crusade : The growth of a moral protest.* New York : Free Press.

Jonsen, A. R., & Stryker, J. (Eds.). (1993). *The social impact of AIDS in the United States.* Washington, DC : National Academy Press.

Kingston, T. (1991, November 7). The "White rats" rebel : Chronic fatigue patients sue drug manufacturer for breaking contract to supply promising CFIDS drug. *The San Francisco Bay Times*, pp. 8, 44.

Kleinman, D. L. (1995). *Politics on the endless frontier : Postwar research policy in the United States.* Durham. NC : Duke University Press.

Kroll-Smith, S., & Floyd, H. H. (1997). *Bodies in protest : Environmental illness and the struggle over medical knowledge.* New York : New York University Press.

Kwitny, J. (1992). *Acceptable risks.* New York : Poseidon Press.

Latour, B. (1987). *Science in action : How to follow scientists and engineers through society.* Cambridge, MA : Harvard University Press.

Latour, B., & Woolgar, S. (1986). *Laboratory life : The construction of scientific facts.* Princeton, NJ : Princeton University Press..

Lo, C. Y. H. (1992). Communities of challengers in social movement theory. In A. D. Morris & C. M. Mueller (Eds.), *Frontier in social movement theory*, (pp. 224-247). New Haven : Yale University Press.

Martin, B. (1980). The goal of self-managed science : Implications for action. *Radical Science Journal*, 10, 3-16.

MD Telethon Boycott Urged. (1991, September 2). *The San Francisco Examiner*, B-1

Merigan, T. C. (1990). Sounding board : You can teach an old dog new tricks : How AIDS trials are pioneering new strategies. *New England Journal of Medicine*, 323, 1341-1343.

Meyer, D. S., & Whittier, N. (1994). Social movement spillover. *Social Problems*, 41, 277-298.

Moore, K. (1996). Organizing integrity : American science and the creation of public interest organizations, 1955-1975. *American Journal of Sociology*, 101, 1592-1627.

Nelkin, D. (1975). The political impact of technical expertise. *Social Studies of Science*. 5, 35-54.

Patton, C. (1990). *Investing AIDS.* New York : Routledge.

Petersen, J. C. (Ed.). (1984). *Citizen participation in science policy.* Amherst : University of Massachusetts Press.

Phair, J. (1994, November 15). Interview by author. Chicago.

PWA Coalition. (1988). Founding statement of people with AIDS/ARC. In D. Crimp (Ed.), *AIDS : Cultural analysis, cultural activism* (pp. 148-149). Cambridge, MA : MIT Press.

Quimby, E., & Friedman, S. R. (1989). Dynamics of black mobilization against AIDS in New York City. *Social Problems*, 36, 403-415.

Richman, D. (1994, June 1). Interview by author. San Diego.

Roland, M. (1993, December 18). Interview by author. Davis, CA.

Ruzek, S. B. (1978). *Feminist alternatives to medical control.* New York : Praeger.

Rycroft, R. W. (1991). Environmentalism and science : Politics and the pursuit of knowledge. *Knowledge :*

Creation, Diffusion, Utilization, 13, 150-169.

Shapin, S. (1994). *A social history of truth : Civility and science in seventeenth century England.* Chicago : University of Chicago Press.

Shapin, S., & Schaffer, S. (1985). *Leviathan and the air-pump : Hobbes, Boyle, and the experimental life.* Princeton, NJ : Princeton University Press.

Star, S. L. (1989). *Regions of the mind : Brain research and the quest for scientific certainty.* Stanford, CA : Stanford University Press.

Treichler, P. A. (1991). How to have theory in an epidemic : The evolution of AIDS treatment activism. In C. Penley & A. Ross (Eds.), *Technoculture* (pp. 57-106). Minneapolis and Oxford : University of Minnesota Press.

Vollmer, T. (1990, September 20). ACT-UP/SF splits in two over consensus, focus. *San Francisco Sentinel*, 1.

Wachter, R. M (1991). *The fragile coalition : Scientists, activists, and AIDS.* New York : St. Martin's.

Weber, M. (1978). *Economy and society*, vol. 1. G. Roth & C. Wittich (Eds.). Berkeley : University of California Press. [막스 베버, 『경제와 사회 : 공동체들』, 박성환 옮김, 나남출판, 2009].

White, S. (1993). Scientists and the environmental movement. *Chain Reaction*, 68, 31-33.

William, R., & Law, J (1980). Beyond the bounds of credibility. *Fundamenta Scientiae*, 1, 295-315.

Winnow, J. (1992). Lesbians evolving health care : Cancer and AIDS. *Feminist Review*, 41, 68-77.

Wynne, B. (1992). Misunderstood misunderstanding : Social identities and public uptake of science. *Public Understanding of Science*, 1, 281-304

2장 기술에 관한 마을회의

Andersen, I.-E. (Ed.). (1995). *Feasibility study on new awareness initiatives : Studying the possibilities to implement consensus conferences and scenario workshops.* Lexembourg : Directorate-General XIII/D-2, European Commission.

Bimber, B., & Guston, D. H. (Eds.). (1997, February-March). Technology assessment : The end of OTA. Special Issue of *Technological Forecasting and Social Change*, 54(2-3), 125-286

Consensus Conference. (1989). Consensus conference on the application of knowledge gained from mapping the human genome : Final document. Copenhagen : Danish Board of Technology.

Consensus Conference. (1992). Consensus conference on technological animals : Final document (preliminary issue). Copenhagen : Danish Board of Technology. Also available on-line : ⟨http://www.tekno.dk/eng/publicat/92teaneo.htm⟩ .

Consensus Statement. (1997). Consensus Statement of the citizens' panel on telecommunications and the future of democracy, April 4, 1997. [on-line]. Available : ⟨http://www.loka.org/pages/results.htm⟩ .

Cronberg, T. (n.d.). Technology assessment in the Danish socio-political context. Technology Assessment Texts No. 9. Lyngby, Denmark : Unit of Technology Assessment, Technical University of Denmark.

Dickson, D. (1988). *The new politics of science.* Chicago : University of Chicago Press. (Reprinted with new preface; original work published 1984)

Flint, A. (1997, April 5). At Tufts, No wonks need apply : Citizens panel formulates policy. *The Boston Globe*, September 3-6, pp. B1, B6.

Guston, D. (1999, Autumn). Evaluating the first U.S. consensus conference : The impact of the citizens' panel on telecommunications and the future of democracy. *Science, Technology and Human Values*, 24, (4), 451-482. Also available on-line : ⟨http://policy.rutgers.edu/papers/⟩.

Hackman, S. (1997, August/September). First line : And now a word from your neighbors. *Technology Review*, 100, (6), 5.

INRA. INRA (Europe) and European Coordination Office SA/NV. (1991, June). *Eurobarometer 35.1 : Biotechnology.* Brussels : European commission; Directorate-General; Science, Research, Development; "CUBE"—Biotechnology Unit.

Joss, S. (2000). Participation in parliamentary technology assessment : From theory to practice. In N. J. Vig & H. Paschen (Eds.), *Parliaments and technology : The development of technology assessment in Europe* (pp. 325-362). New York : State University of New York Press.

Joss, S., & Durant, J. (Eds.). (1995). *Public participation in science : The role of consensus conferences in Europe.* London : Science Museum.

Klüver, L. (1995). Consensus conferences at the Danish Board of technology. In S. Joss & J. Durant (Eds.), *Public participation in science : The role of consensus conferences in Europe* (pp. 41-49). London : Science Museum.

National Science Board. (1998). *Science and engineering indicators* — 1998. NSB-98-1. Arlington, VA : National Science Foundation. Also available on-line : ⟨www.nsf.gov/sbe/srs/seind98/start.htm⟩.

OTA. U.S. Congress, Office of Technology Assessment (1988, April). *Mapping our genes — Genome projects : How big, How fast?* OTA-BA-373. Washington, DC : U.S. Government Printing Office

Public Debate. Public debate : Genetic modification of animals, Should it be allowed? (1993). The Hague : Netherlands Office of Technology Assessment.

PubliForum. PubliForum "Electricity and Society," (1998, 15-18 May). Bern : Citizen Panel Report. Bern, Switzerland : Technology Assessment Programme, Swiss Science Council.

Putnam, R. D. (1996). The strange disappearance of civic America. *The American Prospect*, 24, (Winter), 34-50.

Renn, O., Webler, T., & Weidemann, P. (Eds.). (1995). *Fairness and competence in citizen participation : Evaluating models for environmental discourse.* Dordrecht, Boston and London : Kluwer Academic.

Sclove, R. E. (1995). *Democracy and technology.* New York and London : Guilford Press.

________. (1996, July). Town meetings on technology. *Technology Review*, 99, (5), 24-31.

________. (1997). Citizen policy works. *Yes! : A Journal of Positive Futures*, 3, Fall : 52-54.

________. (1998, February 27). Better approaches to science policy, *Science*, 279, 1283. Also available on-line under the Publications section of the World Wide Web pages of the Loka Institute at ⟨www.loka.org⟩.

Sclove, R. E., Scammell, M. L., & Holland, B. (1998, July). *Community-based research in the United States : An introductory reconnaissance, including twelve organizational case studies and comparison with the Dutch science shops and the mainstream American research system*. Amherst, MA : The Loka Institute. Also available on-line as a free download via the World Wide Web pages of the Loka Institute at ⟨www.loka.org⟩.

Technology and democracy : The use and impact of technology assessment in Europe. (1992, November 4-7). *Proceedings of the 3rd European Congress on Technology Assessment, Copenhagen*. 2 vols. Copenhagen : Teknologi-Naevnet (Danish Board of Technology).

UK national consensus conference on plant biotechnology : Final report. (1994). London : Science Museum.

Veatch, R. M. (1991). Consensus of expertise : The role of consensus of experts in formulating public policy and estimating facts. *Journal of Medicine and Philosophy*, 16, 427-445.

Walker, R. S. (1995, March 2). Democratizing R&D policymaking. Lecture and discussion presented at the 10th Annual Meeting of the National Association for Science, Technology and Society, Arlington, VA.

3장 지속가능한 농업 네트워크를 통한 농업 지식의 민주화

Allen, P., Van Dusen, D., Lundy, J., & Gliessman, S. (1991). Integrating social, environmental, and economic issues in sustainable agriculture. *American Journal of Alternative Agriculture*, 6(1), 34-39

Bennett, J. W. (1986). Research on farmer behavior and social organization, chapter 16. In K. A. Dahlberg (Ed.), *New directions in agriculture and agricultural research : Neglected dimensions and emerging alternatives*. Totowa, NJ : Roman & Allanheld.

Berry. W. (1977). *The unsettling of America : Culture and agriculture*. New York : Avon Books.

__________. (1984). Whose head is the farmer using? Whose head is using the farmer?, chaper 2. In W. Jackson, W. Berry, & B. Colman (Eds.), *Meeting the expectations of the land : Essays in sustainable agriculture and stewardship*. San Francisco : North Point Press.

Bird, E. A., Bultena, G. L., & Gardner, J. C. (Eds.). (1995). *Planting the future : Developing an agriculture that sustains land and community*. Ames : Iowa State University Press.

Bonanno, A., Busch, L., Friedland, W., Gouveia, L. & Mingione, E. (Eds.). (1994). *From columbus to ConAgra : The globalization of agriculture and food*. Lawrence : University Press of Kansas

Buttel, F. H. (1993). The production of agricultural sustainability : Observation from the sociology of science and technology, chapter 1. In P. Allen (Ed.), *Food for the future : Conditions and contradictions of sustainability*. New York : Wiley & Sons.

Buttel, F. H., Larson, O. F., & Gillespie, G. W., Jr (1990). *The sociology of agriculture*. Westport, CT : Greenwood Press.

Danbom, D. B. (1986). Publicly sponsored agricultural research in the United States from an historical perspective, chapter 6. In K. A. Dahlberg (Ed.), *New directions in agriculture and agricultural research : Neglected dimensions and emerging alternatives*. Totowa, N. J. : Roman & Allanheld.

Feldman, S., & Welsh R. (1995). Feminist knowledge claims, local knowledge, and gender divisions of agricultural labor : Constructing a successor science. *Rural Sociology*, 60(1), 23-43

Ferree, M. M., & Hess, B. B. (1985). *Controversy and coalition : The new feminist movement*. Boston : Twayne Publishers.

Gardner, J. C. (1990). Responding to farmers' needs : An evolving land grant perspective. *American Journal of Alternative Agriculture*, 5(4), 170-173.

Gerber, J. M. (1992). Farmer participation in research : A model for adaptive research and education. *American Journal of Alternative Agriculture*, 7(3), 118-121.

Harding, S. (1991). *Whose science? Whose knowledge? Thinking from women's lives*. Ithaca, NY : Cornell University Press. [샌드라 하딩, 『누구의 과학이며 누구의 지식인가 : 여성들의 삶에서 생각하기』, 조주현 옮김, 나남출판, 2009].

Hassanein, N. (1999). *Changing the way American farms : Knowledge and community in the sustainable agriculture movement*. Lincoln : University of Nebraska Press.

Jackson, W. (1990). Agriculture with nature as analogy. C. A. Francis, C. B. Flora, & L. D. King (Eds.), chapter 14 in *Sustainable agriculture in temperate zones*. New York : Wiley.

Jellison, K. (1993). *Entitled to power : Farm women and technology*, 1913-1963. Chapel Hill : University of North Carolina Press.

Kirkendall, R. S. (1987). Up to now : A history of American agriculture from Jefferson to revolution to crisis. *Agriculture and Human Values*, 4(1), 4-26.

Kloppenburg, J. R., Jr. (1988). *First the seed : The political economy of plant biotechnology, 1492-2000*. New York : Cambridge University Press. [잭 클로펜버그 2세, 『농업생명공학의 정치경제』, 허남혁 옮김, 나남출판, 2007].

________. (1991). Social theory and de/reconstruction of agricultural science : Local knowledge for an alternative agriculture. *Rural Sociology*, 56(4), 519-548.

Knowles, J. (1985). Science and farm women's work : The agrarian origins of home economic extension. *Agriculture and Human Values*, 2(1), 52-55.

Lacy, W. B. (1993). Can agricultural colleges meet the needs of sustainable agriculture? *American Journal of Alternative Agriculture*, 8(1), 40-45.

Lockeretz, W., & Anderson, M. D. (1993). *Agricultural research alternatives*. Lincoln : University of Nebraska Press.

Marcus, A. I. (1985). *Agricultural science and the quest for legitimacy*. Ames : Iowa State University.

Neth, M. (1995). *Preserving the family farm : Women, community, and the foundations of agribusiness in the Midwest, 1900-1940*. Baltimore : Johns Hopkins University Press.

Rosmann, R. L. (1994). Farmer initiated on-farm research. *American Journal of Alternative Agriculture*, 9(1,2), 34-37.

Sachs, C. E. (1983). *The invisible farmers : Women in agricultural production*. Totowa, NJ : Rowman & Allanheld.

Schor, J. (1996). Black farmers/farms : The search for equity. *Agriculture and Human Values*, 13(3), 48-63.

Smith, D. E. (1987). *The everyday world as problematic : A feminist sociology*. Boston : Northeastern University Press.

Strange, M. (1988). *Family farming : A new economic vision*. Lincoln : University of Nebraska Press.

Taylor, C. C. (1941). Trading ideas with your neighbors. Pamphlet submitted to the U.S. Farm Security Administration. Carl C. Taylor Papers, Collection No. 3230, Rare and Manuscript Collections. Cornell University Library, Ithaca, NY.

Thornley, K. (1990). Involving farmers in agricultural research : A farmer's perspective. *American Journal of Alternative Agriculture*, 5(4), 174-177.

Wainwight, H. (1994). *Arguments for a new left : Answering the free market right*. Oxford, U.K. : Blackwell.

4장 핵시설 관련 의사결정 과정에서의 시민참여

Advance Advertising. (1983). *Alive! Yesterday and today : A history of Richland and the Hanford project*. Richland, WA.

Bigelow, J. (1950, January 29). AEC spending half billion to rebuild plutonium plant. *The Seattle Times*, p. 33.

Boyer, P. (1985). *By the bomb's early light : American thought and culture at the dawn of the atomic age*. New York : Pantheon Books.

Brown, P. (1987, summer/fall). Popular epidemiology : Community response to toxic waste-induced disease in Woburn, Massachusetts. *Science, Technology, and Human Values*, 12, 78-85.

Carter, L. J. (1987). *Nuclear imperatives and public trust : Dealing with radioactive waste*. Washington, DC : Resources for the Future.

Caufield, C. (1989). *Multiple exposures : Chronicles of the radiation age*. Chicago : University of Chicago Press.

Connor, T. (1985, winter). Does America need plutonium? *Pan Environmental Journal*, 1, 18-34.

__________. (1986, March/April). Hanford Documents. *HEAL Newsletter*.

Couch, S. R., & Kroll-Smith, S. (1997, October). Environmental movements and expert knowledge : Evidence for a new populism. *International Journal of Contemporary Sociology*. Vol. 34, No. 2 : 185-210.

The Daily Olympian. (1998, October 8).

Dickson, D. (1988). *The new politics of science*. Chicago : The University of Chicago Press.

Erickson, K. (1976). *Everything in its path : Destruction of community in the Buffalo Creek flood*. New York : Simon and Schuster.

Gamson, W. (1988). Political discourse and collective action. In *International Social Movement Research*, vol. I (pp. 219-244). Greenwich, CT : JAI Press. Editors : Klandermans, B., Hanspeter, K & Tarrow, S.

Gilje, S. (1971, January 22). 5000-job cutback feared at Hanford. *The Seattle Times*, p. 1.

Graydon, D. (1985, January 10). Five groups sue over N-dump plans. *The Seattle Post-Intelligencer*, p. A6.

Hacker, B. (1987). *The dragon's tail : Radiation safety in the Manhattan project, 1942-1946*. Berkeley : University of California Press.

Hanford will stay secret, says Truman. (1946, March 8). *The Seattle Times*, p. 1.

HTDS Newsletter, 2(3), (1992, September).

Krimsky, S., & Plough, A. (1988). *Environmental hazards : Communicating risks as a social process*. Dover, MA : Auburn House Publishing Co.

Lane, B. (1976, February 3). N-plant construction block looms. *The Seattle Times*, p. D13.

Lane, B. (1980, October 21). A 'friendly' nuclear ballot issue? *The Seattle Times*, p. A8.

Levine, A. G. (1982). *Love canal : Science, politics and people*. Lexington, MA : Lexington Books.

Lilienthal, D. (1971). *The journals of David Lilienthal : Volume V - The harvest years 1959-1963*. New York : Harper and Row.

Niles, K. (1996). *Reconstructing Hanford's past releases of radioactive materials : The history of the Technical Steering Panel 1988-1995*. Prepared with support from the U.S. Centers for Disease Control and Prevention.

Nalder, E., & Connelly, J. (1979, August 9). Questions over N waste. *The Seattle Post-Intelligencer*, p. A8.

Norman, C. (1984, January 20). High level politics over low level waste. *Science*, 223, 258-260.

Radioactive thorium leak at plutonium plant no cause for alarm. (1984, February 7). *The Seattle Times*.

Read, T. (1975, January 19). Radioactive leaks plague Hanford. *The Seattle Post-Intelligencer*.

Ruttenber, J., & Mooney, R. R. (Eds.). (1987). *Report of the Hanford Health Effects Review Panel and recommendations of sponsoring agencies*.

Sanger, S. L., & Mull, R. (1989). *Hanford and the bomb : An oral history of World War II*. Seattle : Living History Press.

The Seattle Times. (1971, January 22).

Shook, L., & Connor, T. (1984, September 3). Purex plant raises safety questions. *Bellevue (WA) Journal-American*, pp. A1, A3.

Smyth, H. D. W. (1945). *Atomic energy for military purposes : The official report on the development of the atomic bomb under the auspices of the United States government, 1940-1945*. Princeton : Princeton University Press.

Steete, K. D. (1985, July 1). "Downwinders" — Living with fear. *Spokane (WA) Spokesman-Review*, p. 1.

______. (1986, March 6). In 1979 study, Hanford allowed radioactive iodine into area air. *Spokane (WA) Spokesman-Review*, p. A6.

Technical Steering Panel of the Hanford Environmental Dose Reconstruction Prosect. (1994). Representative Hanford Radiation Dose Estimates.

Unsoeld, K. (1983, January). Should public power be nuclear power? *Dollars and Sense*, 15-17.

Weart, S. (1988). *Nuclear fear : A history of images*. Cambridge, MA : Harvard University Press.

Whitely, P. (1981, June 26). Court throws out ban on N-waste. *The Seattle Times*, p. A1.

5장 인간 복지와 연방 과학

Agnew, B. (1999, March 26). NIH invites activists into the inner sanctum. *Science*, 283, 1999-2001.

Ausubel, J. H. (1996, Summer). The liberation of the environment. *Daedalus*, 125, 1-17.

Bush, V. (1960). *Science, the endless frontier.* Washington, DC : Office of Scientific Research and Development (Original work published 1945).

Cornwell, J. (Ed.). (1995). *Nature's imagination.* New York : Oxford University Press.

Glanz, J. (1999, April 16). Missile defense rides again. *Science, 284,* 416-420.

Graedel, T. E., & Allenby, B. R. (1995). *Industrial ecology.* New York : Prentice Hall.

Graham, L. R. (1998). *What have we learned about science and technology from the Russian experience?* Stanford, CA : Stanford University Press, 1998.

Holling, C. S. (1995). What barriers? What bridges? In L.H. Gunderson, C.S. Holling, & S.S. Light (Eds.), *Barriers and bridges to the renewal of ecosystems and institutions.* New York : Columbia University Press (pp. 13-14).

House Committee on Science. (1998, September 24). *Unlocking our future : Toward a new national science policy. A report to Congress.* Washington, DC : House Committee on Science.

Hudson, K. L., Rothenberg, K. H., Andrews, L. B., Ellis Kahn, M. J., & Collins, F. S. (1995, October 20). Genetic discrimination and health insurance : An urgent need for reform. *Science, 270,* 391-393.

Hull, D. L. (1988). *Science as a process : An evolutionary account of the social and conceptual development of science.* Chicago : University of Chicago Press.

Jasanoff, S., Markle, G. E., Petersen, J., & Pinch, T. (Eds.). (1995). *Handbook of science and technology studies.* London : Sage Publications.

Kevles, D. J. (1987). *The physicists : The history of a scientific community in modern America.* Cambridge, MA : Harvard University Press.

Landy, M. K., Susman, M. M., & Knopman, D. S. (1999). *Civic environmentalism in action : A field guide to regional and local activities.* Washington, DC : Progressive Policy Institute.

Lane, N. (1996, February 9). Science and the American dream : Healthy or history. Speech presented at the Annual Meeting of the American Association for the Advancement of Science, Baltimore, MD. Available on-line : www.nsf.gov/od/lpa/forum/lane/slaaa.htm.

Lawler, A. (1998, June 12). Global change fights off a chill. *Science, 280,* 1683-1685.

Lee, K. N. (1993). *Compass and gyroscope : Integrating science and politics for the environment.* Washington, DC : Island Press.

Leslie, S. W. (1993). *The Cold War and American science.* New York : Columbia University Press.

Lowen, R. S. (1997). *Creating the Cold War university : The transformation of Stanford.* Berkeley, CA : University of California Press.

McDougall, W. A. (1986). ······ *the heavens and the Earth : A political history of the space age.* New York : Basic Books.

National Science Foundation. (1998). *Federal funds for research and development : Detailed historical tables, fiscal years 1951-1998.* at : www.nsf.gov/sbe/srs/nsf98328/start.htm.

Norberg, A. L., & O'Neill, J. E. (1996). *Transforming computer technology : Information processing for the Pentagon, 1962-1986.* Baltimore, MD : Johns Hopkins University Press, 1996.

Office of Management and Budget. (1998). *The budget of the United States government, fiscal year 1999.*

Washington, DC : Government Printing Office.

Pollack, R. (1997, August). Hard days on the endless frontier. *The FASEB Journal*, 11, 725-731.

Sachs, A. (1996). Upholding human rights and environmental justice. In L. R. Brown & C. Flavin (Eds.), *State of the world 1996* (pp. 133-151). New York : W. W. Norton and Company.

Sapolsky, H. M. (1990). *Science and the Navy : The history of the Office of Naval Research*. Princeton, NJ : Princeton University Press.

Sclove, R. E. (1995). *Democracy and technology*. New York : Guilford Press.

Sclove, R. E., Scammell, M. L., & Holland, B. (1998). *Community-based research in the United States : An introductory reconnaissance, including twelve organizational case studies and comparison with the Dutch science shops and the mainstream American research system*. Amherst, MA : The Loka Institute.

Selznick, P. (1992). *The moral commonwealth : Social theory and the promise of community*. Berkeley, CA : University of California Press.

Sherry, M. S. (1977). *Preparing for the next war*. New Haven, CT : Yale University Press.

Subcommittee on Global Change Research. (1997). *Our changing planet : The FY 1998 U.S. global change research program*. Washington, DC : Office of Science and Technology Policy.

United Nations Development Programme. (1992). *Human development report 1992*. New York : Oxford University Press.

Warrick, J. (1998, October 28). AIDS's long shadow cools global population forecast. *The Washington Post*, p. A2.

World Health Organization. (1996). *World health report 1996*. Washington, DC : World Health Organization.

Wulf, W. A. (1998, September). Balancing the research portfolio. *Science, 281*, 1803.

Zachary, G. P. (1997). *Endless frontier : Vannevar Bush, engineer of the American century*. New York : The Free Press.

6장 "시민-과학자"는 모순어법인가?

Edwards, P. N., & Schneider, S. H. (2000). Self-governance and peer review in science-for-policy : The case of the IPCC second assessment report. In C. Miller and P. N. Edwards (Eds.), *Changing the atmosphere : Expert knowledge and global environmental governance*. Cambridge, MA : MIT Press.

Ehrlich, P. R., & Ehrlich, A. H. (1996). *Betrayal of science and reason : How anti-environmental rhetoric threatens our future*. Washington, DC : Island Press.

Funtowicz, S., & Ravetz, J. (1985). Three types of risk assessment : A methodology analysis. In C. Whipple & V. Covello (Eds.), *Risk analysis and the private sector*. New York : Plenum.

Funtowicz, S., & Ravetz, J. (1992). Three types of risk assessment and the emergence of post normal science. In S. Krimsky and D. Golding (Eds.), *Social theories of risk*. London : Praeger.

Intergovernmental Panel on Climatic Change(IPCC). (1996). Houghton, J. T., Meira Filho, L. G., Callander,

B. A., Harris, N., Kattenberg, A., & Maskell, K. (Eds.), Chimate change 1995. *The science of climate change : Contribution of working group I to the second assessment report of the Intergovernmental Panel on Climate Change.* Cambridge : Cambridge University Press.

Jasanoff, S., & Wynne, B. (1998). Science and decisionmaking. In S. Rayner & E. L. Malone (Eds.), *Human choice and climate change,* vol. 1. Ohio : Batelle Press.

Kantrowitz, A. (1967, May 12). Proposal for an institution for scientific judgement; excerpts from a report to U.S. Senate, March 16, 1967. *Science,* 156, 763-764.

Kuhn, T. S. (1962). *The structure of scientific revolution.* Chicago : University of Chicago Press. [토머스 새뮤얼 쿤, 『과학혁명의 구조』, 김명자 옮김, 까치글방, 2002].

Morgan, M. G., & Leith, D. W. (1995). Subjective judgements by climate experts. *Environmental Science and Technology,* 29, 468A-476A.

Moss, R., & Schneider, S. H. (1997). Characterizing and communicating scientific uncertainty : Building on the IPCC second assessment. In S. J. Hassol & J. Katzenberger (Eds.), *Elements of change.* Aspen, CO : AGCI.

Nordhaus, W. D. (1994). Expert opinion on climate change. *American Scientist,* 82, 45-52.

Schneider, S. H. (1989). *Global warming : Are we entering the greenhouse century?* New York : Vintage Books.

______. (1997a). Laboratory Earth : The planetary gamble we can't afford to lose. New York : Basic Books. [스티븐 H. 슈나이더, 『실험실 지구』, 임태훈 옮김, 사이언스북스, 2006].

______. (1997b). Integrated assessment modeling of global climate change : Transparent rational tool for policy making or opaque screen hiding value-laden assumptions? *Environmental Modeling and Assessment,* 2, 229-249.

______. (1997c). Defining and teaching environmental literacy. *Trends in Ecology and Evolution,* 12(11) : 457.

Schneider, S. H., & Mesirow, L. E. (1976). *The Genesis strategy : Climate and global survival.* New York : Plenum.

Schneider, S. H., Turner II, B. L., & Morehouse Garriga, H. (1998). Imaginable surprise in global change science. *Journal of Risk research,* 1(2), 165-185.

7장 과학철학은 민주주의의 이상을 코드화해야 하는가?

Dupre, J. (1993). *The disorder of things : Metaphysical foundations for the disunity of science.* Cambridge : Harvard University Press.

Dupre, J. (1996). Metaphysical disorder and scientific disunity. In P. Galison & D. Stump (Eds.), *The disunity of science.* Stanford : Stanford University Press.

Galison, P., & Stump, D. (Eds.). (1996). *The disunity of science.* Stanford : Stanford University Press.

Goonatilake, S. (1984). *Aborted discovery : Science and creativity in the third world.* London : Zed.

Hacking, I. (1996). The disunities of the sciences. In P. Galison & D. J. Stump (Eds.), *The disunity of science*. Stanford : Stanford University Press.

Harcourt, W. (Ed.). (1994). *Feminist perspectives on sustainable development*. London : Zed.

Harding, S. (1998). *Is science multicultural? Postcolonialisms, feminisms, and epistemologies*. Bloomington: Indiana University Press.

Needham, J. (1954ff). *Science and civilisation in China*. 7 vols. Cambridge : Cambridge University Press.

Petitjean, P., Jami, C., & Moulin, A. M. (Eds.). (1992). *Science and empires : Historical studies about scientific development and European expansion*. Dordrecht : Kluwer.

Pickering, A. (1992). Objectivity and the mangle of practice. *Annals of Scholarship*, 8:3, ed. Alan Megill.

Sabra, I. A. (1976). The scientific enterprise. In B. Lewis, (Ed.), *The world of Islam*. London : Thames and Hudson.

Sachs, W. (Ed.). (1992). *The development dictionary : A guide to knowledge as power*. Atlantic Highlands, NJ : Zed.

Sparr, P. (Ed.). (1994). *Mortgaging women's lives : Feminist critiques of structural adjustment*. London : Zed.

Watson-Verran, H., & Turnbull, D. (1995). Science and other indigenous knowledge systems. In S. Jasanoff, G. Markle, T. Pinch, & J. Petersen (Eds.), *Handbook of science and technology studies* (pp. 115-139). Thousand Oaks, CA : Sage.

8장 과학기술의 민주화

Arnstein, S. (1969, July). A ladder of citizen participation. *American Institute of Planners Journal*, 35(4), 216-224.

Bachrach, P. (1975). Interest, participation and democratic theory. In J. R. Pennock & J. W. Chapman (Eds.), *Public participation in politics*. New York : Lieber-Atherton.

Barber, B. (1984). *Strong democracy : Participatory politics in a new age*. Berkeley : University of California Press. [벤자민 바버, 『강한 민주주의』, 박재구 옮김, 인간사랑, 1992].

Barns, I. (1995). Manufacturing consensus? : Reflections on the UK national consensus conference on plant biotechnology. *Science as Culture*, 5, 199-216.

Bijker, W., Hughes, T., & Pinch, T. (Eds.). (1989). *The social construction of technological systems*. Cambridge, MA : MIT Press.

Bohman, J. (1996). *Public deliberation : Pluralism, complexity, and democracy*. Cambridge, MA : MIT Press.

Breyer, S. (1993). *Breaking the vicious circle : Toward effective risk regulation*. Cambridge, MA : Harvard University Press.

Brown, P., & Mikkelsen, E. (1990). *No safe place : Toxic waste, leukemia, and community action*. Berkeley : University of California Press.

Carmen, I. (1992). Debates, divisions, and decisions : Recombinant DNA Advisory Committee authorization of the first human gene transfer experiments. *American Journal of Human Genetics*, 50, 245-260.

_______. (1993). Human gene therapy : A biopolitical overview and analysis. *Human Gene Therapy*, 4, 187-193.

Claeson, B., Martin, E., Richardson, W., Schoch-Spana, M., & Taussig, K. (1996). Scientific literacy, what it is, why it's important, and why scientists think we don't have it : The case of immunology and the immune system. In L. Nader (Ed.), *Naked science : Anthropological inquiry into boundaries, power, and knowledge* (pp. 101-118). London : Routledge.

Clarke, A., & Fujimura, J. (Eds.). (1992). *The right tools for the job : At work in twentieth-century life sciences*. Princeton, NJ : Princeton University Press.

Collins, H., & Pinch, T. (1993). *The golem : What everyone should know about science*. Cambridge : Cambridge University Press. [해리 콜린스·트레버 핀치, 『골렘 : 과학의 뒷골목』, 이충형 옮김, 새물결, 2005].

Cramton, R. (1972). The why, where, and how of broadening public participation in the administrative process. *Georgetown Law Journal*, 60, 3.

Dickson, D. (1988). *The new politics of science*. Chicago : University of Chicago Press.

Dutton, D., with Preston, T., & Pfund, N. (1988). *Worse than the disease : Pitfalls of medical progress*. Cambridge : Cambridge University Press.

Epstein, S. (1991). Democratic science? AIDS activism and the contested construction of knowledge. *Socialist Review*, 91, 35-64.

________. (1995). The construction of lay expertise : AIDS activism and the forging of credibility in the reform of clinical trials. *Science, Technology, and Human Values*, 20(4), 408-437.

________. (1996). *Impure science : AIDS, activism, and the politics of knowledge*. Berkeley : University of California Press.

Garson, G. D., & Smith, M. P. (Eds.). (1976). *Organizational democracy : Participation and self-management*. Beverly Hills, CA : Sage.

Gelhorn, E. (1972). Public participation in administrative proceedings. *Yale Law Journal*, 81, 67.

Goggin, M. (1984). The life sciences and the public : Is science too important to be left to the scientists? *Politics and Life Sciences*, 3, 28-40.

________. (Ed.). (1986a). *Governing science and technology in a democracy*. Knoxville, TN : University of Tennessee Press.

________. (1986b). Governing science and technology : Reconciling science and technology with democracy. In M. Goggin (Ed.), *Governing science and technology in a democracy*. Knoxville, TN : University of Tennessee Press.

Goodell, R. (1979). Public Involvement in the DNA controversy : The case of Cambridge, Massachusetts. *Science, Technology, and Human Values*, 27, 36-43.

Heberkin, T. (1976). Some observations on alternative mechanisms for public involvement : The hearing, public opinion poll, the workshop, and the quasi-experiment. *Natural Resources Journal*, 16, 197-212.

Indyk, D., & Rier, D. (1993). Grassroots AIDS knowledge : Implications for the boundaries of science and collective action. *Knowledge*, 15, 3-43.

Jasanoff, S., Markle, G., Petersen, J., & Pinch, T. (Eds.). (1995). *Handbook of science and technology studies*. Thousand Oaks, CA : Sage Publications.

Jennings, B. (1986). Representation and participation in the democratic governance of science and technology. In M. Goggin (Ed.), *Governing science and technology in a democracy*. Knoxville, TN : University of Tennessee Press.

Kleinman, D. L. (1995, September 29). Why science and scientists are under fire — and how the profession needs to respond. *The Chronicle of Higher Education*, B1-B2.

Kleinman, D., & Kloppenburg, J. (1991). Aiming for the discursive high ground : Monsanto and the biotechnology controversy. *Sociological Forum*, 6, 427-447.

Krimsky, S. (1982). *Genetic alchemy : The social history of the recombinant DNA controversy*. Cambridge, MA : MIT Press.

________. (1984a). Epistemic considerations on the value of folk-wisdom in science and technology. *Policy Studies Review*, 3(2), 246-262.

Krimsky, S. (1984b). Beyond technocracy : New routes for citizen involvement in social risk assessment. In J. Petersen (Ed.), *Citizen participation in science policy* (pp. 43-61). Amherst : University of Massachusetts Press.

________. (1986a). Research under community standards : Three case studies. *Science, Technology, and Human Values*, 11, 14-33.

________. (1986b). Local control of research involving chemical warfare agents. In M. Goggin (Ed.), *Governing science and technology in a democracy*. Knoxville, TN : University of Tennessee Press.

Laird, F. (1993). Participatory analysis, democracy, and technological decision making. *Science, Technology, and Human Values*, 18(3), 341-361.

Latour, B. (1987). *Science in action : How to follow scientists and engineers through society*. Cambridge, MA : Harvard University Press.

Lear, J. (1978). *Recombinant DNA : The untold story*. New York : Crown Publishers.

Levitt, N., & Gross, P. (1994a). *Higher superstition : The academic left and its quarrels with science*. Baltimore, MD : Johns Hopkins University Press.

________. (1994b, October 5). The perils of democratizing science. *The Chronicle of Higher Education*, B1, B2.

Nelkin, D. (1984). Science and technology policy and the democratic process. In James Petersen (Ed.), *Citizen participation in science policy* (pp. 18-39). Amherst : University of Massachusetts Press.

Pateman, C. (1970). *Participation and democratic theory*. Cambridge : Cambridge University Press.

Petersen, J. (Ed.). (1984). *Citizen participation in science policy*. Amherst : University of Massachusetts Press.

Polanyi, M. (1951). *The logic of liberty : Reflections and rejoinders*. Chicago : University of Chicago Press.

________. (1962). The republic of science. *Minerva*, 1, 54-73.

Sadker, M, & Sadker, D. (1994). *Failing at fairness : How our schools cheat girls*. New York : Touchstone.

Sclove, R. (1995). *Democracy and technology*. New York : Guilford Press.

________. (1996, July). Town meetings on technology. Technology Review.

Shapin, S. (1994). *A social history of truth : Civility and science in seventeenth century England*. Chicago :

University of Chicago Press.

Singer, M. (1977). The involvement of scientists. In National Academy of Science, *Research with recombinant DNA : An academy forum* (pp. 24-30). Washington, DC : National Academy of Sciences.

Tversky, A., & Kahneman, D. (1982). Judgement under uncertainty : Heuristics and biases. In D. Kahneman, P. Slovic, & A. Tversky (Eds.), *Judgement under uncertainty*. New York : Cambridge University Press. [다니엘 카네만·폴 슬로빅·아모스 트발스키 편저, 『불확실한 상황에서의 판단 : 추단법과 편향』, 이영애 옮김, 아카넷, 2010].

Waddell, C. (1989). Reasonableness versus rationality in the construction and justification of science policy decisions : The case of the Cambridge Experimentation Review Board. *Science, Technology, and Human Values*, 14, 7-25.

Wright, S. (1994). *Molecular politics : Developing American and British regulatory policy for genetic engineering, 1972-1982*. Chicago : University of Chicago Press.

Wynne, B. (1996a). May the sheep safely graze? A reflexive view of the expert-lay divide. In S. Lash, B. Szerszynski, & B. Wynne (Eds.), *Risk, environment, and modernity : Towards a new ecology* (pp. 44-83). London : Sage.

Wynne, B. (1996b). Misunderstood misunderstandings : Social identities and public uptake of science. In A. Irwin & B. Wynne (Eds.), *Misunderstanding science? The public reconstruction of science and technology* (pp. 19-49). Cambridge : Cambridge University Press.

ㄱ, ㄴ

갈릴레이, 갈릴레오(Galilei, Galileo) 186,
   187, 213

그로스, 폴(Gross, Paul) 16, 24, 26

넬킨, 도로시(Nelkin, Dorothy) 19

ㄹ

레더만, 레온(Lederman, Leon) 22

레바인, 조지(George, Levine) 34

레빗, 노먼(Levitt, Norman) 16, 24~26

레이, 딕시 리(Ray, Dixy Lee) 123, 124,
   126, 127

롤런드, 미셸(Roland, Michelle) 57

리치먼, 더글러스(Richman, Douglas) 49

ㅁ, ㅂ

메리건, 토머스(Merigan, Thomas) 51

모건, M. G.(Morgan, M. G.) 180, 181,
   183

미켈슨, 에드윈(Mikkelsen, Edwin) 254, 268

반스, 이언(Barns, Ian) 254

베리, 웬델(Berry, Wendell) 100

벤슨, 앨런(Benson, Allen) 130, 131

부시, 버니버(Bush, Vannevar) 20, 154

브라운, 필(Brown, Phil) 254, 268

브랜스콤, 루이스(Branscomb, Lewis) 24

브레이어, 스티븐(Breyer, Stephen) 261,
   262

브리크몽, 장(Bricmont, Jean) 18, 26

ㅅ

셀즈닉, 필립(Selznick, Philip) 158

셰핀, 스티븐(Shapin, Steven) 264

새러위츠, 대니얼(Sarewitz, Daniel) 7,
   31, 32, 148

소칼, 앨런(Sokal, Alan) 17, 18, 24, 26,
   34, 286

수르야나라야난, 사이나스(Suryanarayanan,
   Sainath) 6

슈나이더, 스티븐(Schneider, Stephen H.)
   13, 31, 32, 173, 181, 274, 281

스미스, 도로시(Smith, Dorothy) 107

스클로브, 리처드(Sclove, Richard) 6, 29,
   62, 252, 271, 282

ㅇ, ㅈ

에이고, 짐(Eigo, Jim) 43

엡스틴, 스티븐(Epstein, Stephen) 6, 28,
   29, 36, 257, 259, 260, 268, 269, 275

웨인라이트, 힐러리(Wainwright, Hilary)
   101

제임스, 존(James, John) 46

ㅋ

카터, 지미(Carter, Jimmy) 128

ㄱ

〈가정주부 클럽〉(Homemakers Club) 113

강한 민주주의자 241

개방성 141, 193

계몽주의 31, 32, 154, 156~167, 170, 208, 236

『고등교육연보』 12, 13, 26

『고등미신 : 학계 좌파와 과학의 반목』(그로스·레빗) 16, 17

〈공동체 연구계획〉(Community Research Initiative, CRI) 259, 260

공동체기반 연구 168, 260

공동체로서의 과학 180, 184

과학 평가 법정 193, 196

『과학, 그 끝없는 최전선』(부시) 154

과학과 이성으로부터의 도피 16, 18, 24

과학자들의 자율성 24

과학적 신용 40

과학(적) 소양 25, 192, 203, 204, 240

과학전쟁 5, 12, 15~19, 23, 25, 27, 34, 279

과학지식사회학 61, 188

과학철학 206, 210, 212, 216, 221, 222, 238, 251, 266

과학학 19, 20, 24, 25, 27, 40, 245

과학혁명 185

국가연구위원회(National Research Council, NRC) 187, 192, 196

〈국가환경정책법〉 131

국립보건원(National Institutes of Health, NIH) 37, 39, 49, 50, 59, 75, 153, 168, 246, 248

국방부 149~152, 171

국지적 지식 30, 100, 104, 115, 230, 234

〈권력 행사를 위한 에이즈 연합〉(ACT UP) 44, 45, 47, 49, 54, 57, 59

기독교 215, 222, 227

기술관료적 정책결정 262

기술영향평가국(Office of Technology Assessment, OTA) 64, 69, 70, 72, 80, 191, 192

기술적 합리성 118, 119

기술적인 것과 비기술적인 것 사이의 경계 242, 244, 257, 258

기후 연구 178

기후변화 7, 152

기후변화에 관한 정부간 패널(Intergovernmental Panel on Climatic Change, IPCC) 183, 184, 187, 192

ㄴ, ㄷ

냉전 20~22, 31, 124, 148~151, 153, 155, 159, 162, 166, 168, 170, 171

녹색혁명 161, 162

농업안정국 88

『뉴욕 타임스』 17, 18, 189

뉴욕과학아카데미 16

『뉴잉글랜드 의학지』 51

「늙은 개에게 새로운 재주를 가르칠 수 있

다」 51
대중역학 254~256, 265, 270, 271, 276
덴마크 기술위원회 63~65, 72~75, 82, 87,
　　253
독성물질질병등록국(Agency for Toxic
　　Substances and Disease Registry,
　　ATSDR) 143, 144

ㄹ, ㅁ, ㅂ
『로카 얼러트』 87
〈로카연구소〉(Loka Institute) 63, 75, 87
『링구아 프랑카』 18, 34
매사추세츠 케임브리지 실험심사위원회
　　(Cambridge Massachusetts Labo-
　　ratory Experimentation Review
　　Board, CERB) 250, 252, 264, 266~268
맨해턴 프로젝트 119, 121
메타-기구 32, 190, 193, 195~197, 203, 204
물리학 18, 19, 21, 151, 152, 181, 207,
　　223, 234, 283
미 항공우주국(NASA) 151
〈미국과학진흥협회〉(American Asso-
　　ciation for the Advancement of
　　Science, AAAS) 13, 22, 24
민주적 과학 212, 245, 256
바텔 퍼시픽 노스웨스트 연구소 140
반민주주의 211
반핵 활동 128
〈발의 325〉 125
〈발의 383〉 127
〈발의 394〉 128
방사능 119, 120, 122, 124, 127, 129, 132,
　　133, 136, 138, 139, 142, 265
방사성폐기물 122, 125, 126

베이즈 확률 174
『보스턴 글로브』 85
보편성 33, 212, 221, 229~233, 235
복잡성 과학 169
복지 20, 31, 148, 154, 158, 159, 162, 165,
　　167, 170, 171, 214, 295
불확실성과 과학 7, 61, 156, 159, 163,
　　173, 176~178, 183, 189, 193, 200, 201
비밀주의 119, 121, 122, 124, 126, 132,
　　140, 145
『빌리지 보이스』 18

ㅅ
『사이언스』 21, 22
『사이언티픽 아메리칸』 189, 201
사회과학 16, 18, 26, 67, 70, 153, 155,
　　167, 171, 181, 233, 235, 281
〈사회적 책임을 위한 의사들〉 136, 138
산업생태학 169, 170, 171
상대주의 209, 235
생물학 70, 173, 181, 223, 233, 250, 252
생물학자 233, 250, 251, 263, 277
생의학 연구 28, 36, 56, 58, 160, 168, 249
성별 41, 58, 103~106, 108, 109, 111, 114,
　　263, 267
『소셜 텍스트』 17, 18
〈수퍼펀드 법〉 144
시민 안식년 271
시민 특별연구원 271
시민-과학자 173, 176, 179, 184, 187,
　　190, 203, 242, 276
시민배심원 시스템 251
시민사회의 쇠퇴 161
시민-전문가 245

시민참여 6, 7, 27~30, 33, 35, 36, 65, 77,
    117, 120, 143, 239~241, 243, 245~247,
    249, 250, 262, 270, 273, 275, 276, 278
『시애틀 타임스』 129
식품의약청(Food and Drug Admini-
    stration, FDA) 37, 39, 50, 60, 260

ㅇ

〈아이오와실천농부모임〉 96
〈안전한에너지연대〉(Coalition for Safe
    Energy, CASE) 125
에너지부(DOE) 119, 120, 128, 130, 132,
    133, 135~138, 140, 144
에이즈 6, 28, 29, 36~45, 47~60, 159, 161,
    257, 259, 261, 265, 268~271, 273, 275,
    276
에이즈 임상시험그룹(AIDS Clinical Trials
    Group, ACTG) 37, 38, 50, 57
『에이즈 치료 소식』 38, 46, 55
에이즈 치료 활동가 운동 41, 268, 269
〈에이즈에 걸린 사람(PWA) 연합〉 44
엘니뇨 159
엘리트주의 190, 193, 196
〈오쿠치 방목농 네트워크〉 98~101, 115
온실효과 184
외부 민주주의 관점 206, 208, 211, 214
우번, 매사추세츠 주 117, 118, 271
울안 사육 97, 99
〈워싱턴공공전력공급시스템〉(WPPSS)
    123, 125, 127, 128, 136
원격통신에 관한 시민패널 76~79, 81
원자력 121, 123
원자에너지위원회(AEC) 123, 124, 126, 135,
    151, 152

〈위스콘신 지속가능한 농업 여성 네트워
    크〉 105
위험분석 261, 262
유방암 운동 54
이데올로기 153, 187, 199, 283, 284
인지 민주주의 209
인지신경과학 169
인지적 다양성 7, 33, 212, 224, 226, 229,
    231, 232
인지적 추단법 261
일반인 전문가 57, 275, 276
일반인 합리성 118

ㅈ, ㅊ, ㅋ

자기통치 243, 246, 250, 252, 254, 256,
    275
자연과학 171, 207, 235
재조합 DNA 자문위원회(Recombinant DNA
    Advisory Committee, RAC) 248, 249,
    251
적응 관리 169, 170, 171
전문가 5, 6, 18, 20, 25, 28~33, 38, 41, 43,
    46~48, 56~58, 64, 67~70, 72, 76, 77,
    79, 81, 84, 86, 93, 101~103, 111, 112,
    117, 118, 131, 133, 134, 143, 146, 153,
    161, 168, 178~182, 184, 187, 188, 190,
    192, 195, 197, 198, 200, 201, 241, 242,
    244, 247, 249, 253, 254, 260, 262, 264,
    266, 267, 275~277, 283
〈전미유방암연합〉 55
〈정보공유 프로젝트〉 45
〈정보자유법〉 130
정상과학 53, 185, 186
『정치와 생명과학』 279

:: 본문 내에 사용된 이미지의 출처

속표지 : http://www.flickr.com/photos/10976418@N04

1부 표지 : http://www.flickr.com/photos/fleshmanpix/7650186538/

2부 표지 : http://www.flickr.com/photos/23221002@N00/7204014842/